普通高校"十四五"规划教材

航 空 概 论
（第 2 版）

马高山　主编

北京航空航天大学出版社

内 容 简 介

本书以航空器(飞机、直升机、无人机等)为中心,阐述航空相关的基本概念、基础知识和基本原理,内容兼顾一定的理论深度和科普性,浅显易懂、图文并茂,具有基础性、客观性、系统性和时效性的特点,力求使读者对航空有较全面的认识和了解。全书共 8 章,分别介绍航空与航空器、世界航空发展简史、中国航空发展概况、流体流动的基本原理、航空器的飞行原理、航空动力装置、航空器的基本构造及机载设备等方面的内容。

本书可作为高等院校航空类专业本科教材及非航空类专业基础教材,也可供从事与航空有关工作的部队、民航、工厂以及科研院所的相关人员参考。

图书在版编目(CIP)数据

航空概论 / 马高山主编. -- 2 版. -- 北京 : 北京航空航天大学出版社,2022.5
 ISBN 978 - 7 - 5124 - 3768 - 5

Ⅰ. ①航… Ⅱ. ①马… Ⅲ. ①航空学—概论 Ⅳ. ①V2

中国版本图书馆 CIP 数据核字(2022)第 055381 号

航空概论(第 2 版)
马高山 主编
策划编辑 蔡 喆 责任编辑 蔡 喆

*

北京航空航天大学出版社出版发行

北京市海淀区学院路 37 号(邮编 100191)　http://www.buaapress.com.cn
发行部电话:(010)82317024　传真:(010)82328026
读者信箱: goodtextbook@126.com　邮购电话:(010)82316936
北京富资园科技发展有限公司印装　各地书店经销

*

开本:787×1 092　1/16　印张:17.25　字数:442 千字
2022 年 6 月第 2 版　2023 年 2 月第 2 次印刷
ISBN 978 - 7 - 5124 - 3768 - 5　定价:49.00 元

若本书有倒页、脱页、缺页等印装质量问题,请与本社发行部联系调换。联系电话:(010)82317024

前　　言

自 1783 年人类乘坐气球升空开始算起,航空的发展已经经历了 200 多年。从最初的缓慢发展到爆发式发展,从最初的气球、飞艇的诞生,到 1903 年莱特兄弟发明飞机,进而从螺旋桨飞机发展到喷气式飞机、超声速飞机,航空技术不断成熟,航空器的应用也已深入到人类活动的方方面面。航空技术是当代发展迅速、高度综合的现代科学技术,是 20 世纪人类认识和改造自然进程中最活跃、最有影响的现代科学技术之一,是人类文明高度发展的重要标志之一。

本书以航空器为中心,阐述了航空领域涉及的基本概念、基础知识和基本原理,并尽量反映航空技术发展的最新成果和发展动态。本书首先介绍了航空与航空器、世界航空发展史、中国航空发展概况等,以期让读者对航空及航空器的发展现状和最新成果有一个较全面的了解。在此基础上,分别对流体的流动、航空器的飞行原理、航空动力、航空器的构造、机载设备等方面的基础知识、基本原理进行了介绍。本书兼顾科普性和专业性,内容浅显易懂、图文并茂,力求使读者通过阅读本书可以较全面地认识和了解航空和航空器,以期开拓视野、扩大知识面。本书具有基础性、客观性、系统性和时效性的特点,适合于各个专业的学生和读者阅读和学习。

本书在第 1 版的基础上,根据近年来教学和使用过程中发现的问题以及读者的反馈,对原书的内容和结构进行了进一步的调整和更新。首先从编写方面进行了更新,编写语言更加通俗,并在教材中适时穿插了相关知识的历史背景、历史事件、小知识、小故事、趣闻等,提高了通用性和趣味性,便于读者了解相关知识和背景,有助于读者对相关知识的理解与掌握。本版教材在整体章节的布局方面也进行了调整,如将原来的第 1 章绪论分为第 1、第 2 和第 3 章,分别对航空与航空器、世界航空发展史和中国航空发展概况进行阐述,增加了通用航空、无人机、一战和二战历史等相关知识,并适当地将航空技术最新发展动态融入各章节中。更改了部分章节的标题和内容,以使内容的结构层次更趋合理,更符合专业需求;将原教材第 2 章空气动力学基础改为第 4 章流体流动的基本原理;将原教材第 3 章飞机的飞行原理改为第 5 章航空器的飞行原理,并增加了直升机的飞行原理相关知识;将原教材第 4 章航空发动机改为第 6 章航空动力装置,去除了原教材中的火箭发动机等部分,增加了航空燃油、滑油系统以及无人机动力装置等部分内容;在原教材第 5 章航空器的构造(本版教材为第 7 章)中增加了直升机和无人机的基本构造等内容。除此之外,本书还修正了原教材中的部分疏漏之处,更新了各章节中涉及相关航空先进技术的内容,增加了关于民用航空、通用航空、军用飞机、直升机、无人机等相关的基础知识,拓宽了本书涉及的知识面。调整后的内容更加通俗、系统、全面,也更具趣味性和时效性。

　　本书由马高山主编,第1章和第3章由马高山编写,第2章由马高山、单晨晨、方鹏亚合编,第4章、第7章由韩非非编写,第5章由张丽娜编写,第6章由单晨晨和马高山合编,第8章由方鹏亚编写,全书由马高山统稿。本书涉及现代航空器许多方面的专业知识,在编写的过程中,参考了大量国内外的文献资料和兄弟院校的相关教材,在此谨对原作者表示衷心的感谢。本书的出版得到了国家一流本科课程经费资助、河南省教育厅省级一流本科课程经费资助以及郑州航空工业管理学院校级本科课程经费资助,在此表示真挚的感谢。同时,本书还得到了郑州航空工业管理学院马震宇教授、赵辉教授、刘丽副教授的诸多指导,郑州航空工业管理学院教务处、航空发动机学院领导、老师对本书的出版也给予了大力支持,在此一并感谢。

　　本书涉及的科技领域很多,鉴于编者水平有限,难免存在不足之处,恳请读者批评指正。

编　者

2022 年 4 月

目　　录

第1章　航空与航空器 ……………………………………………………………… 1

1.1　航　空 ……………………………………………………………………… 1

1.1.1　军用航空 ……………………………………………………………… 1

1.1.2　民用航空 ……………………………………………………………… 1

1.1.3　通用航空 ……………………………………………………………… 2

1.2　航空器的分类及特点 …………………………………………………… 3

1.2.1　轻于空气的航空器 …………………………………………………… 3

1.2.2　重于空气的航空器 …………………………………………………… 4

1.3　军用飞机 …………………………………………………………………… 6

1.3.1　作战飞机 ……………………………………………………………… 7

1.3.2　作战支援飞机 ………………………………………………………… 10

1.3.3　舰载机 ………………………………………………………………… 12

1.4　无人驾驶航空器 …………………………………………………………… 13

思考题 ……………………………………………………………………………… 15

第2章　世界航空发展简史 ……………………………………………………… 16

2.1　航空探索和发明 …………………………………………………………… 16

2.1.1　古代中国的航空发明 ………………………………………………… 16

2.1.2　气球的诞生 …………………………………………………………… 17

2.1.3　飞艇的发明、风靡与衰落 …………………………………………… 18

2.1.4　飞机的诞生及早期发展 ……………………………………………… 20

2.2　军用飞机的发展历程 …………………………………………………… 22

2.2.1　一战中的军用飞机 …………………………………………………… 22

2.2.2　二战中的军用飞机 …………………………………………………… 28

2.2.3　军用飞机的持续发展 ………………………………………………… 50

2.3　民用飞机的发展历程 …………………………………………………… 61

2.3.1　早期的民用航空 ……………………………………………………… 61

2.3.2　民用航空的大发展 …………………………………………………… 62

2.3.3　民用航空的全球化 …………………………………………………… 62

2.4　直升机的发展 ……………………………………………………………… 65

2.4.1　直升机的诞生 ………………………………………………………… 65

2.4.2 直升机的发展历程 ················· 66

2.5 无人机的发展 ·················· 68

2.5.1 早期无人机的缓慢发展 ················· 68

2.5.2 军用无人机的快速发展 ················· 68

2.5.3 民用无人机的应用 ················· 71

思考题 ················· 72

第 3 章 中国航空发展概况 ················· 73

3.1 近代中国航空 ················· 73

3.2 军用飞机 ················· 74

3.2.1 早期的飞机 ················· 74

3.2.2 战斗机 ················· 75

3.2.3 其他作战飞机 ················· 80

3.2.4 其他军用飞机 ················· 82

3.3 民用飞机 ················· 84

3.4 直升机 ················· 87

3.5 无人机 ················· 89

思考题 ················· 93

第 4 章 流体流动的基本原理 ················· 94

4.1 流动环境 ················· 94

4.1.1 地球及大气环境 ················· 94

4.1.2 国际标准大气 ················· 96

4.1.3 航空飞行环境 ················· 98

4.2 流体的基本属性 ················· 99

4.2.1 状态参数及状态方程 ················· 99

4.2.2 流体的物理性质 ················· 100

4.2.3 声速和马赫数 ················· 102

4.3 流体流动的基本规律 ················· 103

4.3.1 流体流动的运动学描述 ················· 103

4.3.2 连续性定理 ················· 107

4.3.3 伯努利方程 ················· 107

4.3.4 低速流动的流动特点 ················· 109

4.3.5 亚声速流动的流动特点 ················· 109

4.3.6 超声速流动的流动特点 ················· 109

4.4 风 洞 ················· 117

4.4.1 风洞的功用 ················· 117

  4.4.2 低速风洞 ··· 118

  4.4.3 高速风洞 ··· 119

 思考题 ··· 121

第5章　航空器的飞行原理 ·· 122

 5.1 飞机的飞行原理 ··· 122

  5.1.1 飞机的气动布局 ··· 122

  5.1.2 机翼的几何外形和参数 ··· 124

  5.1.3 高速飞机的外形及其特点 ·· 127

  5.1.4 飞机上的空气动力 ··· 134

 5.2 飞机的飞行性能、稳定性及操纵性 ····································· 143

  5.2.1 飞机的飞行性能 ··· 143

  5.2.2 飞机的稳定性 ··· 150

  5.2.3 飞机的操纵性 ··· 154

 5.3 直升机的飞行原理 ·· 157

  5.3.1 直升机旋翼的工作原理 ··· 157

  5.3.2 直升机的飞行性能 ··· 158

  5.3.3 直升机的操纵性和稳定性 ·· 158

 思考题 ··· 161

第6章　航空动力装置 ··· 162

 6.1 航空动力装置概述 ·· 162

 6.2 活塞式航空发动机 ·· 163

  6.2.1 结构及工作原理 ··· 163

  6.2.2 分　类 ··· 165

  6.2.3 辅助系统 ··· 167

  6.2.4 主要性能指标 ··· 167

 6.3 空气喷气式航空发动机 ·· 168

  6.3.1 核心机及性能参数 ··· 170

  6.3.2 涡轮喷气发动机 ··· 171

  6.3.3 涡轮风扇发动机 ··· 183

  6.3.4 涡轮螺桨发动机 ··· 187

  6.3.5 涡轮桨扇发动机 ··· 190

  6.3.6 涡轮轴发动机 ··· 191

  6.3.7 无压气机式空气喷气发动机 ···································· 192

 6.4 其他类型航空发动机 ·· 194

  6.4.1 组合发动机 ··· 194

6.4.2 新型航空发动机 ……………………………………………… 194

6.4.3 无人机动力装置 ……………………………………………… 196

6.5 航空燃油和滑油系统 ……………………………………………… 198

6.5.1 航空燃油系统 ………………………………………………… 199

6.5.2 航空滑油系统 ………………………………………………… 199

思考题 ……………………………………………………………………… 202

第 7 章 航空器的基本构造 ……………………………………………… 203

7.1 航空器的结构要求和结构材料 …………………………………… 203

7.1.1 航空器的结构要求 …………………………………………… 203

7.1.2 常用的航空器结构材料 ……………………………………… 204

7.2 气球和飞艇的基本构造 …………………………………………… 206

7.2.1 气球的基本构造 ……………………………………………… 206

7.2.2 飞艇的基本构造 ……………………………………………… 207

7.3 飞机的基本构造 …………………………………………………… 209

7.3.1 飞机结构的基本组成 ………………………………………… 209

7.3.2 机翼、尾翼的基本构造 ……………………………………… 210

7.3.3 机身的基本构造 ……………………………………………… 216

7.3.4 起落装置 ……………………………………………………… 220

7.4 直升机的基本构造 ………………………………………………… 230

7.4.1 直升机的种类和布局 ………………………………………… 230

7.4.2 直升机的基本组成 …………………………………………… 232

7.4.3 直升机的构造特点 …………………………………………… 233

7.5 无人机的基本构造 ………………………………………………… 235

7.5.1 无人机的基本构成 …………………………………………… 235

7.5.2 无人机的构造 ………………………………………………… 235

思考题 ……………………………………………………………………… 237

第 8 章 机载设备 ………………………………………………………… 238

8.1 航空仪表 …………………………………………………………… 238

8.1.1 航空仪表分类 ………………………………………………… 238

8.1.2 飞行状态参数测量 …………………………………………… 239

8.1.3 发动机工作状态参数测量 …………………………………… 247

8.1.4 航空仪表显示系统 …………………………………………… 249

8.2 飞机导航系统 ……………………………………………………… 251

8.2.1 无线电导航系统 ……………………………………………… 251

8.2.2 卫星导航系统 ………………………………………………… 252

　　8.2.3　惯性导航系统 ･･････････････････････････････････････ 254

　　8.2.4　图像匹配导航系统 ･･････････････････････････････････ 254

　　8.2.5　组合导航技术 ･･････････････････････････････････････ 256

　8.3　飞机飞行操控系统 ･･････････････････････････････････････ 256

　　8.3.1　飞机飞行操纵系统 ･･････････････････････････････････ 256

　　8.3.2　飞机自动控制系统 ･･････････････････････････････････ 257

　8.4　其他机载设备 ･･ 260

　　8.4.1　雷达设备 ･･ 260

　　8.4.2　通信设备 ･･ 261

　　8.4.3　电气设备 ･･ 262

　　8.4.4　生命保障设备 ･･････････････････････････････････････ 263

　思考题 ･･ 264

参考文献 ･･ 265

第 1 章　航空与航空器

　　飞机是人类 20 世纪最伟大的发明之一。飞机诞生之后,人类开创了航空新纪元。在此后的 100 多年里,航空器和航空活动深刻改变了人类的活动和思想,有力地推动了科学技术的发展。

1.1　航　空

　　航空是指载人或不载人的飞行器在地球大气层中的航行活动。航空必须具备空气介质和克服航空器自身重力的升力这两个条件,大部分航空器还要有产生相对于空气运动所需的推力。航空按其应用有军用航空和民用航空之分。

1.1.1　军用航空

　　军用航空泛指用于军事目的的一切航空活动,主要包括作战、侦察、运输、警戒、训练和联络救生等。在现代高科技战争中,夺取制空权是取得战争胜利的重要手段,也是军用航空的主要活动。军用航空可以使用轻于空气的航空器,如气球和飞艇,也可以使用重于空气的航空器,如飞机、直升机和滑翔机等。现代的军用航空活动主要由飞机和直升机来完成,其中,军用飞机占据着主要地位。军用飞机在夺取制空权中起着重要的作用,通过空战将敌机消灭在空中;通过空中袭击、轰炸和强击将敌机和地面防空兵器摧毁或压制在地面上;为削弱敌方空军的作战潜力,还可以对敌方航空工业和飞行人员训练基地等进行袭击。

　　军用航空是从应用气球开始的,第一次世界大战(简称一战,1914 年 7 月 28 日—1918 年 11 月 11 日)中曾广泛利用系留气球作为监视对方的空中平台。飞机诞生之后很快被用于军事目的,一战期间,飞机首先用于空中侦察,这就是最早的侦察机;后来,交战双方开始进行轰炸活动,这就是最早的轰炸机;为了制止对方的空中侦察和轰炸,逐步形成了飞机在空中的格斗,这就出现了战斗机。将飞机用于军事运输开始的比较晚,大规模将空运用于作战中并取得成功是在 1939 年以后。航空母舰出现之后,作战飞机也成为了海军装备的重要武器。直升机参加军事航空活动始于 20 世纪 40 年代初,德军率先用小型直升机进行海上侦察搜索活动。军用航空从无到有,由弱到强,从配角变为主角,给战争带来了革命性变化,战争的舞台也由平面走向立体,空中作战逐渐成为战争的一种重要模式。

1.1.2　民用航空

　　民用航空泛指使用各类航空器为国民经济服务的非军事性的一切航空活动。根据不同的飞行目的,民用航空又可分为商业航空和通用航空两大类。商业航空又称航空运输,是指在国内和国际航线上进行的商业性客运、货运和邮政运输的航空活动。通用航空泛指除航空运输之外的所有其他的民用航空活动,一般指用于公务、工业、农林牧副渔业、地质勘探、遥感遥测、公安、气象、环保、救护、通勤、体育和观光游览、私人航空等方面的航空活动。

交通运输是人类社会生产与生活不可缺少的重要组成部分，航空运输是现代交通运输体系中的一个重要组成部分，与铁路、公路、水路和管道运输共同组成了国家的交通运输系统。航空运输由于速度快、距离远、效率高等优点，在社会经济领域和旅行、物流、国际交往中所发挥的作用越来越重要。航空运输具有快速性、机动性、安全性、舒适性、国际性等特点。航空运输服务主要由国内和国际干线客机、货机或客货两用机以及国内支线运输机来完成。

民用航空主要由政府部门、民航企业和民航机场三大部分组成。由于民用航空对安全的要求高，涉及国家主权和交往的事务多，要求迅速协调和统一调度，因而几乎每个国家都设立了独立的政府机构来管理民航事务，我国是由中国民用航空局（属交通运输部）来负责管理。民航企业是指从事和民航业有关的各类企业，其中最主要的是航空运输企业，也就是通常所说的航空公司，它们通过航空器从事生产运输，是民航业生产和收入的主要来源。其他类型的航空企业，如航材、油料、销售等，都是围绕着运输企业开展活动的。航空公司的业务主要分为两部分，一是航空器的使用、维修和管理，二是公司的经营和销售等。机场（也称飞机场、航空港或航空站）是飞机、直升机、飞艇等起飞和降落的场地。

航空运输根据其性质的不同，可以分为国内航空运输和国际航空运输两大类。国内航空运输是指运输的出发点、经停点和目的地均在中国境内的运输。国际航空运输是指无论运输有无间断或有无转运，运输的出发点、经停点和目的地之一不在中国境内的运输。根据对象的不同，航空运输可以分为航空旅客运输、航空旅客行李运输以及航空货物运输三类。较为特殊的是航空旅客行李运输既可附属于航空旅客运输中，也可看作是一个独立的运输过程。航空邮件运输是特殊的航空货物运输，一般情况下优先运输。

1.1.3　通用航空

通用航空是民用航空的重要组成部分之一，是伴随着民用航空的产生与发展而诞生和成长起来的。通用航空是指除军事、警务、海关缉私和公共航空运输以外的航空活动，包括从事工业、农业、林业、渔业、矿业、建筑业等的作业飞行和医疗卫生、抢险救灾、气象探测、海洋监测、科学试验、遥感测绘、教育训练、文化体育、旅游观光等方面的飞行活动。从事通用航空活动的主体主要是飞机，通用飞机主要有公务机、农业机、林业机、轻型多用途飞机、巡逻救护机、体育运动机和私人飞机等。

世界各国在发展航空运输的同时，也非常重视通用航空的发展。最早的通用航空始于为农业服务，后来才出现了飞行训练学校和特技飞行队。1920 年之后，在美国和欧洲出现了大量的私人飞机，有的大公司和企业为高级员工提供公司的飞机交通服务，出现了公务航空。为了向私人和企业的飞机提供维修和燃油、买卖二手飞机、飞机租赁等服务，在美国出现了以机场为基地的通航服务站，形成了完整的通用航空供需市场。第二次世界大战（简称二战，1939年 9 月 1 日—1945 年 9 月 2 日）后，通用航空的应用领域更加广泛，除了农业之外，还发展了空中游览服务等业务。1950 年，直升机进入通用航空市场，大大拓宽了通用航空服务的范围。

与民用航空类似，通用航空在组织系统上由三大部分组成：行业主管部门、通用航空公司以及通用航空机场。中国民用航空局及其设立的民航地区管理局是通用航空活动的主管部门。通用航空公司进行的是企业化经营，是向社会提供各种运输服务和生产、自主经营、自负盈亏的经济单位。通用航空机场是民用机场的重要组成部分之一，和一般的运输机场相比，具有规模小、条件差、数量多等特点。

1.2　航空器的分类及特点

　　航空器是飞行器的一种。飞行器是在地球大气层内、外飞行的器械的统称。按照飞行器的飞行环境和工作方式的不同,可以把飞行器分为三类:航空器、航天器、火箭和导弹。在大气层内飞行的飞行器称为航空器,航空器靠空气的静浮力或与空气相对运动产生的空气动力升空飞行。任何航空器都需要产生升力以克服自身重力才能升空飞行。航空器的分类方法很多,按用途可分为军用航空器、民用航空器、科研航空器(最常见的是研究机)以及空天飞机;按驾驶方式可分为有人驾驶航空器和无人驾驶航空器两大类;根据产生升力的基本原理不同,可将航空器分为两大类,即靠空气静浮力升空飞行的航空器(通常称为轻于同体积空气的航空器,又称浮空器)和靠与空气相对运动产生升力升空飞行的航空器(通常称为重于同体积空气的航空器)。按照不同的构造特点,航空器还可进一步细分,如图 1 - 1 所示。

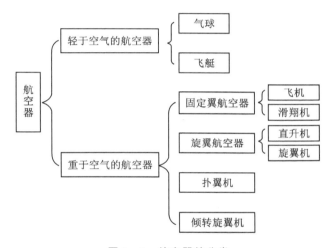

图 1 - 1　航空器的分类

1.2.1　轻于空气的航空器

　　轻于空气的航空器靠空气的静力(浮力)升空,包括气球和飞艇,是早期出现的航空器。

1. 气　球

　　气球一般无动力装置,主体是气囊,气囊下面通常有吊篮或吊舱。按照气囊内所充气体的种类,气球可分为热气球、氢气球和氦气球等。按气球升空后有无系留装置可分为自由气球和系留气球两种。由于气球所排开的空气重量大于气球本身的重量,故能够产生静浮力,使气球升空。气球没有动力装置,升空后只能随风飘动或被系留在固定装置上。气球可用于气象、空间和地面探测、通信中继、体育或休闲运动等领域,也可用于军事侦察和监视。图 1 - 2 所示为用于休闲运动的热气球。

2. 飞　艇

　　飞艇安装有动力装置,可控制飞行,如图 1 - 3 所示。根据结构形式的不同,飞艇可分为软式、硬式和半硬式三种。飞艇一般由艇体、尾面、吊舱和动力装置等部分组成。艇体的外形呈流线型以减小航行时的阻力,内部充以密度比空气小的氢气或氦气,以产生浮力使飞艇升空。

飞艇的动力装置一般由发动机、减速器和螺旋桨构成。吊舱供乘人或装载货物。早期飞艇都充灌氢气,易爆炸;近代飞艇充灌氦气,较安全。飞艇早期曾用于海上巡逻、反潜、远程轰炸和兵力空运等,现广泛应用于商业运输、广告、旅游、电视转播、城市治安等。

图 1-2　热气球

图 1-3　飞　艇

1.2.2　重于空气的航空器

重于空气的航空器靠自身与空气相对运动产生的空气动力或靠发动机喷射工质产生的反作用力升空飞行。常见的这类航空器主要包括固定翼和旋翼两类。固定翼航空器包括飞机和滑翔机,由固定的机翼产生升力。旋翼航空器包括直升机和旋翼机,由旋转的旋翼产生升力和前进力。除了上述常见的两类之外,还有由其他方法升空飞行的航空器,如扑翼机、倾转旋翼机等。

1. 飞　机

飞机是指由动力装置产生前进的推力或拉力、由固定机翼产生升力、在大气层内可操纵飞行的重于空气的航空器。它是最主要的、应用范围最广的航空器。飞机由机体结构和功能系统组成。飞机机体结构通常包括机身、机翼、尾翼和起落架等,如图 1-4 所示。按发动机种类的不同,飞机有螺旋桨飞机和喷气式飞机之分。按用途的不同又可分为军用飞机和民用飞机两大类。军用飞机是指按各种军事用途设计的飞机,而民用飞机是泛指一切非军事用途的飞机。

图 1-4　飞　机

2. 滑翔机

滑翔机在飞行原理与构造形式上与飞机基本相同,只是没有动力装置,一般由飞机、汽车等其他装置拖曳或弹射起飞升空,然后靠有利的气流(如上升气流)或通过降低高度(将势能转变为动能)来继续飞行。有些滑翔机装有小型辅助发动机,称为动力滑翔机,它们不需外力牵引就可以自行起飞,但滑翔时关闭动力装置。现代滑翔机主要用于体育运动,分为初级滑翔机和高级滑翔机。初级滑翔机主要用于训练,高级滑翔机主要用于竞技和表演,有的还可以完成高级空中特技,如筋斗、尾旋等。滑翔机一般由狭长的机翼、光滑细长的机身及尾翼组成,如图 1-5 所示。

小知识——伞翼机

伞翼机也是一种重于空气的航空器,不过它是以柔性伞翼来提供升力,如图 1-6 所示。伞翼位于全机的上方,用纤维织物制成的伞布形成柔性翼面,形成升力的原理与固定翼航空器相同。伞翼机按照有无动力可分为伞翼滑翔机和伞翼飞机两种。伞翼机构造简单,操纵方便,可以折叠、拆装,可用于低空农林作业、体育运动和娱乐等。

图 1-5　滑翔机

图 1-6　伞翼机

3. 直升机

直升机是指以航空发动机驱动旋翼旋转作为升力和推进力来源,能在大气中垂直起降、空中悬停,并能进行前飞、后飞、侧飞和定点回旋等可控飞行的重于空气的航空器。直升机的动力装置一般采用涡轮轴发动机或活塞发动机,用于驱动旋翼旋转,以产生升力与控制直升机飞行姿态的分力。直升机由机身、起落架、动力装置、旋翼系统、操纵系统和其他机载设备组成,如图 1-7 所示。

4. 旋翼机

旋翼机与直升机在外形上有些相似,主要区别在于它的旋翼不是由动力装置直接驱动,而是靠自身前飞时(前进的动力由动力装置提供)相对气流吹动旋翼自转以产生升力,因此,旋翼机又称自转旋翼机。旋翼机不能垂直上升,也不能空中悬停,必须滑跑加速才能起飞。旋翼机结构较简单,如图 1-8 所示,一般用于风景区游览或体育活动。

5. 扑翼机

扑翼机是指机翼能像鸟和昆虫的翅膀那样上下扑动的重于空气的航空器,又称振翼机。扑动的机翼既产生升力,又产生向前的推进力。但是扑翼产生升力和推进力的机理十分复杂,其空气动力规律至今尚未被人们完全掌握,设计扑翼机所遇到的控制技术、材料和结构方面的问题也未能完全解决。到现在为止,有实用价值的扑翼机还处于研制阶段。早期设计的扑翼机如图 1-9 所示。

图 1-7　直升机

图 1-8　旋翼机

6. 倾转旋翼机

倾转旋翼机是一种同时具有旋翼和固定翼，并在机翼两侧翼梢处各装有一套旋翼倾转系统组件（可在水平与垂直位置之间转动）的固定翼航空器。倾转旋翼机既具有普通直升机垂直起降和空中悬停的能力，又具有涡轮螺旋桨飞机的高速巡航的能力。当倾转旋翼机垂直起飞和着陆时，旋翼轴垂直于地面，呈横列式双旋翼直升机飞行状态，并可在空中悬停、前后飞行和侧飞；当倾转旋翼机起飞达到一定速度后，旋翼轴可向前倾转 90°角，呈水平状态，旋翼可当作螺旋桨使用，此时倾转旋翼机能像固定翼飞机那样以较高的速度做远程飞行。现在世界上唯一实用的倾转旋翼机是美国贝尔公司研制的 V-22"鱼鹰"，如图 1-10 所示。

图 1-9　扑翼机

图 1-10　V-22"鱼鹰"倾转旋翼机

1.3　军用飞机

飞机是所有航空器中种类、数量以及应用最多的一种，而军用飞机在航空的发展中占据着非常重要的地位。下面对各种类型的军用飞机进行简要介绍。

军用飞机是直接参加战斗、保障战斗行动和军事训练用的飞机的总称，是航空兵的主要技术装备。军用飞机可分为作战飞机和作战支援飞机两大类。典型的作战飞机有战斗机、轰炸机、攻击机、战斗轰炸机、反潜机等。作战支援飞机包括军用运输机、预警指挥机、电子干扰机、空中加油机、侦察机、军用教练机和通讯联络机等。以上部分类型的军用飞机还有岸基机（又称陆基机）和舰载机之分。除飞机外，直升机在对地攻击、侦察、运输、通信联络、搜索救援以及反潜等方面也发挥着巨大的作用,已成为现代军队特别是陆军的重要武器装备。

1.3.1　作战飞机

作战飞机是直接执行作战任务的军用飞机,主要有战斗机、轰炸机、攻击机、战斗轰炸机、反潜机等。

1. 战斗机

战斗机是指主要用于在空中消灭敌机和其他飞航式空袭兵器的军用飞机,又称歼击机,旧称驱逐机,图 1-11 所示为俄罗斯的米格-29 战斗机。战斗机的任务主要是与敌方战斗机进行空战,夺取制空权,其次是拦截敌方轰炸机、攻击机和巡航导弹,还可携带一定数量的对地攻击武器,执行对地攻击任务。战斗机具有火力强、速度快、机动性好等特点,是航空兵空中作战的主要机种。

战斗机早期分为制空和截击两种主力机型。截击战斗机的主要任务是国土防空、远程截击,主要特点是高空高速,一般不具备良好的机动性,空中格斗能力差。自 20 世纪 60 年代以后,由于雷达、电子设备和武器系统的完善,专用截击战斗机的任务已由制空战斗机完成,不再发展截击机。制空战斗机通常中低空机动性好,装备中近程空对空导弹,通过中距空中格斗、近距缠斗击落敌机以获得空中优势,或为己方军用飞机护航,主要用于空中格斗、争夺制空权、拦截敌方轰炸机群。

现代战斗机按用途可分为制空战斗机和多用途战斗机两类。制空战斗机又称空中优势战斗机,主要任务是空战;多用途战斗机既可执行空战任务,又可执行对地攻击任务。战斗机按重量可分为轻型战斗机和重型战斗机两种。通常,正常起飞重量在 15 t 以下的是轻型战斗机,如美国的 F-16、俄罗斯的米格-29、法国的幻影 2000、中国的歼-10(见图 1-12)等;而接近或超过 20 t 的是重型战斗机,如美国的 F-15、俄罗斯的苏-27、中国的歼-11B 等。

图 1-11　米格-29 战斗机　　　　　　　图 1-12　歼-10 战斗机

2. 轰炸机

轰炸机是用于对地面、水面目标进行轰炸的飞机,具有突击能力强、航程远、载弹量大等特点,是航空兵实施空中突击的主要机种,图 1-13 所示为中国的轰-6K 轰炸机。轰炸机的武器系统包括各种炸弹、航弹、空对地导弹、空舰导弹、巡航导弹、深水炸弹等。其火控系统可以保证轰炸机具有全天候轰炸能力和很高的命中精度。轰炸机的电子设备包括自动驾驶仪、地形跟踪雷达、领航设备、电子干扰系统和全向警戒雷达等,用以保障其远程飞行和低空突防。现代轰炸机还装有受油设备,可进行空中加油。

　　轰炸机有多种分类方式:按执行任务范围可分为战术轰炸机和战略轰炸机;按载弹量可分为轻型轰炸机(3～5 t)、中型轰炸机(5～10 t)和重型轰炸机(10 t 以上);按航程可分为近程轰炸机(3 000 km 以下)、中程轰炸机(3 000～8 000 km)和远程轰炸机(8 000 km 以上);按武器可分为常规轰炸机、核轰炸机和巡航导弹载机;其他还有俯冲轰炸机、水平轰炸机和鱼雷轰炸机等分类方法。

　　一般来说,轻型轰炸机又称战术轰炸机,其载弹量不大于 5 t、航程在 3 000 km 以下,最大起飞重量不超过 30 t,主要用于战术攻击,现已基本被战斗轰炸机和攻击机全面替代。中型(中程)轰炸机的起飞重量为 40～90 t,航程 3 000～6 000 km,载弹量 5～10 t,典型机型有美国的 FB－111 和俄罗斯的图－22(见图 1－14)。重型(远程)轰炸机最大起飞重量超过 100 t,航程 8 000～12 000 km 左右,可载弹 10～30 t,典型机型有美国的 B－52(见图 1－15)、B－1、B－2 和俄罗斯的图－95、图－160 等。中型和重型轰炸机主要用于深入敌后,对军事基地、交通枢纽、经济和政治中心进行战略轰炸,统称战略轰炸机。

图 1－13　轰－6K 轰炸机

图 1－14　图－22 中型轰炸机

3. 攻击机

　　攻击机又称强击机,主要用于从低空、超低空突击敌方战术或浅近战役纵深内的防御工事、坦克、地面雷达、炮兵阵地、前线机场和交通枢纽等小型重要军事目标,直接支援地面部队或水面舰艇部队作战的飞机。图 1－16 所示为美国的 A－10 攻击机,于 20 世纪 50 年代研制。攻击机的特点是具有良好的低空和超低空稳定性和操纵性,良好的搜索地面小型隐藏目标的能力,可配备品种较多的对地攻击武器,除机炮和炸弹外,还包括制导炸弹、反坦克集束炸弹和空对地导弹等。由于攻击机是在战场上最容易受到敌方攻击损失的机种,为提高生存能力,一般会在其要害部位设有装甲防护。

图 1－15　B－52 重型轰炸机

图 1－16　A－10 攻击机

现代攻击机有亚声速的和超声速的,正常载弹量可达 3 t,机上装有红外观察仪或微光电视等光电搜索瞄准设备和激光测距、火控系统等。如今,空中战役战术纵深攻击任务一般都用战斗轰炸机;实施近距空中支援攻击任务,则用攻击机。多用途战斗机出现后取代了一部分攻击机的作用,使攻击机的发展速度有所放缓。但是,与多用途战斗机相比,攻击机具有价格低、低空性能好等特点,因而在未来战场上仍会占有一席之地。

4. 战斗轰炸机

战斗轰炸机也称歼击轰炸机或战斗攻击机,是指主要用于突击敌战役战术纵深内的地面、水面目标,并具有空战能力的飞机。图 1—17 所示为中国的歼轰-7 战斗轰炸机。战斗轰炸机能携带普通炸弹、制导航空炸弹、反坦克子母弹和战术空地导弹,有的能携带核航空炸弹,并装有火控系统,具有较强的攻击地面、水面目标的能力。它还可携带空空导弹,投掉外挂武器后,可用于空战。

早期的战斗轰炸机主要是由战斗机改装而成,携带的武器一般为炸弹,用以轰炸地面目标。由于战斗轰炸机的发展,轻型轰炸机逐步被淘汰。随着机载电子设备的不断改进和现代格斗导弹的广泛使用,战斗轰炸机的空战能力有了很大提高。同时,由于综合性能较强的多用途战斗机也是各国追求经济性和实效性的重点研制对象,如今,轻型的战斗轰炸机已逐渐被多用途战斗机所替代。在未来的空中战场上,单一用途的战斗轰炸机的地位将会有所下降,与此相反,多用途的战斗机发展势头强劲。

小知识——战斗轰炸机与攻击机之间的差异

一般来说,近距离的对地攻击可使用攻击机,远距离的突袭则使用轰炸机。而战斗轰炸机是介于攻击机和轰炸机之间的一种机型,可用于中远距离小型地面目标的攻击。战斗轰炸机与攻击机的区别在于突防手段和空战能力的不同。攻击机的突防主要靠低空飞行和装甲保护,战斗轰炸机则主要靠低空高速飞行;攻击机一般不宜用于空战,而战斗轰炸机具有空战能力;攻击机用于突击地面小型或活动目标,比使用战斗轰炸机更有效。此外,攻击机可在野战机场起降,而战斗轰炸机一般需用永备机场。

5. 反潜机

反潜机泛指担任搜索、标定与攻击潜艇的军用飞机。常见的反潜机有固定翼飞机(如图 1—18 所示的美国 P-3 反潜机)和直升机两种形态,可从陆地机场或水面舰船起降执行任务。反潜机大致可以分为水上反潜飞机、岸机反潜飞机、舰载反潜飞机、反潜直升机等。一般来说,反潜机的主要装备包括探测设备和武器装备两部分,具有快速、机动的特点,能在短时间内居高临下地进行大面积搜索,并可以方便地向海中发射或投掷反潜炸弹,甚至最新型的核鱼雷。

图 1—17　歼轰-7 战斗轰炸机

图 1—18　P-3 反潜机

1.3.2　作战支援飞机

作战支援飞机是非直接执行作战任务的、为作战飞机提供各种技术支援的军用飞机,主要包括军用运输机、预警指挥机、电子干扰机、空中加油机、侦察机、军用教练机等。

1. 军用运输机

军用运输机是用于空运军事人员、武器装备,并能空投伞兵和其他军用物资的飞机,图1-19所示为美国的C-5A"银河"式运输机。军用运输机具有较大的载重量和续航能力,能实施空运、空投、空降,保障地面部队从空中实施快速机动,具有较完善的通信、领航设备,能在昼夜复杂气象条件下飞行。有的军用运输机还装备有用于自卫的武器和电子干扰设备。

军用运输机按运输能力可分为战略运输机和战术运输机。战略运输机航程远、载重量大、速度快,主要用来载运部队和各种重型装备,实施全球快速机动,主要在远离作战区的大中型机场起降。战术运输机一般是中小型飞机,主要在战区附近承担近距离运输兵员及物资任务,有的具有短距起降性能,能在简易机场或中小型野战机场起降。军用运输机有装卸方便的特点,机上一般都有专门的装卸设施。

2. 预警指挥机

预警指挥机又称空中预警机,是指装有远程警戒雷达系统,用于搜索、监视空中、地面或海上目标,指挥并可引导己方飞机执行作战任务的飞机。地面雷达由于受到地球曲度限制,对低高度目标的搜索距离有限,同时受地形干扰而导致搜索效果受限,因此,预警机将整套雷达系统放置在飞机上,借由飞机的飞行高度,自空中搜索各类空中、海上或陆上目标,从而提供较佳的预警与搜索效果。预警机多用续航能力强、载重量大的亚声速运输机改装而成,机身内装有大量电子设备,机身上部装有一个蘑菇状的雷达天线罩,内为预警雷达天线。在预警机上再装上敌我识别、情报处理、指挥控制、通信导航和电子对抗等航空电子系统,使预警机不仅能及早截获和监视低空入侵的目标,还能引导和指挥己方战斗机进行拦截和攻击。预警指挥机按照其飞行重量、留空时间、任务载荷、作战使命等,可以分为战略级预警指挥机和战役/战术级预警指挥机。中国自行研制的空警-2000(见图1-20)属于战略级预警指挥机,而空警-200则属于战役/战术级预警指挥机。

图1-19　C-5A"银河"式运输机

图1-20　空警-2000预警机

3. 电子干扰机

电子干扰机又称电子战飞机,是带有电子干扰设备对敌方的雷达和通信设施进行干扰的军用飞机,也是专门用于对敌方雷达、无线电通信设备和电子制导系统等实施侦察、干扰或袭击的飞机的总称。电子干扰机的任务主要是通过告警、释放电子干扰、对敌地面搜索雷达和制导雷达进行反辐射攻击等方式,掩护己方航空兵部队顺利执行截击、轰炸等作战任务。电子干扰机大多是利用轰炸机、战术运输机、重型攻击机和战斗轰炸机等机体加装电子干扰设备而成的,大的总重上百吨,小的在 20 t 以上。大型的如美国的 EC－130(见图 1－21)、俄罗斯的图－95 以及图－16 改型等;小型的如美国的 EF－111、EA－6B、俄罗斯的苏－24 改型等。

4. 空中加油机

空中加油机是在空中给飞行中的飞机或直升机补加燃料的飞机,图 1－22 所示为美国的 KC－10 空中加油机正在给受油机进行空中加油。空中加油机可以使受油机增大航程、延长续航时间、增加有效载重、提高远程作战能力等。空中加油机多由大型运输机或战略轰炸机改装而成,加油设备大都装在机身尾部或机翼下方的吊舱内,由飞行员或加油员操纵。空中加油机加油时有两种方式,一种为插头锥管式(软管式),可同时给 2 架或 3 架飞机加油;另一种是伸缩管式(硬管式),一次只能给 1 架飞机加油,但加油速度较快,通常由大型运输机改装而成,如美国的 KC－130 加油机就是由 C－130 运输机改成的。

图 1－21　EC－130 电子干扰机

图 1－22　KC－10 空中加油机

5. 侦察机

侦察机是专门用于从空中获取情报的军用飞机,是现代战争中的主要侦察工具之一。所用的侦察设备有航空照相机、合成孔径雷达、摄像仪、红外和电子侦察设备等。飞机诞生后,最早投入战场所执行的任务就是进行空中侦察,侦察机是军用飞机中历史最长的机种。侦察机按侦察任务性质可分为战略侦察机和战术侦察机。

侦察机最初用于目视战地侦察和炮兵校正,后来发展成为战术侦察的主要手段,20 世纪 60 年代出现了专门设计的战略侦察机。战略侦察机是为战略决策而搜集敌方战略情报的专用飞机,其特点是飞行高度高、航程远、能从高空深入敌方领土或沿边境飞行,装有复杂的航摄仪和电子侦察设备,可对敌方的军事和工业中心、导弹基地和试验场、防空体系等战略目标实施侦察。典型机型有美国的 SR－71(见图 1－23)、俄罗斯的米格－25R 等。美国还用 C－130 运输机和 P－3 反潜巡逻机改装的电子侦察机执行同类任务。

战术侦察机是对战场或战区目标实施侦察的军用飞机,大多利用战斗机改装。机上一

图 1－23　SR－71 高空侦察机

一般不带武器装备,加装有摄像仪、合成孔径雷达等设备,可对敌纵深300～500 km范围内的兵力部署、火力配备、地形地貌等进行侦察。典型的战术侦察机有美国的RF-4、俄罗斯的苏-24等,这些飞机的飞行性能与同型战斗机类似。为了减小侦察危险、降低侦察成本,不少国家还研制并使用了无人侦察机。

6. 军用教练机

教练机是为训练飞行员而专门研制或改装的一种特殊机种。一般所说的教练机,主要是指用于训练飞行员的飞机。除飞行员的训练需要专门的教练机外,其他空勤人员的培养大多也是在相应的轰炸机、运输机或经过改装的专业教练机上进行。教练机可分为军用教练机和民用教练机两大类,以及固定翼教练机与旋翼教练机两大分支。教练机按照三级制又可分为初级、中级与高级教练机。在和平时期,军用教练机通常是空军里单一机种中数量最多的。

初级教练机用于训练学员掌握初级飞行技术,一般为单发活塞式飞机,飞行速度低(约300 km/h),起飞着陆速度小,操作性能好,易于驾驶。我国自行研制的初教-6就是一种典型的初级教练机。中高级教练机用于训练学员掌握喷气飞机的飞行技术,进行高级特效飞行、仪表飞行和基本战术飞行训练。这类飞机一般为高亚声速喷气式飞机,具有完善的仪表航行设备和武器系统,能在复杂气象条件下进行战斗训练和武器使用训练。飞机上还有较多的武器悬挂点,需要时可以用作攻击机,我国的L-15"猎鹰"高级教练机(见图1-24)就属于这类教练机。

7. 通信联络机

通信联络机是用于作战地执行部队间通信、联络任务的飞机,一般是小型飞机。为便于完成联络任务,要求这种飞机具有较好的低空及在简易跑道起降的性能。二战期间,美军广泛使用L-5"步哨"通信联络机,如图1-25所示,主要承担侦察、校射、通信、救护、滑翔机牵引等任务。

图1-24　L-15"猎鹰"高级教练机　　　　　　　图1-25　美国L-5"步哨"通信联络机

1.3.3　舰载机

舰载机泛指以航空母舰为基地的军用飞机,包括舰载战斗机、攻击机、预警机、反潜机、加油机、运输机、联络机等各种作战飞机和作战支援飞机,以及舰载直升机。舰载机的主要任务是配合舰队完成海上作战任务,夺取海上和沿岸地区制空权,对敌方海上舰船和沿岸地区陆上目标实施攻击,支援海上作战和登陆作战。舰载机和航空母舰组成的武器系统(图1-26所示为辽宁号航空母舰和歼-15舰载战斗机)是现代海军最强大的武器系统,是海军远洋作战的核心。

由于舰载机是以航空母舰为使用基地，主要在海上作战，与岸基机在使用条件上有很大不同，因此，舰载机具有不同于岸基机的许多技术特点，主要包括：在外形上尽量采用提高升力的设计，以适应降低舰上起降速度的要求；机翼设计成可折叠的，以减少舰上停放空间；在结构上，由于在舰上弹射起飞和拦阻着舰，飞机要加大结构强度，舰载机的结构重量比同级岸基机增加 10% 左右；在动力装置方面，强调发动机的加速性、可靠性和耐腐

图 1-26　辽宁号航空母舰和歼-15 舰载战斗机

蚀性；在机载设备和武器方面，舰载机需要更先进的电子设备和机载武器以提高综合作战能力。此外，由于舰载机需要在母舰甲板或机库内维护和修理，要求飞机有更好的维护开敞性和简易性。由于长时间在海上飞行和舰上停放，飞机结构和设备必须具备防盐雾、防潮湿和防霉菌的"三防"能力。

1.4　无人驾驶航空器

航空器按驾驶方式的不同可分为有人驾驶航空器和无人驾驶航空器两大类。有人驾驶航空器是指有驾驶员（飞行员）驾驶的航空器，是现代数量和种类最多的航空器。无人驾驶航空器是相对有人驾驶航空器而言的，泛指不需要驾驶员登机驾驶的、使用遥控设备或自备程序控制装置操纵的不载人航空器。

无人驾驶航空器多数是专门设计的，少部分是利用有人驾驶航空器或导弹改装而成的。在结构上，无人驾驶航空器与有人驾驶航空器大体相同，但由于缺少了有人驾驶航空器所需的生命保障系统，而且在性能上又可以不受人的生理极限的限制，因此与有人驾驶航空器相比，无人驾驶航空器重量轻、尺寸小、成本低、机动性高、隐蔽性好，飞行时间可以很长，特别适用于执行有人驾驶航空器不宜执行的任务。

一般来说，前述的各类航空器都能实现无人驾驶，无人驾驶航空器通常有无人驾驶飞机、无人驾驶直升机、无人驾驶飞艇、无人伞翼机、无人多旋翼航空器等，其中应用最广泛的还是无人驾驶飞机，简称无人机。为简便起见，下面以无人机（即无人驾驶飞机）来指代无人驾驶航空器。

无人机可以按照尺寸、重量、航程、平台构型、应用、动力装置、控制方法等多种方法进行分类。无人机按照控制方法可分为无线电遥控、自动程序（或称非遥控）、综合控制三类。按重量进行分类，无人机可分为微型无人机、轻型无人机、小型无人机和大型无人机。微型无人机是指空机质量不大于 7 kg 的无人机；轻型无人机是指空机质量在 7～116 kg 范围内的无人机，且空速小于 100 km/h，升限小于 3 000 m；小型无人机是指空机质量不大于 5 700 kg 的无人机（微型和轻型的除外）；大型无人机则是指空机质量大于 5 700 kg 的无人机。

无人机按照航程可分为近程、短程、中程和长航时四类。近程无人机一般是活动半径在几千米至几十千米范围的微型无人机。短程无人机的活动半径一般为 150～350 km。中程无人机的活动半径一般为 700～1 000 km。长航时无人机又可分为高空型和中空型两种类型：高

空型长航时无人机通常飞行高度在 18 000 m 以上、续航时间大于 24 h；中空型长航时无人机一般飞行高度为几千米，续航时间一般不小于 12 h。由于这类无人机的飞行时间特别长，故又常称其为"大气层人造卫星"。

按应用领域划分，无人机可分为军用和民用无人机，而民用无人机又可以分为工业级无人机和消费级无人机。三种无人机各有侧重：军用无人机对续航能力、巡航速度、灵敏度和精准度有很高的要求；工业级无人机则更注重经济效益，对巡航速度和续航能力的要求相对较低，对专业技能要求高；消费级无人机主要用于航拍和娱乐，着重拍摄功能和可操作性。目前，军用无人机大致可分为侦察无人机、战斗无人机、校靶无人机和微型无人机 4 种。在无人机的装备数量和技术水平上，美国和以色列处于前列。工业级无人机是针对某一个领域的应用展开的，目前已经应用的包括植保无人机、电力巡线无人机、消防无人机、应急救援无人机等，对这些领域来说，无人机能大大提高作业效率，省时省力。消费级无人机，顾名思义，是用来消费、娱乐的，目前消费级无人机完成的大部分任务是航拍或超低空自拍。

按照不同平台构型来分类，无人机主要有固定翼无人机、无人直升机和多旋翼（多轴）无人机 3 大平台，其他小种类无人机平台还包括复合翼无人机、伞翼无人机、扑翼无人机和无人飞船等。固定翼无人机（见图 1-27）主要应用在军事和多数工业级无人机的主流平台上，其特点是续航时间长、巡航速度快、负载能力强，但起降要求高，且无法定点悬停。

无人直升机（见图 1-28）主要应用在军事和其他专业领域，是灵活性最强的无人机平台，可以原地垂直起飞和悬停，但续航时间较短。

图 1-27　固定翼无人机

图 1-28　无人直升机

多旋翼无人机（见图 1-29）是消费级和部分工业级无人机的首选平台，其灵活性介于固定翼和直升机之间，但操纵简单、成本较低。

其他如复合翼/倾转旋翼无人机主要应用在军事和其他专业领域，由于兼具固定翼和旋翼的特性，可像旋翼机（指直升机和多旋翼）一样垂直起降，也能够在升空后转变为固定翼模式，航时比旋翼机长，但比固定翼短。

图 1-29　多旋翼无人机

知识点——无人机与航模的区别

无人机与航模最大的区别就在于是否能够进行人机交互和负载完成任务。无人机是利用无线电遥控设备和自备的程序控制装置操纵的不载人飞机，多由各类传感器、电子元件和复合材料制成。通常情况下,由于搭载了飞控,智能化程度较高,也具备执行任务的能力,包括进行拍照、农药喷洒、物流配送、电力巡线等。而航模是指不利用气动升力去克服重力,而是靠模型发动机推进升空的一种航空模型,一般装有使之安全返回地面的、以便再次飞行的回收装置,为确保安全,它的结构部件多由非金属材料制成。

思考题

1. 什么是航空?
2. 航空器是如何分类的,各类航空器又是如何细分的?
3. 气球和飞艇之间的共同点和差异分别是什么?
4. 飞机和滑翔机之间的共同点和差异分别是什么?
5. 直升机和旋翼机之间的共同点和差异分别是什么?
6. 军用飞机是如何分类的,各类又是如何细分的?
7. 无人机是如何分类的?

第 2 章　世界航空发展简史

　　航空技术的快速发展是 20 世纪科学技术飞速进步、社会生产突飞猛进的结果。经过 100 多年来的快速发展(自 1903 年莱特兄弟发明飞机之后),航空技术已经成为 21 世纪最活跃、发展最迅速和最有影响力的科学技术领域之一,也是表征一个国家科学技术先进水平的重要标志。

　　航空技术的发展与军事应用密切相关,而更重要的是人类在此领域所取得的巨大进展对国民经济的众多部门和社会生活的许多方面都产生了重大影响,改变了世界。航空技术用于军事,使军事装备和军事技术发生了根本性的变化,使战争从平面向立体转化,战争的格局发生了巨大变化。而民用航空的发展改变了交通运输结构,为人们提供了一种快速、方便、舒适、安全的交通运输工具。航空在工、农业方面的应用也是有目共睹的,如飞机广泛用于空中摄影、大地测绘、地质勘探和资源调查,还可用于播种施肥、除草灭虫、森林防火和环境监测与保护等。

2.1　航空探索和发明

　　与漫长的人类文明相比,200 多年的航空发展(自 1783 年人类乘坐气球升空开始算起)只是历史长河中短暂的一瞬。人类实现了飞行的愿望,是 20 世纪最伟大的科技成就之一。

2.1.1　古代中国的航空发明

　　古代中国关于夸父追日、嫦娥奔月的传说,阿拉伯地区飞毯的故事,古希腊赫尔墨斯的神话传说等,都体现了古代不同地区和民族对于飞行的渴望。几千年来,中国劳动人民在努力实现飞行这一美好愿望的过程中有过许多重要的创造,如战国时代公输般曾用木材和竹子制成木鸟,墨子曾制作过木鸢,汉代科学家张衡也曾制作过木鸟。中国早在汉代就发明了风筝,距今已有 2000 多年的历史。风筝实际上是一种重于空气的航空器,它与人类探索飞行有着密切的关系,可以认为是航空器的始祖。风筝传入西方后,它的滑翔原理成为飞机空气动力学方面最有价值的飞行机理之一。

　　中国晋朝(公元 265～420 年)葛洪所著的《抱朴子》中关于"飞车"的描述,是中国创造的"竹蜻蜓"玩具的最早记载。竹蜻蜓的飞行原理和直升机的飞行原理非常类似,它对世界航空发展的贡献也是举世公认的。竹蜻蜓玩具在 18 世纪通过贸易传入欧洲,被欧洲人称为"中国螺旋",它的垂直升空原理启发了人们的思路,许多航空先驱都是从竹蜻蜓中悟出了一些重要的航空原理。

　　相传五代时期(10 世纪初)中国就已经出现了松脂灯,又称孔明灯,可用作军中信号。松脂灯靠热气升空的原理与航空热气球完全相同,被看作是现代热气球的雏形。18 世纪的产业革命推动了科学技术的发展,为人类实现飞行梦奠定了基础。

2.1.2 气球的诞生

气球和飞艇属于轻于空气的航空器,在飞机发明之前是人类征服天空的先导。利用空气净浮力升空,在技术上是较易实现的。经过长期探索,人们终于依靠比空气轻的航空器迈出了成功升空飞行的第一步。18 世纪末期,法国的蒙哥尔费兄弟用麻布和纸制成了世界上第一个热气球,并装载了一些动物成功地进行了升空飞行,如图 2-1 所示。1783 年 11 月 21 日,两名法国人罗齐埃和达尔朗德乘坐此种气球,在巴黎上空飞行了 25 分钟,平安降落在距起飞地约 8.9 km 的地方,完成了人类首次乘坐航空器飞行的伟大创举。

蒙氏兄弟的热气球引起了当时许多科学家的重视。法国物理学家 J·A·查尔斯认识到氢气的升力比热空气的更为有效,于是他用涂以橡胶的绸布制成了一个氢气球。1783 年 8 月 26 日,该气球在巴黎上升到约 915 m 的空中,飘行了 25 km 后安全降落。同年 12 月 1 日查尔斯和罗伯特乘坐改进后的氢气球在巴黎做自由飞行,在 2 h 内飞行了 45 km,实现了氢气球首次载人飞行。1785 年 1 月 7 日,法国的布朗夏尔教授和助手乘坐自制的氢气球,成功飞越了英吉利海峡。此后,氢气球被用于军事、科学研究和体育运动,后来用氦气代替氢气,气球的制作和飞行就更安全了。

在一战中,热气球作为一种作战装备主要有两种用途:一是用来监测敌军地面或海上部队的行动;二是将之固定在防空阵地上,用来对抗敌军的航空器。在距离前线较远的阵地上,炮兵部队使用绳子将热气球系在专用绞盘上,侦察兵藏在气球下方的吊篮里,他们可以更好地观察和确定打击目标的位置,或校正己方炮弹的落点,图 2-2 所示为一只系留气球正在执行观测任务。

图 2-1 蒙哥尔费气球

图 2-2 一只系留气球正在执行观测任务

在防空比较薄弱的地区上空,可以把空中相隔较远的多个热气球用绳索制成的网连起来,从而形成一道诱捕敌机的空中屏障,与战斗机的巡逻、防空排炮和探照灯一起构成一个空中防线,这就形成了一个所谓的"钢索阵"。地面火力和空中的战斗机都会对热气球造成威胁,但打热气球也不容易。在燃烧弹和爆破弹出现之前,战斗机的机枪子弹远距离时对气球的气囊并没有杀伤力,若是等战斗机飞近之后再开火,则往往会冲入热气球下的"钢索阵",一旦机翼被钢索绞住,则飞机往往难以逃脱。到 1917 年以后,随着侦察机的出现和航拍技术的发展,热气球逐渐退出了战争中心。

2.1.3　飞艇的发明、风靡与衰落

气球的出现激发了人们对飞行的热情,但最初的气球只能在空中随风飞行而不能控制前进的方向,使用很不方便。于是有人经过多年的探索和试验,制成了带动力、可操纵的飞艇。1852 年,法国人吉法尔在气球上安装了一台蒸汽机用于带动一个三叶螺旋桨,使其成为第一个可操纵的气球,这就是最早的飞艇,如图 2-3 所示。同年 9 月 24 日,他驾驶这艘飞艇从巴黎飞到特拉普斯,航程 28 km,完成飞艇历史上的首次载人飞行。

19 世纪末至 20 世纪初是飞艇发展的全盛时期。1894 年,德国人齐柏林完成了硬式结构飞艇的设计,并于 1899 年制造了第一艘硬式飞艇 LZ-1。这艘飞艇采用内燃机为动力,带动螺旋桨推动飞艇前进,大大提高了飞艇的飞行速度,巡航速度达 60 km/h。1900 年 7 月 2 日,该艇在德国首飞成功,在 300 m 高度飞行了 15 km,并于 1910 年开辟了载客的定期航线。一战爆发前,从 1910—1914 年的四年间,齐柏林制造的多种型号的飞艇共飞行了 274 万千米,运送旅客 35 000 人次而无一伤亡,使其风光一时,并在各国兴起了飞艇热。

一战期间,飞艇作为一种新式武器很快就投入了战斗,德国曾用飞艇对英国进行攻击和轰炸。在一战中,德国空军和海军经常用刚性结构的飞艇执行侦察或夜间轰炸任务。这种硬式飞艇分为两类:一类是众所周知的"齐柏林"飞艇(见图 2-4),另一类则是不太有名的"舒特-朗茨"系列,这两类飞艇填充的都是纯氢气,但骨架结构不同。齐柏林设计的飞艇于 1909 年 3 月首次被德军采用,这类飞艇款式丰富,但都采用了铝合金骨架,长约 200 m,最高速度可达约 100 km/h,可乘坐人员近 20 名。舒朗飞艇体型相对较小,采用的是胶合板骨架,胶合板容易在飞行中吸收空气中的水分而受潮,从而飞艇会变得很难操控。

图 2-3　第一艘飞艇　　　　　　　　　　图 2-4　"齐柏林"飞艇

德军研制和购置了很多不同型号的飞艇,但只要在白天执行任务,就会遭到守军的猛烈攻击。1914 年 8 月间,4 艘飞艇被协约国(英法俄意美等国,其敌对一方称为同盟国,以德国为首)地面部队击落,1 艘被战斗机击中气囊而失事。到 1917 年 6 月,德国陆军最终弃用了飞艇,但德国海军依然利用飞艇在夜间去执行轰炸任务。在一战中,德国海军飞艇航空师共启用 73 架飞艇执行了 1 191 次侦察任务和 342 次轰炸任务。飞艇在实战中能够制造的实际伤害非常有限,而且本身也非常脆弱,造成飞艇损毁的原因多种多样,除了守军的火力攻击之外,还有恶劣天气的影响。

英国是一战期间遭受持续轰炸而损失最严重的国家。德国派去执行轰炸任务的飞艇都是

成组行动的,飞艇数从 2 架到多架不等,袭击的重点集中在英国东南沿海、北部和中部工业区,而伦敦则是每次轰炸的必选对象。第一次飞艇袭击始于 1915 年 1 月,而伦敦则于同年 5 月 31 日遭受了首次轰炸,在此之后德军又在当年策划了 19 次轰炸。在 1916—1918 年的三年里,德军针对英国的轰炸次数分别是 22 次、7 次和 4 次。到大战结束时,德军飞艇在英国领土上共投下了 5 759 枚炸弹,造成 556 名英国平民死亡,1 350 人受伤。

历史事件——“齐柏林”飞艇最具有挑战性的给养输送任务

1917 年末,L.59 型“齐柏林”飞艇从比利时出发,给东非的德国部队输送给养,飞到半途遭到了拦截,但 22 名机组成员操纵着 L.59 飞艇穿过狂乱的风暴,克服机械的故障,用 95 个小时在空中兜了长约 6 750 km 的大圈后,最终完成了给养输送任务。

飞艇由于其体积庞大、速度低、灵活性差,极易受到攻击,因此在军事上的用途很快被飞机所取代。一战结束后的一段时间里,飞艇转向商业航空运输,各国飞艇的发展也进入鼎盛时期,飞艇的飞行速度越来越快、升限越来越高、载重越来越大、航程也越来越远。1928 年,由齐柏林的继承人埃克马博士设计制造了世界上最有名的 LZ-127“齐柏林伯爵”号飞艇(见图 2-5),其长度达 236 m、最大直径 30 m、近 10 层楼高,可容纳 62 人和 15 t 货物,最大速度 128 km/h,最大航程达 17 000 km。“齐柏林伯爵”号总计飞行约 580 次、行程 170 万千米、运送旅客 34 000 多人次,先后横跨大西洋,并 150 次飞越北极和南极。

从 1931—1936 年,埃克马博士用了 5 年多时间建造了世界上最先进、最豪华的巨型飞艇——LZ-129“兴登堡”号,如图 2-6 所示。与波音 747 相比,“兴登堡”号的长度是其 3.5 倍,直径是其 6.5 倍,可载客 75 人,其豪华度和舒适度不亚于当年的“泰坦尼克”号客轮,堪称世界之最。但遗憾的是,1937 年 5 月 6 日,“兴登堡”号在飞达美国着陆时,突然起火爆炸,36 名乘客全部遇难。这次航空史上的大悲剧直接导致了飞艇的衰落,德国政府下令立即停止所有飞艇的飞行和制造工作,给飞艇事业以致命的打击,航空史上曾辉煌一时的飞艇时代也宣告结束了。

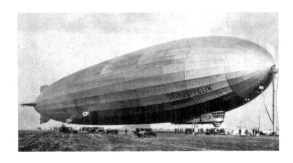
图 2-5　LZ-127“齐柏林伯爵”号飞艇

图 2-6　LZ-129“兴登堡”号飞艇

由于飞艇在运载能力和使用成本上具有明显的优势,随着航空技术的发展,特别是先进的空气动力学设计、新动力、新材料、新工艺、新机载电子设备和氦气的应用,到 20 世纪 70 年代后,飞艇又有了复苏的迹象。除客运之外,飞艇还广泛用于运送巨型物资、安装高压电线、电视摄影、地质考察、森林防火和农业播种施肥等。

气球和飞艇作为最古老的航空器,经历了漫长的两个多世纪,即使在航空异常发达的今天,仍然保持着活力,被广泛用于军事、体育、娱乐、探险、气象、巡逻、救生和科学考察等许多领域。

2.1.4　飞机的诞生及早期发展

人类关于飞行的许多探索和试验是从模仿鸟类的飞行开始的。在中世纪的欧洲,曾有人企图用羽毛制成翅膀飞行,这种模仿鸟的飞行活动一直持续到17世纪。

意大利文艺复兴时期(13世纪末14世纪初),意大利艺术家、科学家达·芬奇科学地研究了飞行问题,他把对鸟飞行的长期研究结果写成了《论鸟的飞行》一书,书中还绘制了许多飞行器设计草图。他还亲自制作了一个十分精巧、灵活、能模仿鸟的扑翼动作的"扑翼机"(见图2-7)。在达·芬奇之后,还有许多人继续研究扑翼飞行,但都没有得以实现。当热气球诞生并迅速传开之后,扑翼机很快就销声匿迹了。

1810年,英国人凯利在其重要著作《论空中航行》中,首先提出重于空气的航空器的基本飞行原理和飞机的结构布局,奠定了固定翼飞机和旋翼机的现代航空学理论基础。由于当时无法解决动力问题,于是他于1847年设计制作了第一架滑翔机(见图2-8),并进行了试飞。由于凯利在飞行原理方面的巨大贡献,被后人尊称为"空气动力学之父"。

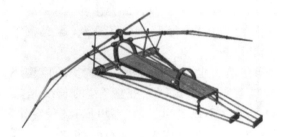 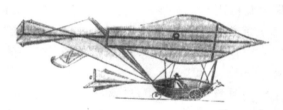

　　图2-7　达·芬奇设计的"扑翼机"　　　　　　图2-8　G·凯利设计的滑翔机

在航空史上,对滑翔飞行贡献最大的当属德国的李林达尔。从1867年开始,他和弟弟研究鸟类滑翔飞行20多年,进行多次扑翼飞行试验,弄清楚了许多飞行相关的理论,发现了扑翼飞行的不现实性,继而转向固定翼滑翔机的研究。他们于1891年制成一架滑翔机,成功地飞过了30 m的距离,后来又制造成多架单翼和双翼滑翔机,图2-9所示为李林达尔在进行滑翔机试飞。李林达尔将他的研究成果和实践经验写入《鸟类飞行——航空的基础》和《飞翔中的实际经验》的书中。不幸的是,在1896年8月的一次飞行试验中,李林达尔因滑翔机失事而牺牲,但他的研究成果对后人产生了重要的指导作用。

美国的科学家兰利博士在许多科学领域都取得了巨大成就,在科学界久负盛名。兰利一直到52岁(1886年)才开始认真研究飞行,但凭借卓越的天赋和艰苦的努力很快便取得一系列成就。1896年,兰利制造了一个动力飞行模型,飞行高度达150 m,飞行时间近3 h,这是历史上第一次重于空气的动力飞行器实现了稳定持续飞行,在世界航空史上具有重大的意义。1903年,兰利应美国军方要求研制了载人飞机"空中旅行者"(见图2-10),并进行了两次飞行试验,但都失败了。试飞的失败引起舆论一片哗然,批评与嘲笑几乎将兰利过去一生的伟大成就淹没,使这位航空界的权威自尊心受到极大伤害,加上飞机受损严重且当时本人已近70岁高龄,他便没有再进行新的飞行尝试。但他的著作《空气动力学实验》对后来的航空技术发展产生了重要的影响,而且人们也没有忘记兰利在航空领域的伟大贡献和开拓精神,兰利被称为飞机发明前"最后的先驱"。

图 2-9　李林达尔的滑翔机　　　　　　　图 2-10　兰利博士的"空中旅行者"

19 世纪末,美国的莱特兄弟(威尔伯・莱特和奥维尔・莱特)在总结前人经验教训的基础上,建立了一个小风洞来测量气流吹到板上所产生的升力,还制造出 3 架滑翔机,进行了上千次飞行试验,并对纵向和横向操纵性进行反复修改完善。之后,他们设计制造了一台活塞式汽油发动机,装在了第 3 架滑翔机上,用于驱动两副推进式螺旋桨,这就是"飞行者"1 号,如图 2-11 所示。

1903 年 12 月 17 日,弟弟奥维尔・莱特驾驶"飞行者"1 号进行了首次试飞,飞行距离 36 m,留空时间 12 s。随着操纵技术的不断熟练,到最后一次由哥哥威尔伯・莱特飞行时,飞行距离达 260 m,留空时间 59 s。这是世界公认的最早的可操纵动力持续飞行,这一天也成为人类首次载人动力飞行纪念日,莱特兄弟则作为飞机的发明人而永载史册。

"飞行者"1 号试飞成功之后,莱特兄弟又相继制作了"飞行者"2 号和 3 号。1906 年,莱特飞机专利得到了美国的认可。1908 年,莱特兄弟创建了世界上第一个专门从事飞机研制的莱特飞机公司,随后莱特飞机公司将飞机制造专利转让给了法国一家公司,同时还获得了美国陆军的第一批订单。

莱特飞机的成功首先在欧洲掀起航空的热潮,涌现出了许多飞机设计师,制造出了各种构型的飞机,飞行记录也不断被刷新。法国的桑托・杜蒙于 1906 年、路易・布莱里奥于 1909 年都成功飞行了自己设计的飞机。1908 年 1 月,法国的亨利・法尔曼驾驶一架双翼机完成了首次有正式记录的环形航线飞行。同年 10 月 30 日,他完成了首次陆上长途飞行,飞行距离约 30 km。1909 年 7 月 25 日,路易・布莱里奥驾驶着布莱里奥Ⅺ型飞机(见图 2-12)成功完成了人类首次驾驶飞机飞越英吉利海峡的壮举,全程 40 km,飞行时间 37 min,这是最早的国际飞行。

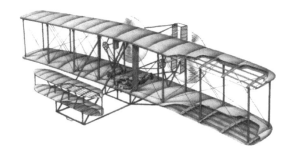

图 2-11　"飞行者"1 号飞机　　　　　　　图 2-12　布莱里奥Ⅺ型飞机

1910 年 3 月 28 日,法国人法布尔率先在飞机上安装了浮筒,成功试飞了世界上第一架水上飞机,成功地把飞机的使用范围从陆地扩大到水面。1913 年,俄国人西科斯基成功地研制了装 4 台发动机的大型飞机,并于同年 8 月 2 日成功首飞。短短几年间,飞机的性能有了很大提高,到 1913 年,飞行速度已达 200 km/h,续航时间超过 13 h,飞行高度达到 6 500 m。

2.2 军用飞机的发展历程

飞机诞生不久,人们便认识到了飞机在军事上的重大应用价值,于是军用飞机从无到有,由弱变强,给战争带来了革命性变化,战争也由平面走向立体,空间作战逐渐成为战争的一种重要模式。下面以各种类型的军用飞机在战争中的应用为主线阐述飞机的发展历程。

2.2.1 一战中的军用飞机

飞机参战的最早记录是在一战前的 1911 年 10 月 23 日,在意大利和土耳其之间的战争期间,意军皮亚扎上尉驾驶布莱里奥 Xl 型飞机在土耳其军队上空侦察了一小时,从此,拉开了飞机参战的序幕。同年 11 月 1 日,意军加沃蒂少尉驾驶"鸽"式飞机(见图 2-13)飞往土耳其军队阵地,投下了 4 枚 2 kg 重的手榴弹,开创了用飞机轰炸杀伤敌军的历史。

1. 侦察机

1908 年底,飞艇和飞机都还在试验阶段,并未投入战争使用。到了 1914 年,飞机已从一个信息辅助工具发展成为作战侦察的主要手段。在一战中,步兵侦察基本被侦察机所取代,飞机的主要任务就是执行空中侦察。当时侦察机的飞行速度最快约 100 km/h,大多数的侦察机不携带武器,但从 1914 年末开始,一些侦察机开始配备机枪和炸弹。接下来的几年内,还出现了更先进的武装侦察机,其飞行速度可以达到 150 km/h 以上。除了单纯的侦察机外,还出现了可以提供多种功能的复合型飞机,既可以完成空中照相侦察任务,还可以执行投弹和地面攻击等任务。

小知识——早期的空中侦察机是如何执行侦察任务的

早期的侦察机都是双座侦察机,包括一名飞行员和一名侦察员。早先是舱内人员手持相机拍摄(见图 2-14),手写报告,后来改为利用安装在机身内的小摄像头拍摄,用无线电信息汇报侦察结果。为了飞得更高、更快,且当时并没有战斗机对其造成威胁,侦察机还摈弃了侦察以外的一切多余的东西,包括武器。

图 2-13 "鸽"式飞机

图 2-14 舱内人员手持相机拍摄

2. 战斗机

空中侦察机的重要性促进了战斗机的产生,而战斗机最初的任务是保护侦察机。早期的战斗机以双翼飞机为主,仅有少数单翼设计。1915 年,轰炸和驱逐格斗成为飞机的新功能,驱逐机(战斗机)开始出现。到了 1915 年下半年,飞机进行侦察、驱逐、轰炸的功能分化更加明显。

趣闻——早期的空战

在 1914 年之前,还没有专用的作战飞机,空战最早是双方飞行员用手枪射击,后来才换成了步枪和机枪。早期的侦察机双座的居多,其中的一个座位是专门给侦察员兼机枪手的,后来将机枪安装在机身上之后飞行员就可以直接在驾驶舱内瞄准目标并操纵机枪进行攻击了。1914 年,法国人首次将陆军在地面使用的机枪搬上了飞机,但缺点是只有在和敌机并排飞行时才能射击。10 月 5 日,法国飞行员约瑟夫·弗朗茨中士和他的机械师兼观察员路易·凯诺在执行巡逻任务时,和一架德国飞机相遇,两人配合用机枪将其击落,首开以飞机击落飞机的先河,这也是有史以来第一次真正的空战。

空战中,攻击敌机的最有利位置是绕到其后方对其进行射击。但由于在飞机头部装有高速旋转的螺旋桨,故在机身上安装机枪射击敌机是非常困难的。1915 年 3 月,一位法国飞机设计师在木制螺旋桨上加装了金属滑弹板,安装在机身上的机枪射击时,虽然有 10% 左右的子弹打到桨叶上的金属板而被弹偏,但仍有大量子弹穿过桨叶射向敌机。滑弹板的出现使得协约国战斗机占据了很大的优势,但很快,德军在 1915 年 4 月从俘获的协约国飞机上拿到滑弹板样本后,当时为德军服务的荷兰飞机设计师安东尼·福克在滑弹板基础上,迅速开始制造改良版的同种零件,这就是机枪射击协调器。这是一种新型凸轮系统,能协调螺旋桨桨叶和机枪射击同步运动,当桨叶与枪管成一线时,机枪自动停止击发。这项革新使德军飞机的攻击能力和命中率大大提高,空中优势一下子转到德国。

最先安装这种装置的德国福克单翼飞机在战争中获得很大成功,图 2 - 15 所示为当时最有名的福克 EⅢ飞机。从 1915 年秋到 1916 年初,德国的很多福克飞机都装备了这种机枪射击协调器,在作战中发挥了很大作用。在此之后,空战的形势发生了很大变化,约 300 架 E 型福克战斗机在空战中击落了上

图 2 - 15　德国福克 EⅢ飞机

千架协约国飞机,其中以维克斯 5 型战斗轰炸机的损失最为惨重,史称"福克灾难"。E 型福克战斗机从此称霸战场,而这种局面直到 1916 年春协约国终于制造出可与之媲美的战斗机时才宣告结束。随着射击协调器的发明,产生了专门用于空战的驱逐机,也就是现代战斗机的前身。随后又出现了专用的轰炸机和攻击机。

一战后期的战斗机得到了长足的发展,它们不但都解决了向前开火的难题,而且还配备了动力强劲的发动机,机身也更趋流线型,此时的战斗机已经拥有了灵活作战、快速升空和高速飞行的条件。交战双方在航空技术上的你追我赶导致制空权的争夺也更趋白热化,1917 年春的阿拉斯之战就是空军竞赛最好的例证。当时英军的战斗机数量是德军的 3 倍,英军的飞机机型是 BE - 2 型(见图 2 - 16)和 RE - 8 型,但德军的信天翁 D 型战机(图 2 - 17 所示为信天翁 D.Ⅲ战斗机)在作战能力上远胜它们,数量上的优势没有能够盖过技术上的落后,英军在"血

色四月"中共计损失飞机 151 架,损失机组成员 316 人,而德军只损失了 66 架飞机和 119 名飞行员。不过,英军和法军很快用新型的 SE-5 型(见图 2-18)和斯帕德 S-Ⅶ型飞机赶超了德军的飞机。

图 2-16　英国 BE-2 型战斗机

图 2-17　德国信天翁 D.Ⅲ战斗机

一战中大多数的战斗机都是双翼机设计,仅有少部分设计优秀的三翼机,如英国的索普维斯三翼机和著名的福克 Dr-1 型飞机(图 2-19 所示为德国王牌飞行员里希特霍芬所驾驶的"红男爵")等。

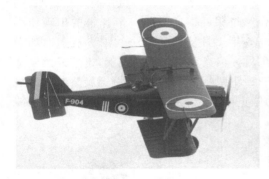

图 2-18　英国 SE-5 型飞机

图 2-19　德国福克 Dr-1 三翼战斗机"红男爵"

小知识——王牌飞行员

这个称号最早出现在一战,一般是指击落敌机超过 5 架(包含 5 架)的飞行员。世界上第一位王牌飞行员是法国飞行员阿道夫·珀古,中国第一位王牌飞行员是乐以琴(抗日战争中)。一战中,德国飞行员曼弗雷德·冯·里希特霍芬,绰号"红男爵",被称为王牌中的王牌,是战斗机联队指挥官和一战期间击落最多敌机的战斗机王牌飞行员之一,共击落飞机 80 架,他驾驶的那架大红色福克 Dr-1 三翼机也因其而著名。

图 2-20　英国索普维斯 F-1"骆驼"战斗机

1916 年末开始,绰号"幼犬"的英军索普维斯飞机大量登陆战场,它是一款功率较低、武装程度不高但机动灵活的飞机。1917 年 7 月,索普维斯 F-1"骆驼"型飞机(见图 2-20)取代了"幼犬"机,以击落 1 300 架敌机的成绩成为英军在一战后期的主要武器。1917 年夏末,法军开始用自制的斯帕德 S-XⅢ 型飞机(见图 2-21)取代老式的 S-Ⅶ 型,并作为主要空军装备投入使用,这款飞机后来也成为比利时、意大利和美国的基本装备。

1918 年 5 月,德军最后一款著名的双翼机福克 D-Ⅶ(见图 2-22)首次加入战场。虽然这款飞机作战非常灵活,但协约国依然凭借着优质飞机在数量上的显著优势,将制空权牢牢掌握在手里。

图 2-21 法国斯帕德 S-XⅢ 型战斗机　　　　图 2-22 德国福克 D-Ⅶ 战斗机

小知识——一战时的战斗机战术

空中格斗是在一战后期才发展起来的,在此之前,要想打掉敌方的飞机,最好是悄悄飞到敌机后方略低的位置近距离开火。在这种情况下,速度更快、机动灵活、火力更猛的飞机显然更占优势。一战的空中对决其实主要取决于航空技术的优劣,优秀的战斗机往往能够在空战中获胜。

3. 轰炸机

战争中飞机轰炸和驱逐格斗的功能分化促成了飞机机型的整合改变,轻型飞机主要用于格斗,重型飞机用于轰炸。为了能够执行远程任务,在更广的范围内轰炸更多的军事目标,轻型轰炸机便应运而生。由于发动机动力充足,一些轻型轰炸机也开始执行远程轰炸任务。一般来说,轻型轰炸机采用的几乎都是单台发动机的双座双翼机。

虽然轻型轰炸机在轰炸敌方目标方面很有优势,但其功能并不全面,它们不仅不能承担侦察任务,而且由于飞行速度较慢、武装程度较低、执行任务时还需要战斗机护航,因此各个国家还是偏好使用那种具有多功能用途的战斗机,它们虽然能装载的炸弹比轰炸机少很多,但能在空战中抵御敌方的进攻,并且还能执行侦察任务。

小知识——早期轰炸机的武器装备

较早的轻型轰炸机是 1912 年生产的英国的 BE-2 型飞机,它是一款仅有一把步枪或手枪作为飞行员防身武器的双座轻型轰炸机,投掷炸弹的方式是飞行员采用手抛的形式,攻击力十分有限。法国于 1914 年末制造的双座沃鑫 3 型飞机是首架配备机枪的飞机,这种载弹量仅有 100 kg 的轻型轰炸机的产量竟然达到了惊人的 800 架。

早期由于缺乏大功率的发动机,轰炸机的发展受到了限制。在 1915 年,所有关于战略轰炸的相关问题都显现了出来:白天和夜间轰炸问题、轰炸精度和飞机机型问题、全天候轰炸问题以及合适的轰炸目标选择问题,所有这些问题一直持续到二战,甚至直至今天。

在一战中,重型轰炸机(相对当时的轻型轰炸机而言)相比轻型轰炸机来说应用更广,主要负责远程战略轰炸任务,轰炸目标多为军事设施和工业区。德军真正意义上的战略轰炸是从1917年初开始的,以哥达式G系列为主的重型轰炸机参与了此后绝大多数战役。哥达式G系列飞机是双发双翼机,如图2-23所示,该机从1915年开始为德国服役,有G-Ⅰ~Ⅴ共5种型号,是德国重型轰炸机中最重要的一类,其中G-Ⅳ型可容纳3名机组成员,速度达140 km/h,可一次性飞行480 km,是数量最多的一款哥达式飞机。

英国独立空军是负责对德轰炸的主力,重点是袭击德国西部的工业重地。该部队共执行162次轰炸任务,在德国上空投下了665 t炸弹,其中552 t投放在德国西部,但英国在这些行动中损失了450架飞机。英国制造的汉德利·佩季O/100型和O/400型(见图2-24)双发飞机是英军最主要的重型轰炸机,分别于1916年11月和1917年末进入英军服役,共计生产了46架和550架。

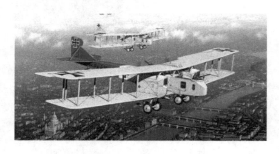

图2-23 德国哥达式战略轰炸机

图2-24 英国汉德利·佩季O/400重型轰炸机

1913年,俄国成功试飞了世界上第一架装有4台发动机的民用飞机——"俄罗斯勇士"号。俄军于1914年8月订购的伊利亚·穆罗梅茨(IM型)飞机是一款以"俄罗斯勇士"为基础改良的军用飞机,如图2-25所示,机重4 545 kg,翼展28 m,最高速度可达104 km/h,配有8挺机枪,并可最多携带800 kg的炸弹。伊利亚·穆罗梅茨飞机是世界上第一种专门设计的轰炸机,是世界上第一架量产四发飞机,也是一战爆发时世界上最强大的一种重型轰炸机。俄军的73架轰炸机在1914—1917年间共出动了400架次,其中只有一架在击毁了3架敌军战斗机后被袭坠毁,有2架因为各种机械故障而退役,总体来说其战绩昭彰且坚不可摧。

图2-25 俄国伊利亚·穆罗梅茨重型轰炸机

意大利空军开发的4种卡普罗尼系列轰炸机(代号为Ca2~Ca5)中有双翼机和三翼机,总产量为750架。诞生于1918年初的Ca5是一款四座双翼机,共制造了280架,是意军的主要战略轰炸机型。

4. 攻击机

在一战中,空中武装力量和地面部队的近距离协作逐渐成为进攻时的重要组成部分。但在1917年出现专用对地攻击机之前,执行对地支援行动的是轻型轰炸机和战斗机。1917年,德国AEG公司制造了世界上第一架对地攻击机——J型飞机,它具有两挺可以朝下方开火的机枪,该机型持续生产了 600 架,并一直沿用到一战结束。1917 年末,德国奥巴特罗公司制造的 J－1 型飞机既可作侦察和轻型轰炸机用,又可对地支援,是 AEG 公司 J 型飞机的替代品,但其速度较慢,机动性也不够,且发动机完全无防护,这一疏漏一直到 1918 年 J－2 型飞机面世才得以纠正。

德国当时顶尖的飞机设计师雨果·容克和安东尼·福克联手将原有的容克 J－1 型双座双翼机发展成了对地攻击机,如图 2－26 所示。该机是世界上第一种全金属攻击机,在 1917 年末进行首飞之后便于 1918 年 3 月广泛投入到德军的春季大反攻中。J－1 型飞机由于配备了无线电设备,可以在指挥下对地面目标发起准确攻击,从而风靡一时。但该机繁杂的制造工序限制了其批量生产,截至 1918 年 11 月,只有 227 架 J－1 型飞机参与了战斗。

图 2－26　德国容克 J－1 攻击机

协约国比较喜欢使用多功能飞机来执行对地任务,如法国萨默森 2 型飞机,除了对地攻击之外,还多次执行轰炸和侦察任务。而英国则使用索普维斯 F－1 型"骆驼"战斗机执行对地支援任务,由于其缺乏装甲保护,在战时损失惨重。后来,在 1918 年 5 月才推出了索普维斯 TF－2 型"蝾螈"飞机,它是英国的第一款实战对地攻击机,不过该机还没在战场上执行几次任务,战争就结束了。

5. 水上飞机

一战前夕,世界主要国家的海军均对水上飞机的军事应用展开了大量深入研究,由此催生了世界上第一支装备飞机的海军航空部队和第一艘具备现代航空母舰雏形的水上飞机母舰。

英国的第一艘水上飞机母舰是"赫尔姆斯"号,在 1912 年由旧式巡洋舰改造而成,但不幸于 1914 年 10 月被鱼雷击沉。第一艘真正意义上的航空母舰"皇家方舟"号是由一艘运煤船改造而成的,从 1914 年 12 月开始服役于英国皇家海军。由于渡轮速度较快,可以配合作战舰队中常规战船的作战步伐,故英国又在 1914 年后将许多渡轮都改造成了轻装型水上飞机母舰。

小知识——水上飞机母舰

水上飞机母舰和航空母舰都是移动的飞机场。水上飞机母舰属于早期的航空母舰,大多是由商船或货船改装的,很简陋,所以出现真正的航空母舰后,为了与航母区分开来,就把它们称为水上飞机母舰。

水上飞机在一战之初还处于初期应用阶段,多是一些小型陆基飞机去掉起落架加装浮筒改装而成。给普通飞机的起落架装上浮筒,使之可以在水面上起飞或降落,这就是水上飞机;如果给整个机身裹上一层防水外壳,则称之为飞船。水上飞机和飞船都是早期的水上飞机,它们既可以在海岸基地起飞,也可以在战舰上起飞,既可以侦察敌情,也可以轰炸敌军,因此水上飞机很快就成了海军作战的主要装备。

一战期间,水上飞机得到了前所未有的发展,作战任务和方式也渐渐成型,即通过"舰上起飞、水面降落、吊装回舰"的模式,可进行远距离侦察和为舰炮射击提供目标定位,同时担负部分反潜、护航、沿海巡逻与轰炸等任务。

小知识——早期水上飞机的起飞和着陆

水上飞机母舰有甲板可供有陆轮的飞机起飞,绞盘传动装置可以把装了浮筒的水上飞机从海里拉上母舰,或者把母舰上的飞机放下水中再起飞。对于一些只有陆轮的飞机进行水上作战时,是无法在母舰上着陆的,这种飞机在执行完海上航空任务后就变成了一种"一次性"用品,飞行员必须弃机跳海保命。

英国皇家海军航空部队是一战中规模最大的海军航空部队,它们购置了多种多样的水上飞机,其中包括最普遍的诺曼·汤普森NT-4型。1914年7月,世界上第一枚成功爆破的空投鱼雷由英军飞机投放。1915年8月,一架肖特184型水上飞机(见图2-27)从水上飞机母舰"彭米可利"上起飞,在马尔马拉海击沉了一艘土耳其补给舰,成为世界上第一架击沉军舰的水上飞机。

图2-27　肖特184型水上飞机

6. 飞机在一战中的作用

经过第一次世界大战之后,飞机从一种进行侦察和火炮定位的工具,发展成为执行高效空中作战、阻止敌机空中侦察的专业化手段,得到了充分肯定和广泛应用。军用飞机虽然并没有对一战的结果起决定性作用,但已经确定了飞机对地支援的重要地位,战场制空权成为一战中赢得胜利的必要条件。作为一种观察、轰炸、对地攻击的战术武器,飞机也通过一战证明了它在陆战中的价值,奠定了现代立体作战的基础。

飞机在一战中也得到了很大的发展,虽然战时飞机的基本机型是双座单发通用双翼机和单座单发双翼驱逐机(战斗机),但是飞机机型已朝着功能更加专业化的方向发展,除战斗机、轰炸机、攻击机和侦察机外,还出现了水上/舰载飞机。航空兵和航空工业的规模也出现了螺旋式的快速发展,战争期间生产的飞机超过了18万架,全世界飞机工厂达到200个,配套发动机制造厂约80家,初步形成了具有一定规模的航空产业。一战期间的飞机结构一般为钢管焊接骨架加布或木制蒙皮,布局形式大多为双翼机。与一战之前相比,飞机性能和发动机功率都有较大提高。早期的航空技术制约了飞机的大小、速度、载荷、航程以及导航和轰炸的准确性,直到25年后的二战期间这些问题才得以解决。

2.2.2　二战中的军用飞机

尽管第一次世界大战大大刺激了飞机的发展,各国对飞机的认识有了提高,但各国仍然把飞机当成辅助作战武器。除了德国,其他国家并没有真正把空军当成一个独立的作战力量。随着航空技术的日益成熟,飞机的作用越来越大,飞机也逐渐成为各国压制对手的重要力量。

从一战结束后到二战爆发前这段时期,航空技术取得了很大进步。活塞式航空发动机的性能得到迅速改善,发动机功率和功率重量比都成倍提高,耗油率明显下降,寿命大大增加,螺旋桨效率和螺旋桨技术都有较大进步。在飞机构型方面,逐渐从双翼向单翼过渡,随着发动机技术和材料技术的进步,单翼布局飞机逐步取代双翼飞机。随着飞机液压和冷气系统的进步,飞机的起落架也由固定的改为可收放的,使飞机飞行速度大大提高。飞机也由木质结构发展到全金属结构,由开敞式座舱发展到密闭式座舱。到二战前,飞机最大速度达到 500 km/h,升限达 7 000 m,航程 3 000 km 以上,轰炸机载弹量超过 2 t。

1. 侦察机

二战爆发时,侦察机在各国空军中的比重相对下降,但性能已经有了质的飞跃,既有专用机型,也有从战斗机和轰炸机改装而来的机型。很多知名的飞机类型都会做不同的改进,从而实现侦察的功能,如英国的“喷火”战斗机和“蚊”式飞机都有侦察版本。通常它们没有武器装备,但却有着先进的动力装置和精确的摄像机。美国将改装过的 P-38“闪电”战斗机和夜间轰炸机用于侦察,其中一些会配备加压的机舱和其他装置,帮助其攀升到极限高度,从而防止被拦截。

专门为战略侦察任务而设计的为数不多的飞机,当属德国的福克伍尔夫 Fw-189 型战术侦察机。Fw-189 采用双尾梁结构,如图 2-28 所示,尾梁通过发动机短舱向后延伸并布置尾翼和垂尾,飞机中部则布置驾驶舱,这种结构也被后来美国的 P-38 所采用,不同的是 P-38 是战斗机,虽然两者性质不同,但 Fw-189 的作战性能同样不差,堪称德国版的“双身恶魔”。Fw-189 曾在东部战线执行过很多次任务,虽然其飞行速度相对较慢,但却可以通过其极高的机动性而安全返回。

图 2-28　德国 Fw-189 战术侦察机

2. 战斗机

在二战中,多数飞机都是单活塞发动机、限载飞行员的单翼机,双翼机和双发单翼机主要作为夜间战斗机使用,如德国的亨克尔 He-51 型和英国的格洛斯特“角斗士”双翼战斗机。它们的特点是飞行速度慢、装载轻量级的武器装备。

（1）欧洲战斗机

单翼机是那个时代的经典设计款式,如英国的“喷火”“飓风”以及德国的梅塞施密特 Bf-109 战斗机。它们都是在 1935—1936 年首飞,并一直在战斗中持续服役,也都进行过较大的版本改进,一直到二战结束。

　　"喷火"战斗机(见图2-29)和"飓风"战斗机(见图2-30)是英国二战期间研制的最先进的战斗机,是当时英国皇家空军的主力战机,在整个二战期间始终战斗在最前线,被称为"英皇双雄"。虽说"飓风"与"喷火"齐名,但相比较而言,"飓风"在综合性能上要略逊于"喷火","喷火"战斗机几乎是英国唯一一款能与德国空军主力Bf-109战斗机相抗衡的机种。

图2-29　英国"喷火"战斗机

图2-30　英国"飓风"战斗机

　　Bf-109战斗机(又称Me-109,见图2-31)是德国在二战期间的主力战斗机之一,是德国在二战期间生产数量最大(超过3万架)、生产时间最久(1936—1945年)、产生空战王牌最多的战斗机。据统计,在二战全期,德国空军总战果中的一半以上都是由Bf-109取得的。

　　小知识——Bf-109飞机名称的命名

　　Bf-109战斗机是由德国巴伐利亚飞机厂(该厂首字母简称Bf)的设计师威廉·艾梅尔·威利·梅塞施密特设计,自1935年问世以来,成为此后十年间德国空军最主要的主力战机,因此"梅塞施密特"几乎成为二战时德国空军的代名词。1938年7月,德国政府为表彰设计师梅塞施密特,将他所设计的飞机改为以梅塞施密特的开头缩写Me来命名。因此以1938年为准,在该年以前设计的机种,无论生产到哪一年,飞机正式称呼都是以Bf开头,该年以后设计的飞机则使用Me开头进行编号。

　　德国的福克伍尔夫Fw-190式(见图2-32)作为一款多用途战斗机,性能出色,具有优秀的高速机动性,自1940年首次投入使用以来,便远超英国的"喷火"战斗机,是二战中后期最好的战斗机之一。Fw-190的不同版本和梅塞施密特Bf-109战斗机一直都是德国在二战时期的两大主力战机。

图2-31　德国Bf-109战斗机

图2-32　德国Fw-190战斗机

（2）苏联战斗机

早期的苏联战斗机是一种混合机型，20 世纪 30 年代中期的伊-16 具有较为合理的武器装备，但飞行速度较慢。拉格-1 和拉格-3 战斗机主要由木头制成，但速度依然较慢。米格-1 和米格-3 战斗机（见图 2-33）都是具有极佳高空作战效能的战斗机。米格-3 由米格-1 改进而来，1941 年列装部队，是二战初期苏德战场上的主力战机之一。

雅克系列战斗机的不同款式开始于 1942 年的雅克-1 和雅克-7，雅克-7 几乎是与雅克-1 同时出现的又一种改良机种，两者并行发展，同时投产，一起参战。雅克-9（见图 2-34）于 1942 年底首度投入使用，是雅克-7 全金属机翼的改型，并配备动力更强劲的发动机和更佳的武器装备。雅克-9 是苏联在二战时的主力战机之一，先后生产了 16 769 架，形成了苏联最庞大的战斗机群。雅克-9 于 1944 年升级到 9U 的版本，具有更惊人的战斗力。战争中最为惊人的战斗机是容易让人混淆的雅克-3，其飞行速度极快，是操纵性最好的设计款式。雅克-3 是由雅克-1 发展而来的轻型战斗机，1942 年底正式服役，1944 年大批装备部队，该机总共生产了 4 848 架，是唯一可以单挑德国 Bf-109 的苏联战机，被认为是二战期间苏联空军机动性能最好的战斗机。

图 2-33 苏联米格-3 战斗机

图 2-34 苏联雅克-9 战斗机

拉-5 和它的改进型拉-7（见图 2-35）是从之前的拉格战斗机发展而来的，也具有与雅克型相当的战斗力。拉-5 和拉-7 是苏联"卫国战争"中的主力战机，也是二战中的著名战斗机，到二战结束为止，总产量达 15 825 架，其中包括 9 920 架拉-5、5 905 架拉-7。

（3）美国战斗机

美国的寇蒂斯 P-36 和 P-40 性能一般，不过它们却在英军和法军中起着一定的重要作用。洛克希德 P-38"闪电"战斗机（见图 2-36）是一种亚声速截击机，是性能较好的、唯一的双发日间战斗机。该机自 1941 年投入使用，是太平洋战争初期唯一能够与日本"零式"战斗机（简称零战）抗衡的战斗机，是在美国陆军航空队（简称美陆航）的战机中击落日本战机最多的机型，该战斗机的速度和射程范围使其在轰炸机护航任务中有着较好的表现。

在二战后期，美国具有世界上最强大的空中力量，拥有相当重量级的战斗机，其中主要的类型是北美 P-51"野马"战斗机和共和 P-47"雷电"战斗机，它们都是从 1940—1941 年开始服役的，此时 P-38"闪电"战斗机也还在使用之中。P-47"雷电"（见图 2-37）是在一种星型发动机基础上制造的，具备较高的爬升和俯冲速率。P-47D 是所有 P-47 型战斗机之中制造数量最多的一款，共生产了约 12 000 架。P-51"野马"战斗机（见图 2-38）一开始并不被看好，但其在西欧空战中赢得了比其他战机更多的胜利。它最初配备的是艾利森发动机，后来在

1942年改装为梅林发动机后达到了射程和性能的完美结合,还可用作远程护航战斗机。

图2-35　苏联拉-7战斗机

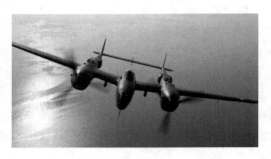

图2-36　美国P-38"闪电"战斗机

图2-37　美国P-47"雷电"战斗机

图2-38　美国P-51"野马"战斗机

(4)日本战斗机

作为日本标志性版本的战斗机机型是川崎Ki-61"飞燕"战斗机(又称川崎3式战斗机),
它是一种轻便灵活的战斗机,于1943年交付使用,其对手主要是盟军的P-40和P-39。中岛Ki-84"疾风"战斗机(又称4式战斗机,见图2-39),于1944年4月开始投入使用,被认为是日本在二战中最好的战斗机。

小知识——二战时期的空战武器

在1939年,多数空对空武器都是采用的步枪口径(约7.7 mm)的机枪,一些战斗机如意大利的CR-42战机只配备2挺机枪,德国的亨克尔He-111轰炸机也只配备3挺机枪,且

图2-39　日本中岛Ki-84"疾风"战斗机

需要手动射击。英国的"飓风"和"喷火"战机都配备了8挺机枪,但火力依然不足。后来,取代步枪口径武器的是口径达到13 mm级别的重型机枪,以及威力更大但射击速度较慢的20 mm加农炮和更大的重炮。到了二战后期,美国战斗机通常会装载6~8挺12.7 mm口径的机枪,而德国则配备包括3 cm口径的加农炮和高达21 cm直径的无人控制的空空火箭弹。

(5)夜间战斗机

夜间战斗机在二战一开始就出现了。雷达的发展逐渐克服了夜间空中作战的障碍,夜间战斗机便开始在1940—1941年间的"闪电战"中发挥作用。夜间战斗机都是由地面雷达及其

机身内雷达设备引领到目标附近,然后再发起进攻的,使用的雷达设备在射程和精确度上随着时间而逐渐提升。夜间的空中防御也由探照灯和防空炮的交叉结合而逐渐转变为更精密复杂的反制措施。

小知识——闪电战

又名闪击战,是二战中德国使用的一种战术。它充分利用飞机、坦克和机械化部队的快捷优势,以突然袭击的方式制敌、取胜,用机械化部队快速切割敌军主力以达到预期效果。闪电战第一次出现在 1939 年 9 月 1 日的波兰战役中,当时,德军共派出坦克 2 900 辆,飞机 2 900 架次,出动 88.8 万人,被分成 44 个师,其中包括 7 个装甲师、4 个轻型装甲师和 4 个独特的摩托车队。德国装甲部队和空军构成的快速纵深挺进力量将波兰军队迅速撕裂、合围,仅仅使用6 个小时就完全占领了波兰。

英国第一款成功的夜间战斗机是布里斯托尔"英俊战士"战斗机,与大多数的夜间战斗机一样都是采用的双座双发设计(另一个飞行员是雷达操作员),如图 2 - 40 所示,于 1940 年10 月参战后就表现优秀。作为一款"凑合着用"的多用途重型战斗机,"英俊战士"从 1941 年开始就被一系列"蚊"式飞机所取代("蚊"式飞机除了有日间轰炸机之外,还有夜间战斗机、侦察机等型号)。

美国在早期都是使用"英俊战士"和 A - 20"浩劫"执行夜间战斗任务。其中,A - 20"浩劫"有许多改型,包括轰炸机、攻击机、夜间战斗机等,曾服役于几个主要的同盟国(中、苏、美、英、法等国,其敌对的一方称为轴心国,包括德、意、日等国)。从 1944 年中期开始使用的诺斯洛普 P - 61"黑寡妇"战斗机(见图 2 - 41)是美国唯一一种为特定目的而建造的夜间战斗机,于二战期间在许多国家投入使用。P - 61"黑寡妇"是当时美陆航起飞重量最大的双发战斗机,是世界上第一种实用型的夜间战斗机,也是世界上第一种使用玻璃钢作为雷达罩的战斗机,还是世界上第一款 3 机组成员的重型战斗机。

图 2 - 40　英国"英俊战士"战斗机　　　　图 2 - 41　美国 P - 61"黑寡妇"战斗机

小知识——绰号"黑寡妇"的由来

P - 61 战斗机主要用于夜间战斗,机身涂成黑色,依靠其装备的当时最先进的机载雷达搜索、发现敌方飞机,然后以猛烈的火力打击敌机。因其战术与黑寡妇蜘蛛有许多相似之处,人们就给 P - 61 战斗机起了"黑寡妇"的绰号。

面对持续的夜间轰炸和攻击,德国也做出重大的发展夜间战斗机的回应,但由于在电子研究的混乱而遭到掣肘。德国早期装备过实验性质的夜间飞机,其类型包括梅塞施密特 Bf -

110(又称 Me-110)重型战斗机和容克 Ju-88 中型轰炸机,以及后来的 Me-210、容克 Ju-188 和 Ju-388 等。这类夜间战斗机需要地面雷达引导,后来盟军的电子干扰增强之后,这种战斗机就失灵了。德国真正的夜间战斗机只有一种,就是著名的亨克尔 He-219。He-219"猫头鹰"是世界上第一款安装弹射座椅的军用飞机,也是第一款采用前三点式起落架的飞机,如图 2-42 所示。该机是德国二战期间最好的夜间战斗机,不过在生产数量上十分有限(不超过 300 架),因此,德国广泛使用了未

图 2-42　德国 He-219"猫头鹰"夜间战斗机

经改装的单发夜间飞机来执行夜间军事任务。

日本也有为数不多的夜间战斗机,如日本海军唯一正式定型生产的中岛 J1N"月光"夜间战斗机和陆军的川崎 Ki-102 高空夜间战斗机等,其数量较少的部分原因是日本精密雷达设备不足。

3. 轰炸机

在二战中,各型轰炸机还没有一个准确的定义,其中,轻型轰炸机包括了很多种于 1939 年服役的不同设计机型,虽然设计比较先进,但由于有着严重的缺陷或被重型轰炸机所取代,或被地面火力压制;中型轰炸机则是指那些具有双发或三发的用于执行部分或全部的远距离军事任务的飞机;而重型轰炸机是指具有四台发动机的执行战略轰炸任务的飞机。

(1)早期的轰炸机

1939—1940 年,英国和法国都拥有战斗式轻型轰炸机,其缺陷是速度较低且无装甲保护,如法国的 Potez-63 系列。战争初期,苏联的苏-2S 轻型轰炸机由于提供了合理装甲保护而形成一定优势,但很多依然在 1941 年被更胜一筹的德国战斗机击落。虽然这些战斗式轻型轰炸机都只是昙花一现,不过其中依然有一些飞机会在夜间执行轰炸任务,如苏联的伊-153 单座双翼战斗机(伊-15 的改进型号)和德国的亨舍尔 Hs-123 双翼俯冲轰炸机。与绝大多数双翼飞机不同,Hs-123(见图 2-43)采用坚固的全金属半硬壳结构,机身除后部及副翼采用了布蒙皮之外,其余部位全部采用了金属蒙皮,装备有整流罩和固定式起落架。

图 2-43　德国 Hs-123 俯冲轰炸机

小知识——俯冲轰炸机

俯冲轰炸机是轰炸机的一种,是以高速俯冲方式攻击敌方的地面或水面目标,活跃于第二次世界大战中。俯冲轰炸战术起源于一战,由英国皇家空军最先开创。在攻击敌方目标时,俯冲轰炸机会以与地面超过 45°的方式高速向目标俯冲,在距目标很近的距离上拉起飞机同时投弹。由于载弹量较小,主要用于战术轰炸。相较于同时期的水平轰炸机(即普通的轰炸机类型)来说,俯冲轰炸机的优势在于投弹命中率高、效率高。

德国的容克 Ju-87"斯图卡"俯冲轰炸机因成为闪电战的标志而闻名,"斯图卡"取自俯冲

轰炸机的德文缩写。Ju-87俯冲轰炸机最容易辨认的特征就是弯曲的鸥翼型机翼、固定式的起落架及其独有低沉的尖啸声，其外形如图2-44所示。之所以称Ju-87俯冲轰炸机是闪电战的核心力量，完全是因为该机型在入侵波兰、荷兰、比利时、卢森堡、法国以及后来的对苏作战中，几乎所向披靡，破坏力极强。然而，其实这种轰炸机的速度非常慢，自卫装置也较少。"斯图卡"俯

图 2-44 德国 Ju-87"斯图卡"俯冲轰炸机

冲轰炸机于1937年投入量产装备部队，有多种型号，各型总计制造约5 700架。

由于轰炸机的日间突袭会被战斗机拦截，因此，在1940年后，轰炸机主要在夜间执行任务。而轰炸机攻击特定目标时，由于航行技术问题很难击中，因此，后来将突袭改为区域轰炸。为此，德国组建了雷达系统、控制系统和夜间战斗机部队，从而实现近距离接触和完成拦截任务。作为回应，英国除了干扰雷达并使用电子干扰等手段之外，还会将战斗机集中在特定区域内以躲避敌方的探测。

历史数据：1942年春，英国皇家空军执行了一个"千型轰炸机"的突袭行动，并第一次使用"Gee"雷达电子导航辅助设备，使得打击的精确度得到极大提高。自1942年，英国皇家空军使用的四发重型轰炸机"哈利法克斯"和"兰开斯特"都具有较大的炸弹负荷量，并在1943年初便开始占据支配地位。约5 000架轰炸机在1942年6月投入飞行，一个月就扔下了6 950 t炸弹；而在1943年6月间，这5 000架飞机的投弹量达到了15 500 t。

二战初期，德国拥有世界上最强大的中型轰炸机群，其中包括三种主要类型：道尼尔Do-17和Do-217轰炸机、亨克尔He-111轰炸机以及稍晚出现的容克Ju-88轰炸机。Do-17和He-111都是双发中型轰炸机，它们是二战初期德国空军轰炸机中数量最多、最主要的机种，其共同特点是速度较快、防御装备较弱、载弹量一般。道尼尔Do-217轰炸机（见图2-45）拥有比其他德国双发轰炸机都大的载弹量，可以携带的炸弹比Ju-88的早期型号都多，飞行速度也很快，主要用于替代性能已逐渐落后的Do-17轰炸机。

Ju-88（见图2-46）作为德国空军建造数量最多、作战用途最广泛的双发飞机，素有"万能轰炸机"之称，可以承担除了近距离格斗之外的水平轰炸、俯冲轰炸、远程护航、侦察巡逻、夜间截击、滑翔机拖曳、空投空运、反潜等任务，被认为是德国空军最成功的多功能空中作战平台，改型众多，性能优异。自1941年开始，Ju-88就取代Do-17和He-111成为德国空军的主力轰炸机机型，直至战争结束。

图 2-45 德国道尼尔 Do-217 轰炸机

图 2-46 德国容克 Ju-88 轰炸机

布里斯托尔"布伦海姆"轻型轰炸机和汉德利·佩季"汉普敦"中型轰炸机是二战初期英国皇家空军所使用的轰炸机,它们也存在着一定的缺陷,如运载能力弱、防御能力差、射程不足等。威灵顿式中型轰炸机(见图 2-47)整体来说好一些,这是由于它采用了网状内部结构可以实现合理的载弹量和飞行速度。该机曾在二战的前两年广泛使用,直到后来因为过低的速度与载弹量不足等缺点而被"兰开斯特"重型轰炸机所取代。

波兰生产的 PLZ-37"麋鹿"轰炸机(见图 2-48)是二战爆发前波兰空军最现代化的作战飞机,堪称 20 世纪 30 年代双发快速轰炸机的样板。该机飞行速度较快、操纵性好,且实现了射程与载弹量的完美结合,但是由于数量上的劣势导致其同样遭遇败仗。

图 2-47 英国威灵顿式中型轰炸机　　图 2-48 波兰 PLZ-37"麋鹿"轰炸机

二战爆发时,法国轰炸机部队处于型号混乱、机型较落后的状态。法曼 F222 系列是法国二战中使用的最大的轰炸机,也是其当时主要的威慑力量。利奥雷 & 奥利维尔 LeO451 是法国真正现代化的轰炸机,和 F222 系列一样有着不俗的作战性能。

美国的道格拉斯 A-20"浩劫"是用途最广泛的轻型轰炸机之一。法国是最先装备 A-20 的国家,二战爆发前法国就下了部分订单,被称为道格拉斯 DB-7"波士顿"轰炸机(见图 2-49)。马丁"马里兰"轻型轰炸机和在其基础上发展而来的马丁 187"巴尔的摩"轻型轰炸机(见图 2-50)均坚固耐用,易于操纵,它们在战争初期都有着不俗的表现。

图 2-49 美国 DB-7"波士顿"轰炸机　　图 2-50 美国马丁 187"巴尔的摩"轻型轰炸机

(2) 中型轰炸机

在 1942—1945 年间,英国和美国的中型轰炸机迅速崛起,而德国和日本的空中打击力量则较薄弱。苏联并不缺乏雄厚的空中力量,但因其把全部重点都放在了地面攻击的飞机和战斗机上,所以它们的中型或重型轰炸机也不多,其中最著名的有伊尔-4 和图-2。伊尔-4 是一种双发中型轰炸机(见图 2-51),一共生产了 5 256 架左右,是苏联在二战时的主力中型轰炸机,也是二战期间苏联空军服役时间最长的轰炸机。

图-2是一种双发轻型轰炸机(见图2-52),1941年首飞,1943年批量生产,既可用于水平轰炸,也可用于俯冲轰炸。图-2飞机的主要改型达25种,广泛参与了包括轰炸、截击、对地攻击、鱼雷攻击、高速侦察等多种战斗任务,总产量超过2 500架。与同类飞机Ju-88和B-25相比,图-2拥有毁伤更为强大的武器配置或更多的炸弹携带量,但在航程方面,图-2只有1 400 km的作战半径,略显无力。

图2-51 苏联伊尔-4中型轰炸机   图2-52 苏联图-2轻型轰炸机

英国最著名的轰炸机是德·哈维兰"蚊"式。"蚊"式轰炸机(见图2-53)被视为英国航空史上的创新之作,也是二战时期为数不多的木质军用飞机之一,拥有"木头奇迹"的美誉。"蚊"式飞机有多种型号,主要包括轰炸机、夜间战斗机、战斗轰炸机、侦察机等,在二战期间制造了约7 000架。该机速度很快,并具有厚重的装甲,配备20 mm加农炮、4挺机枪以及改进的雷达设备,在二战期间创造了英国轰炸机作战生存率的最佳纪录。

美国的中型轰炸机包括北美B-25"米切尔"、马丁B-26"劫掠者"以及道格拉斯A-26"入侵者"。其中,A类飞机曾专门为执行地面攻击任务优化过,而B类则主要用作执行不同的中型轰炸机任务。B-25和B-26都是从1942年开始投入战斗的,其中B-25"米切尔"(见图2-54)被认为是二战中美国最好的中型轰炸机,具有极佳的全面性能表现,尤其是良好的操控性,其总产量达到9 816架,是二战中产量最大的美制双发轰炸机。在二战中该机几乎参加了美陆航在所有前线的作战,美国海军也大量装备了B-25。此外通过租借法案,英国、苏联、荷兰、澳大利亚和巴西也大量装备了B-25。

图2-53 英国"蚊"式轰炸机   图2-54 美国B-25"米切尔"中型轰炸机

而A-26"入侵者"到1944年9月才开始投入战场服役。投产的A-26共有两种型号,一种是生产型A-26B攻击机;一种是发展型A-26C侦查轰炸机,机头改为透明结构,装有轰

炸瞄准器，如图 2-55 所示。共有 1 000 多架
A-26 一直使用到 1945 年，战后还继续服役
了好多年。

趣闻——A-26"入侵者"命名的变化

"入侵者"在正式服役时，依据其主要执
行的作战任务被赋予了 A-26 的编号，其中
"A"即 Attack（攻击）之意。不过随着 1948 年
6 月 12 日美国陆/空军作战飞机命名规范的
修改，攻击机的机种代号"A"被水陆两栖飞机
（Amphibian）占用，因此 A-26 被划归到了轰

图 2-55　美国 A-26C"入侵者"轰炸机

炸机的范畴，改称 B-26。这样就与二战期间更广为人知的马丁 B-26"劫掠者"中型轰炸机撞
了名，但马丁 B-26 在 1948 年时，除少量转交给海军（改称 JM-1/-2）使用之外，已经全部退
出空军现役，于是"入侵者"从此便直接以 B-26 的名称在美国空军（于 1947 年 9 月 18 日新成
立）继续服役。此后，1962 年 9 月 18 日，美军再次对军用飞机的命名规范进行了修改，依照新
修订的《军用航空航天器的界定与命名》规范，攻击机的机种代号"A"重新启用，于是当时仍在
美国空军战术支援部队服役、已被改造为专用对地支援机的 B-26K 又再次被重新赋予了 A-
26A 的编号。

（3）重型轰炸机

德国的飞机生产计划在战争中期已经停滞了，其主要精力都花在了快要淘汰的机型和对
原型机的改进方面。道尼尔轰炸机可以说是二战中德国最好的轰炸机，但其在 1943 年末便停
止了生产。道尼尔 Do-217 于 1940 年开始服役，在服役后近两年的时间里，Do-217 都是德
国最大的轰炸机，直到 He-177 问世。与数量众多的战术飞机相比，德国空军装备的重型轰
炸机的数量极少，极度缺乏战略打击能力。亨克尔 He-177 是德国投入战斗的一款著名类型
的轰炸机，也是唯一成批装备部队的重型轰炸机，被称为德国"鹰狮"。由于设计要求可进行俯
冲轰炸，亨克尔 He-177 的发动机配置与众不同，采用不常见的双联动耦合发动机设计，用前
后或者左右排列的两台发动机来驱动一个螺旋桨，使四发的重轰炸机从外形上看就像是一种
双发中型轰炸机，如图 2-56 所示。

日本的飞机工业一直难以与其对手抗衡。在 20 世纪 30 年代，以陆地为根据地，三菱 Ki-
30 俯冲轰炸机（又名 97 式轻爆）与川崎 Ki-32 俯冲轰炸机（又名 98 式轻爆）在中国战区打了
不少胜仗，并在太平洋战争早期继续投入使用。

战争后期的轰炸机主要包括横须贺 P1Y"银河"轰炸机、中岛 Ki-49"吞龙"中型轰炸机
（又名 100 式重爆）以及三菱 Ki-67"飞龙"中型轰炸机，每一种轰炸机的产量都相对较低。
P1Y"银河"在二战中后期日本海军的远距离轰炸任务中发挥了重要作用。直到 1945 年 8 月
15 日日本无条件投降，"银河"的累计产量超过了 1 100 架，是日本二战中后期最重要的轰炸机
之一。Ki-49"吞龙"是第一个配备可伸缩尾轮的日本飞机，如图 2-57 所示。二战后期，由于
日军失去了制空权，故 Ki-49 很少执行轰炸任务，主要用于运载重要物资。Ki-67"飞龙"是
中岛 Ki-49 的后继机型，在二战中服役于日本陆军和海军，是日本最坚固耐损的飞机之一。
在二战最后阶段的"神风"任务中，日本还使用了 Ki-67 的特殊攻击版本（Ki-67 被转换为自
杀式飞机），到二战结束时，Ki-67 共生产了 767 架。

图 2-56 德国亨克尔 He-177 轰炸机

图 2-57 日本 Ki-49"吞龙"中型轰炸机

英国最好的重型轰炸机是阿芙罗公司的"兰开斯特"(见图 2-58),是二战时期英国三大重型轰炸机的主力(其他两款四发轰炸机分别是"哈利法克斯"和"斯特林"),也是二战时期最著名的重型轰炸机之一,和美国的 B-17"空中堡垒"称为二战最强轰炸机。"兰开斯特"轰炸机在二战中一共生产了 7 400 架,但在作战中就损失了 3 500 架。在二战最后三年内,该机立下了赫赫战功。从 1942 年 3 月开始服役到 1945 年 5 月,"兰开斯特"一共执行 15.6 万架次轰炸任务,投掷超过 61 万吨炸

图 2-58 英国"兰开斯特"轰炸机

弹,直接摧毁了德国 51 座城市,摧毁无数德军军工厂、桥梁、铁路运输等,彻底改变了战争的局势。

和英国一样,美国的日间远程战略轰炸精确度达不到良好的效果,且轰炸机编队无法在面对战斗机时做出有效的防御,因此,美国也逐渐改为集中性突袭,而执行轰炸任务的飞机主要是 B-17"空中堡垒"和 B-24"解放者"轰炸机飞行编队。

历史数据:美国对德国目标的第一次袭击是在 1943 年 1 月,发动攻击的有 91 架飞机,其中 3 架在返回途中被 6 架德国战机击毁。1943 年 6 月,美国出动了 2 000 架次飞机,到 1944 年 1 月则达到了每月出动 6000 架次的记录。在短距离轰炸任务中,执行轰炸机护航的是 P-47"雷电"战斗机。在 1944 年远程护航战斗机出现之前,执行日间轰炸任务的轰炸机损失十分惨重。1943 年 8 月,约 376 架美国轰炸机在无任何护航编队的情况下突袭了德国的飞机制造厂,结果 60 架轰炸机在战斗中被击毁,而德国的飞机制造厂并未受到较大的破坏。不过,虽然美国一直到 1943 年年中的突袭都未使集中性攻击渗透到德国的领空中,但却导致了德国本土防御部队增强,从原来的 450 架战斗机增加到了 1 100 架。

美国的四发重型轰炸机是战略轰炸的核心,美国第一架投入使用的是在 1935 年首飞的波音 B-17"空中堡垒"轰炸机。该机从 1939 年开始系列生产,并在 1942 年进行了重大改进。

B-17是世界上第一架全金属机身的四发轰炸机,如图2-59所示,是二战初期美军的主要战略轰炸机。在二战中各型B-17轰炸机的投弹量占美军全部投弹总数的40%,高达64万吨。到1945年4月各型B-17轰炸机共生产了12 731架。

同时代的联合B-24"解放者"轰炸机(见图2-60)于1939年首飞,与B-17相比较,其载弹量更大、速度更快、航程更远。B-24"解放者"是二战中用途最广泛的飞机之一,它不仅仅是远程战略轰炸机,也是海上侦察机、反潜机、客运和货物运输机、运油机、侦察机等。B-24"解放者"的生产数量是美制轰炸机之冠,从1941年6月投产到1945年5月停产,"解放者"和各种衍生型号的总产量达到了18 188架。

图2-59　美国B-17"空中堡垒"轰炸机　　　　　图2-60　美国B-24"解放者"轰炸机

日本参战之后美国就需要更远程的飞机,波音B-29"超级空中堡垒"就此诞生。B-29是美陆航在二战时亚洲战场的主力轰炸机,也是当时各国空军中最大型的飞机,如图2-61所示。B-29于1942年9月首飞,1944年首度投入战斗,可载弹4 t,航程5 300 km,最大速度600 km/h,是当时载弹量最大、航程最远的重型轰炸机。B-29于1945年8月6日和9日,分别向日本的广岛和长崎投放了原子弹。

4. 攻击机

二战初期,只有德国和苏联空军重视将地面和空中力量相结合的打击,后来英国和美国在战争中才逐渐培养起这种作战能力。

德国的容克Ju-87"斯图卡"俯冲轰炸机有多种型号,取消Ju-87的俯冲减速板、挂载各种机炮吊舱,就改装成了攻击机,这就是容克Ju-87G。Ju-87G出现于1943年,配备了一对37 mm口径加农炮,专门攻击地面上的坦克,且其战场表现十分突出。其他的对地攻击机还包括福克伍尔夫Fw-190G系列远程攻击机和Fw-189A-4轻型对地攻击机以及亨舍尔Hs-129攻击机等。Hs-129是一种螺旋桨单座对地攻击机,如图2-62所示,于1942年装备德国空军,主要在对苏作战时使用。虽然该机飞行性能较差、发动机不可靠、动作迟缓笨重,但强大的火力和装甲使它比较适合反坦克作战,素有"飞行开罐刀"之称。

1940年,英法联军还没有合适的地面攻击机,于是英国开始在作战任务中使用"飓风"和P-40战斗机,虽然它们可以装载一定数量的炸弹、加农炮和机枪,但作战性能还是十分欠缺。后来,"英俊战士"和"蚊"式战斗轰炸机的使用获得了相当的成功,虽然它们运载一定的武器,但是在攻击的精确性上还稍显不足。

图 2-61　美国 B-29"超级空中堡垒"轰炸机

图 2-62　德国 Hs-129 攻击机

　　美国 A-20"浩劫"是二战中使用与生产较多的、著名的双发多座大型攻击机,1941 年 1 月开始服役,曾装备于美、苏、英等几个主要同盟国,在澳大利亚、南非、法国和荷兰也有使用。该机于 1944 年 9 月停产,共生产了 7 478 架,产量居美国攻击机前列。

　　自 1943 年开始,英国和美国的飞机都开始使用了不太精确但火力强大的火箭弹。英国的"飓风"战斗机和美国的 P-47"雷电"战斗机是当时英美最著名的多功能战斗机,除了在空战中表现优异外,更适合执行对地攻击任务,它们在进攻任务中具有极强的实力和耐久力。

　　到 1945 年,苏联已经建立了世界上最具威力的空中部队,其中包括伊-153 和苏-2 战斗机、伊尔-2"斯图莫维克"装甲攻击机以及佩特利亚科夫 Pe-2 型飞机。伊尔-2 装甲攻击机与其后续机型伊尔-10 共生产了 42 330 架,是世界航空史上单产量最大的军用飞机。伊尔-2 就像一架飞行中的坦克,如图 2-63 所示,因为它着相当厚实的装甲保护,配备着颇具威力的加农炮和机枪,并满负荷配备大量火箭弹和炸弹,是著名的坦克杀手,被认为是二战期间最好的对地攻击机。"斯图莫维克"的战斗编队经常在德国阵地或坦克部队上空盘旋,并发起一次次的攻击直至目标被摧毁,而这种战术被称为"死亡盘旋"。

　　Pe-2 型轰炸机是苏联产量居于第 2 位的飞机(超过 11 000 架),采用双发设计,如图 2-64 所示。Pe-2 本来是按照高空重型战斗机来设计的,后又修改为三座水平轰炸机,增加一个俯冲制动器,可以兼作俯冲轰炸机。1940 年试飞成功之后,由于速度快且可运载 3 t 重装备而被用作攻击机。

图 2-63　苏联的伊尔-2 装甲攻击机

图 2-64　苏联的 Pe-2 型轰炸机

5. 舰载机

　　除了空军和陆军航空队可以执行空中作战任务外,海军部队也是一支不可忽视的空中作战力量。航空母舰在当时只有英国、美国和日本有条件使用,所以也只有他们拥有这一级别的舰载机。当时的舰载机主要包括舰载战斗机、舰载俯冲轰炸机、舰载鱼雷轰炸机等。舰载战斗机主要用于拦截和攻击空中目标，夺取制空权，兼对海面和岸上目标进行攻击。俯冲轰炸机以高速俯冲方式攻击敌方的地面或水面目标，主要用于战术轰炸。鱼雷轰炸机，又称鱼雷攻击机，主要通过空中释放鱼雷攻击水面舰艇和潜艇，二战中的鱼雷轰炸机一般都只能带一枚鱼雷，仅有极少鱼雷机可以携带多枚。

小知识——舰载机的机组成员数目

舰载机的机种不同，所配备的机组成员数目也不同。舰载战斗机一般配备1名驾驶员，舰载俯冲轰炸机配备2名机组成员，而舰载鱼雷轰炸机则配备3名机组成员。舰载鱼雷机与舰载俯冲轰炸机在机组成员数量上的差异主要源于两者攻击方式上的不同。在二战时期，舰载鱼雷机除了挂载鱼雷进行攻击外，还可以挂载炸弹进行水平轰炸。舰载鱼雷机大多采用3人机组，其中前面两名机组成员分别负责雷击和水平轰炸两种攻击方式，而第3名成员通常担任无线电员兼后部机枪手。相比舰载鱼雷机，舰载俯冲轰炸机只有一种攻击方式，即挂载炸弹进行垂直方向上的俯冲轰炸，而飞机在俯冲状态下，飞行员就可以完成瞄准、投弹，因此仅需两名乘员即可。

（1）舰载战斗机

英国在二战初期的舰载战斗机比较笨拙，如双翼的"海斗士"和布莱克本"大鹏"舰载战斗机，从1940年开始，它们都被费尔雷"萤火虫"所取代。"萤火虫"舰载机（见图2-65）是一种多用途战斗机，可以执行战斗、攻击、侦察、夜间战斗和反潜等多种任务。

英国在海上使用过的、本土制造的最好的战斗机都是"喷火"系列的不同改进版，在军中服役的知名型号便是"海喷火"舰载战斗机（见图2-66），它是英国皇家海军二战中使用的第一种国产现代化舰载战斗机。在战争后期，在英国服役的多数舰载战斗机都是美国的各种类型。

图2-65　英国"萤火虫"舰载战斗机　　　　　图2-66　英国"海喷火"舰载战斗机

美国战前的设计款式布鲁斯特F2A"水牛"战斗机，是太平洋战争爆发前美军装备的两种主力舰载战斗机之一，也是美国海军第一种实用的单翼可收放起落架舰载战斗机。不过很快"水牛"战斗机就被淘汰了，当时超越它的是格鲁曼F4F"野猫"战斗机（见图2-67），于1940年率先在美国海军和英国皇家海军服役。"野猫"战斗机是美国海军与海军陆战队在二战爆发之际最主要的舰载战斗机，也是遏制日本零战神话与稳定美国在太平洋地区制空权的关键角色。"野猫"的升级款式在军中一直服役到1945年。

二战中美国最好的舰载战斗机是后来经过大型改进设计的F6F"悍妇"战斗机（又称"地狱

猫",见图 2 - 68),它是 F4F"野猫"战斗机的后继型号,是二战美国海军的标准舰载战斗机。该机有着较高的机动性,最高速度可达 620 km/h,有着相当不错的性能表现,成功地压制住日本零战而取得空中优势,成为当时美国海军的一张王牌。能与"悍妇"战机相抗衡的是钱斯·沃特 F4U"海盗"战斗机,是美国在战争后期的主要舰载战斗机,比"悍妇"飞得更快,可达 700 km/h,该机还可用作战斗轰炸机。

图 2 - 67　美国 F4F"野猫"舰载战斗机　　　　　图 2 - 68　美国 F6F"悍妇"舰载战斗机

日本最著名的舰载战斗机均出产于三菱公司,其中的 A5M"克劳德"在 20 世纪 30 年代末服役,是日本海军第一种国产全金属单翼舰载战斗机,该机最有名的设计是使用了倒置的海鸥型机翼,如图 2 - 69 所示。A5M 战机的最高速度达 435 km/h,具有固定的起落架和较高的机动性。1937 年,A5M 系列战机曾在入侵中国时广泛使用。

历史事件——曾在中国空域横行的"克劳德"

在 1937 年,A5M"克劳德"战斗机主要从"凤翔"号航空母舰上起飞,为轰炸机护航,入侵中国广东地区。A5M 结构紧凑,作战性能超过当时中国的战斗机,气焰十分嚣张。有时该战机即使被中国战斗机击伤,也能逃命而去。其中,日军飞行员柏村有一次在中国上空进行空战,遭到中国战斗机的撞击,他的 A5M 战斗机左翼被撞掉一大块(见图 2 - 70),然而,该机居然摇摇晃晃成功地逃回了基地。

图 2 - 69　日本 A5M"克劳德"舰载战斗机　　　　图 2 - 70　被撞掉左翼的 A5M 战斗机

三菱 A6M"零式"战斗机(见图 2 - 71)于 1940 年开始服役,是日本海军航空兵二战期间最著名的飞机,也是二战时日本飞机的招牌型号,在太平洋战争中自始至终都是战斗的主力。零战装备着 2 门 20 mm 加农炮和 2 挺机枪,还有高达 950 km 的行动有效航程,具有那个时代无与伦比的战斗机动性。该机采用了当时所能采用的一切先进的理论和技术成果,具备重量轻、转弯半径小、机动灵活、火力强、航程远、速度快等优秀战斗机所具有的所有优点。到了战争后期,生产最多的、更具实力的款式是 A6M5 型"零式"战机。其他著名的日本海军战机是三菱 J2M"雷电"与川西 N1K"紫电"的不同款式,它们多执行以地面为基地的作战任务。

(2)舰载俯冲轰炸机和鱼雷轰炸机

除使用舰载战斗机之外,海军部队发起空中打击的主要手段是采用俯冲轰炸机和鱼雷轰炸机混合编队的方式,但是这两种飞机在战斗机和防空火力面前显得不堪一击,伤亡率非常高。而这两种类型的轰炸机也只有英、美、日三国拥有。

英国的主要鱼雷轰炸机是费尔雷"剑鱼"式,于 1936 年开始投入使用,在二战立下了无数战功,是二战时期的英国皇家海军航空兵使用的主要机型之一。"剑鱼"式鱼雷轰炸机是双翼机,如图 2 - 72 所示,其飞行速度较慢,在满负荷状态下航程只有 880 km。该机在服役初期主要用作鱼雷轰炸机,到了二战中后期则被改装为反潜和教练机。

图 2 - 71　日本 A6M"零式"舰载战斗机

图 2 - 72　英国"剑鱼"式鱼雷轰炸机

二战初期英国的俯冲轰炸机是布莱克本"贼鸥"型,是英国皇家海军在 20 世纪 40 年代初所使用的一种双座单发舰载飞机,是英国皇家海军航空兵所拥有的第一种全金属结构的单翼飞机,如图 2 - 73 所示。其飞行速度较慢,运载量只有 226 kg。

费尔雷"梭鱼"型自 1943 年初开始服役,原本设计用作鱼雷飞机,却经常被作为轰炸机使用。"梭鱼"是一架鱼雷、俯冲两用轰炸机,其外形比较独特,采用的是单发飞机中极为罕见的上单翼布局,如图 2 - 74 所示。

图 2 - 73　英国"贼鸥"式俯冲轰炸机

图 2 - 74　英国"梭鱼"式轰炸机

　　美国 SBD"无畏"式（见图 2-75）是三座单发舰载俯冲轰炸机，不仅是二战时期美军三大舰载机之一，同时也是整个二战期间美军扭转太平洋战局的利器。"无畏"式虽然飞行速度较慢，但也取得过一定的战绩，且在 1945 年之前被很多部队使用过。自 1943 年末开始，"无畏"式开始被寇蒂斯 SB2C"地狱俯冲者"舰载轰炸机所取代。SB2C 具有更好的性能表现，是当时载重量最大的轰炸机。

　　美国格鲁曼公司的 TBF"复仇者"鱼雷轰炸机（见图 2-76）比较结实，性能更佳，是一款非常全能的轰炸机，可以执行很多种任务，除了本身是鱼雷轰炸机之外，还可以用作水平轰炸机、侦察机、布雷机等。该机设计于 1940 年，于 1942 年投入战斗，并在战争的剩余时间里获得了比好的战绩。

图 2-75　美国 SBD"无畏"式俯冲轰炸机

图 2-76　美国 TBF"复仇者"鱼雷轰炸机

　　日本对美国珍珠港的袭击是由"瓦尔"和"凯特"（两者的名称均为盟军代号）来实施的。爱知 D3A"瓦尔"舰载俯冲轰炸机又称 99 式舰爆，是二战初期日本海军的主要力量。虽然爱知 D3A 只能携带中等的炸弹运载量（约 360 kg），但在飞行速度上达到惊人的 397 km/h，该机有着固定的起落架，如图 2-77 所示，在俯冲轰炸的时候具有较好的精准度。后来爱知 D3A 被横须贺 D4Y"彗星"舰载俯冲轰炸机所取代。

　　中岛 B5N"凯特"有两种不同的规格（见图 2-78，又名 97 式舰攻，一般提到此型机种大多是指产量比较大的中岛 97 式舰攻），一种是日本的第一代舰载轰炸机，另一种是一款航程远、载弹量大的对舰攻击机。中岛 B5N 在二战初期具有较好的表现，不仅可用于水平轰炸、鱼雷攻击，还能够进行远距离侦察，是日本海军最著名的机种之一。更新的款式是中岛 B6N"天山"舰载鱼雷轰炸机，于 1944 年 6 月面世，具有较理想的飞行距离和军械运载能力，堪称当时最佳舰载鱼雷轰炸机。

图 2-77　日本 D3A"瓦尔"俯冲轰炸机

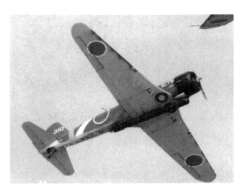
图 2-78　日本 B5N"凯特"舰载攻击机

历史事件——日本袭击珍珠港

当时，日本在东南亚地区对资源进行控制的其中一个阻碍和威胁便是来自美国的太平洋舰队。于是，1941年12月7日，来自日本6艘航空母舰的飞机对美国位于夏威夷珍珠港地区的太平洋舰队发起了突然袭击。第一波攻击使用了183架飞机，第二波攻击使用了168架飞机，攻击持续了两个小时。这次突袭造成了2 403名美国人丧生，停在港口的8艘战列舰中的6艘被击沉，此外还有很多舰船以及188架飞机被摧毁。而日军仅失去29架飞机、5艘袖珍潜艇和1艘大型潜艇。

6. 水上飞机

二战期间，水上飞机的使用与发展到达了巅峰，大型的远距离水上飞机和小型的飞行艇（经常从船上而不是从航母上起飞）都被研制出来了，除了继续担负巡逻、护航、侦查、反潜、轰炸与射击标定之外，也担任对其他海上目标的鱼雷攻击，或与敌方水上飞机进行空战等。

小知识——飞行艇

飞行艇是水上飞机的一种，是一种有船体的固定翼水上飞机。水上飞机根据栖力类型可分为水栖飞机和水陆两栖飞机，而水栖飞机又分为飞行艇和浮筒飞机，也就是船身式和浮筒式。和浮筒式水上飞机不同，飞行艇主要用船身式机身产生浮力浮在水面上，而且它可以充分利用宽广的水面自由起降而不受陆地机场的限制。早期由于受制于有限的发动机技术、空气动力学水平和机场的严重缺乏，因此，能够水上起降的飞行艇在20世纪30年代成为非常主流的客机机种。20世纪30年代是飞行艇的黄金时代，因为它们相对更安全，当时的大型机基本都是飞行艇。而在二战中，法国、美国和德国在军中服役的就有10种以上的飞行艇。

二战期间，各主要参战国都装备了浮筒式水上飞机，实践证明这是一种成功的机种。美国数量最大的是OS2U"翠鸟"水上飞机（见图2-79），于1937年研制成功，共建造了1 500架。"翠鸟"是美国海军使用的第一种可使用滑轨弹射起飞的单翼水上飞机，其最远飞行距离可达1 300 km，可从战舰和巡洋舰上直接弹射起飞，在战争期间主要担任侦察巡逻和救援任务。

日本的双翼机三菱F1M"0"式水上飞机，是二战中日本海军使用最广泛的水上观察机，1940年开始使用，有着惊人的良好性能表现。而能力更强的爱知E13A"0"式水上飞机（见图2-80），是日本海军在1941—1945年间使用的单发双浮筒远程水上侦察机，一共生产1 418架，是日本水上飞机中产量最大的一种。E13A拥有2 100 km的飞行距离，15 h的续航力和执行任务的通用性使得它非常成功。

图2-79　美国OS2U"翠鸟"水上飞机

图2-80　日本爱知E13A"0"式水上侦察机

德国同类型的最佳飞机是亨克尔He-115和阿拉道Ar-196。亨克尔He-115是1936年首飞的双浮筒式水上飞机，因为完成各种任务的通用性极好，所以该机是德军在二战中最主要的鱼雷轰炸机和巡逻侦察机。阿拉道 Ar - 196 也是双浮筒式水上飞机,如图 2 - 81 所示,既可水上起降,也可舰载弹射。该机在标准高度 4 000 m 时的最大航速可达 310 km/h,实用升限达到 7 000 m,远超同等级别舰载水上侦察机。

英国最常见的小型水上飞机是"海象",可轨道弹射起飞,被广泛装备于英国皇家海军的各种大型战舰。除了这些小型的水上飞机之外,很多水上飞机都更现代化一些,如英国的肖特"桑德兰"水上飞机。外形优雅匀称的全金属四发大型机"桑德兰"(见图 2 - 82)是英国皇家空军的第一种单翼水上飞机,也是世界上第一种装备动力炮塔的水上巡逻机,是二战中最强大、最广泛使用的水上飞机之一。"桑德兰"可执行巡逻任务的时间高达 16 h,而其携带的武器包括深水炸弹、普通炸弹以及很多防御用的机枪。

图 2 - 81　德国阿拉道 Ar - 196 水上侦察机

图 2 - 82　英国肖特"桑德兰"水上飞机

美国的双发水上飞机是联合 PBY"卡特琳娜"和马丁 PBM"水手"远程轰炸机。PBY"卡特琳娜"(见图 2 - 83)是历史上产量最大、用途最广泛的水上飞机,可用于反潜、轰炸、侦察、反舰、运送突击队等,堪称二战时期作战性能最广泛的飞机,也是世界上至今影响力最大的水上飞机。PBY"卡特琳娜"有多种衍生型号,总计生产了 3 300 架。PBM"水手"是一款二战和冷战早期的水上巡逻/轰炸机,设计它的目的是补充 PBY"卡特琳娜",该机比"卡特琳娜"更轻、性能更佳,有着更远的飞行距离(高达 5 600 km)和更强的轰炸能力。

相比之下,日本投入二战中使用效果最好的水上飞机是四发的川西 H8K"梅维斯"型(见图 2 - 84)的扩展款式,该机是二战时日本水上飞机中性能最先进的机型,飞行距离可达 7 000 km,并有着重型的武器装备,很难被击落。

图 2 - 83　美国 PBY"卡特琳娜"水上飞机

图 2 - 84　日本川西 H8K"梅维斯"水上飞机

更大型的水上飞机要属德国的 BV - 222"维京人",它是二战中服役于德国空军的一款大型六发水上飞机,如图 2-85 所示。在尺寸和重量上大大超过同期各国研制的水上飞机,最大航程 7 000 km,连续飞行时间达到惊人的 28 h,不过它主要用于运输任务。

7. 军用运输机

二战中,空中补给通常都是由运输机和滑翔机来实现的,空运第一次起到了举足轻重的作用,运输机和滑翔机运载的部队第一次被部署到各大战役中去。

二战初期最有名的运输机是德国的容克 Ju-52 型(见图 2-86),配置有 3 台发动机,拥有不俗的飞行性能,并能运载 28 名全副武装的士兵。在二战初期,它曾运输过很多伞兵部队,并牵引过不少滑翔机,发挥着重要的作用。由于它的外壳十分坚硬,因此它也有"容克老姑妈""钢铁安妮"等绰号。

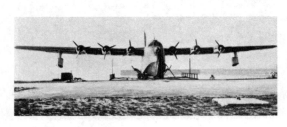

图 2-85　德国 BV-222"维京人"水上飞机　　　　图 2-86　德国容克 Ju-52 型运输机

德国还拥有大型的六发运输机梅塞施密特 Me-323"巨人",如图 2-87 所示,可以运载 21 t 货物,是二战中最大的陆上运输机。该机的飞行速度较慢,容易遭到敌方战斗机的攻击。它大容积低底板的货舱、可开放的机头门扉和多轮起落架的设计被认为是现代军用运输机的鼻祖。

与其他国家相比,美国使用过更多的运输机,其中较早的设计是在 DC-3 客机基础上改造完成的、服役期间称为 C-47"空中列车"的运输机,如图 2-88 所示。在所有战场中,该机共生产了 1 万余架。在用作伞兵运输时,其官方名字为 C-53"空降兵"。1942 年 5 月,C-47 及其衍生型号 C-53 开始装备于中国航空公司,成为二战中中国的主要军用运输机。

图 2-87　德国 Me-323"巨人"运输机　　　　图 2-88　美国 C-47"空中列车"运输机

在对日作战中美国主要使用的是寇蒂斯 C-46"突击队员"运输机(见图 2-89),其飞行速度更快,可以运载比 C-47 更多的货物,但只生产了 3 300 架。在二战时期,C-46 以"R5C"的型号被美陆航、美国海军和海军陆战队广泛用于军事运输。美国还拥有四发的战略运输机

C-54"空中霸王"(见图 2-90),该机是 DC-4 客机的军用型号,具有航程远、载重量大的特点,可以运载 50 名人员或重量相当的货物,主要装备于美陆航,成为其在二战中的主要远程军用运输机。

图 2-89　美国 C-46"突击队员"运输机

图 2-90　美国 C-54"空中霸王"战略运输机

使用滑翔机运输突击部队具有很大的隐蔽性,而且不必像伞降那样花费大量时间进行兵力集结,这些优势促使很多国家开始研制滑翔机。使用滑翔机的数量较庞大的国家包括德、英、美等国。

德国的主要滑翔机是 DFS230 轻型突击滑翔机,可以运载包括飞行员共计 10 人的负荷量。更大的滑翔机类型包括哥达 Go-242 中型滑翔机和梅塞施密特 Me-321 大型滑翔运输机,其中,Me-321 滑翔运输机(见图 2-91)需要 3 架梅塞施密特 Me-110 或者特别调整的亨克尔 He-111 才能将其牵引至空中。

英国的滑翔机主要是空速公司的霍莎式滑

图 2-91　德国 Me-321 大型滑翔运输机

翔机,该机采用平直翼气动布局,如图 2-92 所示,是多功能、亚声速滑翔机。该机是英国所有滑翔机中生产量最大的一种,可运输 30 名士兵和较重型的武器,或 1 挺反坦克炮,或相当重量的货物。

美国主要的滑翔机是韦科 CG-4A 滑翔机,是美国制造的唯一一种投入实战的滑翔机,英国称其为"哈德良",美国称其为"海格"。该机机头巨大,方便装卸车辆,如图 2-93 所示,可以运载 15 名全副武装的士兵或相当重量的货物。

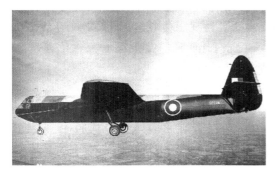

图 2-92　英国霍莎式滑翔机

图 2-93　美国韦科 CG-4A 滑翔机

小知识——滑翔机运输

在二战中，大规模的作战需要将数支部队快速运送到战场和完成空中补给，因此就要使用运输机和滑翔机来完成此类任务。滑翔机具有运输机所不具备的优点：可以将数量庞大的部队直接运送到战场，因为它们飞行时几乎没有声音，可以实现在某个目标旁边或顶部精确着陆（如诺曼底登陆）；滑翔机运载的部队不需要经过精心挑选，也不需要任何专业的跳伞训练。尽管滑翔机表现突出，但由于缺乏动力，无法自行返回基地，在回收上造成很大的麻烦，于是很多国家开始对滑翔机进行动力改装，出现了滑翔机和运输机逐步融合的趋势，如滑翔机 Go - 242 和其动力版本 Go - 244，滑翔机 Me - 321 和其动力版本 Me - 323。

8. 飞机在二战中的作用

第二次世界大战从空袭开始至战略轰炸结束，在几乎所有的决定性战役中，飞机都发挥着关键性作用，飞机在战争中的地位也显著提高。二战爆发前，世界各主要工业国家基本都建立了独立的空军。与轴心国相比，英、法、美等国在战争前的空中力量存在着较大差距，这是导致战争初期陷入被动的主要原因。战争中，各参战国的空中力量都急剧扩张，德、意、日和美、英、苏此消彼长，同盟国在战争后期占据了优势，为最终的胜利奠定了基础。

二战使航空技术和航空工业提升了一个大台阶。在战争期间，各国参战飞机数量剧增，飞机的性能迅速提高，使飞机对战争的影响越来越大，并起到举足轻重的作用。战争中，飞机在夺取制空权、实施战略轰炸、战场攻击、侦察和空运等方面发挥了巨大作用，飞机生产量远超过一战时的水平。到战争后期，美、苏、德、英等国的飞机年产量总和超过 20 万架，整个战争期间各国生产的飞机总数约 100 万架。

飞机的种类也越来越多，参战的战斗机有防空战斗机、制空战斗机、护航战斗机、夜间战斗机和舰载战斗机等；轰炸机除轻型、中型和重型轰炸机外，还有专门的鱼雷轰炸机；攻击机也有陆基和舰载之分。此外，还出现了侦察机、反潜机和各种类型的运输机。

在二战中，有许多著名的飞机问世。战斗机有英国的"飓风"和"喷火"，德国的 Bf - 109 和 Fw - 190，美国的 P - 38、P - 47、P - 51 和 P - 61，苏联的米格 - 3、拉 - 5 和雅克 - 9，日本的"疾风""零式"等。轰炸机有苏联的伊尔 - 4、图 - 2，英国的"蚊"式、"兰开斯特"，德国的容克 Ju - 87、Ju - 88，美国的 B - 17、B - 25 和 B - 29 等。

2.2.3 军用飞机的持续发展

二战结束之前，战斗机基本上是螺旋桨飞机的天下，其动力装置是活塞式航空发动机。二战后期飞机的最大速度达到了 780 km/h，这是活塞式螺旋桨飞机的速度极限，通过提高螺旋桨转速来增大飞行速度已经非常困难，喷气发动机在这种情况下便应运而生，装载活塞式发动机的飞机最终被新式的喷气式飞机所超越。1945 年之前，几乎所有主要国家都在忙着研究喷气式飞机，然而只有德国和英国在二战结束前的战斗中使用过喷气式飞机。

1. 喷气式飞机

德、英两国在 20 世纪 30 年代末期先后发明了涡轮喷气发动机，并用在新研制的作战飞机上。世界上第一架装有涡轮喷气发动机的飞机是 1939 年由德国的亨克尔设计的 He - 178 战斗机（见图 2 - 94），8 月 29 日首飞时就达到了 700 km/h 的速度。英国研制的第一种涡轮喷气式飞机 E28/39 型于 1941 年 5 月 15 日首飞，比德国的 He - 178 晚了 1 年零 9 个月。

德国的梅塞施密特 Me - 262（见图 2 - 95）是二战末期的一种喷气式飞机，装备喷气式发动机,并采用中等后掠(前缘后掠 18.5°)机翼气动布局。该机于 1942 年 7 月首飞,于 1944 年夏末首度投入实战,是人类航空史上第一种投入实战的喷气式战斗机。该机与同一时期英国制造的"流星"战斗机齐名。

图 2 - 94　世界上第一架喷气飞机 He - 178

图 2 - 95　德国 Me - 262 喷气式战斗机

英国的格洛斯特"流星"战斗机(其原型机为 E28/39)是下单翼、常规布局、双发、全金属飞机,如图 2 - 96 所示,是二战中盟军唯一投入实战的喷气式战斗机。该机于 1943 年 3 月首飞,于 1944 年 7 月参加实战。

贝尔 P - 59"空中彗星"是美国的第一架喷气式战斗机,于 1942 年 10 月首飞,但未参加过任何实战。德国的阿拉道 Ar - 234"闪电"轰炸机是世界上第一种实用的喷气式轰炸机,如图 2 - 97 所示。然而,Ar - 234 大部分是担任侦察机的角色,这是因为它的速度性能使其几乎不可能被敌机拦截。

图 2 - 96　英国"流星"喷气式战斗机

图 2 - 97　德国 Ar - 234"闪电"轰炸机

此时,这些飞机的喷气技术还处于早期阶段,并不成熟,所以喷气式飞机对二战的进程和结局没有产生明显的影响,但却宣告了航空史上喷气飞行新时代的到来。

1944 年,美国的 F - 80 喷气式战斗机(其绰号也是"流星",原军用编号 P - 80,见图 2 - 98)开始交付使用,其最大速度达 935 km/h。F - 80 战斗机是美国第一种大量生产并服役的喷气式战斗机,也是美国喷气式战斗机中第一种有击落敌机纪录的型号。

1945 年 5 月,苏联也研制出雅克 - 15 和米格 - 9 喷气式战斗机,1946 年 4 月同时首飞,并开始批量生产装备苏军,这是苏联第一批喷气式战斗机。雅克 - 15 是由雅克 - 3U 活塞式的金属机身加喷气式发动机改装而来,该机几乎全用作教练机来使飞行员适应喷气式战斗机。米格 - 9 战斗机的气动布局为单座、双发、机头进气、中单翼、平直机翼,如图 2 - 99 所示,除装备苏联空军外,还出口到中国。这些喷气式飞机都是直机翼布局。

图 2-98　美国 F-80 喷气式战斗机

图 2-99　苏联米格-9 喷气式战斗机

到 1948 年,苏联研制出的一种高亚声速战斗机米格-15(见图 2-100)开始批量生产并装备部队。在 20 世纪 50 年代初的朝鲜战争中,该机首次大规模投入空战,显示了良好的飞行和作战性能。此后,美国研制出 F-86“佩刀”战斗机(见图 2-101),是二战后美国研制的一种单座、单发、后掠翼、亚声速喷气式战斗机。它们是第一种采用后掠翼的战斗机,使飞机的速度突破了 1 000 km/h。

图 2-100　苏联米格-15 后掠翼战斗机

图 2-101　美国 F-86 后掠翼战斗机

2. 超声速飞机

20 世纪 40~50 年代是喷气式飞机迅速发展的年代。人们通过实践发现,飞机的飞行速度在接近声速时,由于局部气流速度达到声速而产生了局部激波,阻力急剧增大,飞机变得难以再提高飞行速度,这种速度障碍称为声障。当时很多人认为声速是航空器的极限速度,不过,随着高速空气动力学理论和飞机设计技术的进步,1947 年 10 月 14 日,美国 X-1 研究机首次突破了声障,速度达到 1 078 km/h。从此人类突破了声障,进入超声速时代。

图 2-102　美国 F-100 超声速战斗机

世界上第一种实用型超声速飞机是美国的 F-100“超级佩刀”战斗机(见图 2-102),该机在 1953 年 5 月 25 日创造了 1 215 km/h 的飞行速度记录。该机于 1953 年 9 月开始装备部队,主要作为战斗轰炸机使用。

在军用飞机中,战斗机是装备数量最多、应用最广、发展最快的机种,其研制水平往往代表了航空技术的发展水平。随着航空技术的进步,战斗机也在不断地升级,对战斗机进行分代也是必要的,美国和俄罗斯都分别制定了各自的分代标准。本书采用传统的战斗机"四代"分法对战斗机进行分代。

小知识——战斗机的分代

关于战斗机的分代,目前有"四代"和"五代"两种主要的分代方法。传统的战斗机"四代"分法其实是超声速战斗机的划代法,也是除俄罗斯以外的国家普遍采用的划代法。俄罗斯的"五代"分法是把传统"四代"分法中的第二代又分为两代,即把可变后掠翼的战斗机如米格-23 等单独分一代称之为第三代。2008 年美国《空军》期刊又提出了一种"六代"法,把最早的喷气式战斗机列为第一代(F-80、Me-262 等),把后掠翼战斗机列为第二代(F-86、米格-15 等),把超声速战斗机(包括低超声速和 Ma2.0 一级的战斗机)列为第三代(F-4、米格-17、米格-21 等),第四代与"四代"法中的第三代一致,第五代与"四代"法中的第四代一致,而第六代则是设想中的具有高超声速的战斗机。这种分代方法可以说是喷气式战斗机的划代法,有人称其为新"五代"法。目前很多媒体在进行报道时普遍采用新"五代"法,而本书则沿用超声速战斗机划代法,即传统的"四代"法。各种分代方法对比如表 2-1 所列。

表 2-1　不同分代方法

各代战斗机主要特征	"四代"划代法		"五代"划代法		新"五代"划代法	
	代序	典型机型	代序	典型机型	代序	典型机型
全方位隐身功能	第四代	F-22、F-35	第五代	研制中的新一代战斗机	第五代	F-22、F-35
高机动性	第三代	F-14、F-15、F-16、F/A-18、米格-29、苏-27、苏-35、幻影 2000、阵风、台风、JAS-39、歼-10、歼-11 等	第四代	米格-29、苏-27、苏-35	第四代	F-14、F-15、F-16、F/A-18、米格-29、苏-27、苏-35、幻影 2000、阵风、台风、JAS-39、歼-10、歼-11 等
Ma2.0 一级	第二代	F-104、F-4、米格-21、米格-23、幻影Ⅲ、萨博-37、歼-8 等	第三代	米格-23 变后掠翼战斗机	第三代	米格-19、米格-21、F-100、F-104、F-4、幻影Ⅲ、萨博-37 等
			第二代	米格-21		
低超声速	第一代	F-100、米格-19	第一代	米格-19		
高亚声速、后掠翼					第二代	F-86、米格-15
早期喷气式					第一代	He-178、Me-262、流星、F-80

(1) 第一代战斗机

随着喷气技术突破性的进展,许多人将 20 世纪 40 年代末、50 年代初出现的一批战斗机称为第一代战斗机。第一代战斗机的主要特征为高亚声速或低超声速,采用机头进气和大后掠角梯形机翼,装有带加力燃烧室的涡轮喷气发动机(起飞推重比多为 0.5～0.6),带大口径航炮和火箭弹,后期装备第一代空空导弹和机载雷达。第一代战斗机的代表机型有美国的F-80、F-86、F-100 和苏联的米格-15、米格-17、米格-19 等。

米格-17 是在米格-15 基础上发展而来的一种单座高亚声速战斗机,采用后掠翼常规气动布局,1952 年进入苏联空军服役,后来逐渐被超声速的米格-19 战斗机所取代。米格-19

是一种单座、双发、喷气式、后掠翼战斗机,如图 2-103 所示,于 1954 年 3 月进入苏军服役,是世界上第一种进入批量生产的超声速战斗机。

在第一代超声速战斗机出现期间,还出现了一批高亚声速的轰炸机,如美国的 B-47 和 B-52 轰炸机、苏联的图-16 轰炸机等。其中,B-52"同温层堡垒"是美国的一种具有 8 台发动机的远程战略轰炸机,如图 2-104 所示,于 1955 年批生产并开始交付使用,到 1962 年停产,总共生产了 744 架。B-52 现役 76 架,仍然是美国空军战略轰炸的主力。

图 2-103　苏联米格-19 战斗机

图 2-104　美国 B-52 轰炸机

(2)第二代战斗机

由于第一代战斗机具有升限、加速性、爬升率不够高,武器系统和机载设备相对简单,作战能力不足等缺点,为此,各国开始发展"高空高速"战斗机。20 世纪 50 年代末、60 年代初,一批 2 倍声速的战斗机相继出现,它们被称为第二代战斗机。第二代战斗机的主要特征是最大平飞速度达到 2 倍声速,升限达 20 000 m 以上,采用小展弦比薄机翼和细长机身的气动外形,采用大推力新型涡喷发动机或涡扇发动机(起飞推重比达到 0.8 左右),装备独立的航空电子设备系统,以航炮和第二代空空导弹为主要武器,中、高空飞行性能较好。第二代战斗机的代表机型有美国的 F-104、F-4,苏联的米格-21、米格-23,英国的"闪电"、法国的"幻影"Ⅲ和瑞典的萨博-37 等。

美国的 F-104"星"式战斗机(见图 2-105)是世界上第一种速度达到 2 倍声速的战斗机,并在 20 世纪 60 年代长期保持爬升率与最大升限的世界纪录。F-4"鬼怪"战斗机(见图 2-106)是一种双座、双发、全天候、远程、超声速防空截击机,该机各方面的性能较均衡,不仅空战性能好,对地攻击能力也不弱,是冷战时的主要战斗机。

图 2-105　美国 F-104 战斗机

图 2-106　美国 F-4 战斗机

苏联的米格-21 战斗机采用单座三角翼气动布局,如图 2-107 所示,是 20 世纪 60 年代苏联空军的主力制空战斗机,原型及其改进型(包含仿制、改良型)共生产了 10 000 多架,是 20 世纪产量、装备最多的喷气战斗机之一。米格-23 战斗机采用单座可变后掠翼气动布局,如图 2-108 所示。该机的突出性能是飞行速度快,高空时达 2.35 倍声速,是设计师米高扬一生中最后一个亲自设计的项目。

图 2-107　苏联米格-21 战斗机

图 2-108　苏联米格-23 战斗机

英国的"闪电"战斗机是英国自主设计制造并服役的第一种 2 倍声速的战斗机,也是冷战时期英国第二代喷气式战斗机的代表。

小知识——"闪电"战斗机

除了英国的"闪电"战斗机之外,取名为"闪电"的战斗机还有好几种:一种是二战时期美国著名的 P-38"闪电"战斗机;一种是伊朗 1979 年自行研制的"闪电"战斗机;还有一种是美国新一代的 F-35 隐身战斗/攻击机,称为闪电Ⅱ型。除了以上几款战斗机之外,德国的阿拉道 Ar-234 轰炸机也叫"闪电"。

法国的"幻影"Ⅲ战斗机采用单座、单发、无平尾、三角翼布局,如图 2-109 所示,其主要任务是截击和制空,也可用于对地攻击,是法国空军在 20 世纪 60~70 年代的主力战斗机。

瑞典的萨博-37 战斗机是一种单座全天候截击机,兼有对地攻击能力。该机采用独特的三角翼近距耦合鸭式气动布局,如图 2-110 所示,具有起降性能好、用途广泛等特点。比较特殊的是,萨博-37 的前置鸭翼本身是固定的,后缘却带有可动襟翼,这一点与其他鸭式布局的飞机有很大区别,再加上面积巨大,以至很多人都认为它是超声速双翼战斗机。

图 2-109　法国"幻影"Ⅲ 战斗机

图 2-110　瑞典萨博-37 战斗机

(3) 第三代战斗机

随着世界航空格局的快速变化,"高空高速"战斗机已经无法满足现代空战的需求,因此,自 20 世纪 70 年代末开始,随着主动控制技术和推重比 8 一级的涡扇发动机的应用,出现了具备中空高机动性的第三代战斗机。第三代战斗机的主要特征是一般采用边条翼、前缘襟翼、翼身融合等先进气动布局以及电传操纵和主动控制技术,装单台或双台加力式涡扇发动机(本身推重比达到 8.0 左右,起飞推重比接近或超过 1.0),具有高的亚声速机动性,配备多管速射航炮和先进的中距、近距格斗导弹,一般装有脉冲多普勒雷达和全天候火控系统。最大飞行速度和高度与第二代相比优势不大,但中低空亚声速和跨声速机动性突出,并具有超视距作战和下视下射能力。第三代战斗机的代表机型有美国的 F-14、F-15、F-16、F/A-18,苏联/俄罗斯的米格-29、苏-27,法国的"幻影"2000 等。

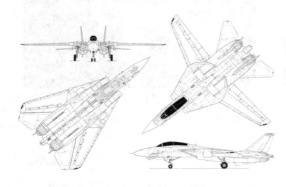

图 2-111 美国 F-14 变后掠战斗机

美国的 F-14"雄猫"是一款超声速多用途舰载战斗机,采用双座、双发、双垂尾、变后掠、中单翼布局,如图 2-111 所示,主要执行舰队防御、截击、打击和侦察等任务。F-15"鹰"式采用串列双座后掠翼气动布局,如图 2-112 所示,是世界上第一种成熟的第三代战斗机,也是一款极为优秀的多用途战斗机。F-16"战隼"采用单座单发布局,如图 2-113 所示,是一种喷气式多用途战斗机,也是世界上最成功的战斗机之一。该机于 20 世纪 70 年代研制,是美国空军 20 世纪 80~90 年代的主力机种之一。F/A-18"大黄蜂"采用单座/串列双座后掠翼气动布局,是一种多用途舰载战斗机,是美国第一种兼具战斗机与攻击机身份的型号,具备优秀的对空、对地和对海攻击能力。

图 2-112 美国 F-15 战斗机

图 2-113 美国 F-16 战斗机

苏联/俄罗斯的米格-29 是一种双发中型战斗机,采用升力体机身和边条翼融合设计,如图 2-114 所示,其改型多达 20 余种,曾外销至 30 多个国家,是一款出色的多用途战斗机。苏-27"侧卫"是一种单座、双发、全天候、空中优势、重型战斗机,采用翼身融合体技术,悬臂式中单翼,翼根处有光滑弯曲前伸的边条翼,双垂尾正常式布局,如图 2-115 所示。该机气动外形流畅,机动性高,作战半径优越,是俄罗斯军机中最成功的机型。

法国在二战之后研制的幻影系列战机凭借着优异的性能和可靠性曾经风靡全球,在战斗机领域占有着重要地位。法国的"幻影"2000 是在"幻影"Ⅲ 的基础上改进而来的一种不带前翼的单发、三角翼、多用途战斗机,如图 2-116 所示。

图 2-114　苏联米格-29 战斗机

图 2-115　苏联苏-27 战斗机

　　20 世纪末研制的三代机如俄罗斯的苏-35、法国的"阵风"战斗机、欧洲的"台风"战斗机、瑞典的 JAS-39、中国的歼 10 和歼 11 等,由于具有部分第四代战斗机的特点,信息化作战能力得到大幅度提高,故也被称为"三代半"战机。其中,俄罗斯的苏-35 是在苏-27 战斗机的基础上研制的深度改进型、单座、双发、超机动性、多用途战斗机,代号"超级侧卫"。

　　"阵风"战斗机是法国一种双发、三角翼、高机动性、多用途战斗机,如图 2-117 所示,该机真正的优势在于多用途作战能力,它不仅海空兼顾,而且空战和对地、对海攻击能力都十分强大,是一种新型全能通用型战斗机。"台风"战斗机是由欧洲战斗机公司(英、德、意和西班牙 4 国合作)设计的双发、三角翼、鸭式布局、高机动性的多用途战斗机。瑞典萨博 JAS-39 战斗机与法国的"阵风"战斗机、欧洲"台风"战斗机因为其优异的性能表现,并称为欧洲"三雄"。

图 2-116　法国"幻影"2000 战斗机

图 2-117　法国"阵风"战斗机

　　这些战机延续了第三代的发展成果,作为第四代战机全面服役前的过渡机种,在性能和价格方面往往比第四代战斗机更具优势。

　　(4) 第四代战斗机

　　第四代战斗机是 21 世纪开始服役或目前还在研制中的新一代战斗机,第四代战斗机的代表机型有美国的 F-22 和 F-35、俄罗斯的苏-57 以及中国歼-20。

　　作为第四代战斗机的典型代表,F-22"猛禽"以 F-15、F-16 和 F-117 为基础,综合使用了隐身、航电、材料、发动机和气动设计方面的最新技术成果发展而成,是一种全面先进的战术战斗机。F-22 是一种单座、双发、双垂尾、高隐身性的第四代超声速战斗机,如图 2-118 所示,于 1997 年 9 月 7 日首飞,2005 年投入现役。

作为世界上第一款投入服役的第四代战斗机，F-22 一问世就受到了世界广泛的关注，F-22 也成为了第四代战斗机的衡量标准。第四代战斗机的主要特征是：新型推力矢量航空发动机的使用以及低可侦测性技术的全面运用，并具备高机动性、先进航电系统、高度集成计算机网络，具备优异的战场状况感知能力以及信息融合能力。归纳起来，第四代战斗机具备隐身能力、超声速巡航能力、超机动能力、超级信息优势等先进的战术技术性能。

图 2-118　美国 F-22 战斗机

F-35"闪电Ⅱ"是一款单座、单发、多用途战斗机/联合攻击机，于 2006 年 12 月 15 日首飞，是世界上最大的单座单发舰载战斗机和世界上唯一一种已服役的舰载第四代战斗机。F-35 具备较高的隐身性能、先进的电子系统以及一定的超声速巡航能力。主要用于前线支援、目标轰炸、防空截击等多种任务，并由此发展出 3 种主要的衍生版本，包括采用传统跑道起降的 F-35A 空军型、短距起降/垂直起降的 F-35B 海军陆战队型，以及作为航母舰载机的 F-35C 海军型。F-35A 于 2006 年首飞，作为一种空对地攻击战斗机，美国空军拟用 F-35A 完全替代 F-16 和 A-10。F-35B 在 F-35A 的基础上加装了升力风扇，并在前机背上开有进气口，如图 2-119 所示，使其真正具备了短距起飞、垂直降落的功能。F-35B 于 2008 年首飞，将用来取代 F/A-18C/D 和 AV-8B。F-35C 于 2013 年首飞，将与 F/A-18E/F 联合作战。

俄罗斯的苏-57 是一种单座、双发、隐身、多功能重型战斗机，是俄罗斯第五代战斗机(西方国家的第四代)，如图 2-120 所示。1998 年，俄罗斯空军提出了第五代战斗机的战术技术要求，以取代当时的米格-29 和苏-27 战斗机，当时的发展计划衍生出了苏-47"金雕"前掠翼战斗机和米格 1.44 战斗机两种型号。2002 年，俄罗斯空军委托苏霍伊设计局主导"PAK FA"计划的发展，苏霍伊设计局便融合了苏-47 和米格 1.44 战斗机的技术，制造出了 T-50 战斗机。T-50 于 2010 年 1 月 29 日首飞，并于 2017 年 8 月 11 日被正式命名为苏-57。苏-57 战斗机具备隐身性能好、起降距离短、超机动性、超声速巡航等特点。2021 年 1 月 29 日俄罗斯国防部正式接收俄首架量产苏-57 战斗机。

图 2-119　美国 F-35B 舰载战斗机

图 2-120　俄罗斯苏-57 战斗机

3. 新式飞机层出不穷

随着飞机的飞速发展,飞行速度不断提高,飞机与空气的摩擦热成了考验飞机结构的重大问题。材料技术的发展克服了这一问题,在 20 世纪 60 年代,出现了克服热障的飞行速度超过 3 倍声速的战斗机和侦察机,它们是苏联的米格-25 战斗机和美国的 SR-71 高空侦察机。这两种飞机是迄今为止飞得最快的固定翼航空器。

小知识——热障

当飞机在稠密大气中做超声速飞行时,受激波与机体间高温压缩气体的加热和机体表面与空气强烈摩擦的影响,飞机蒙皮的温度会随飞行马赫数的提高而急剧上升。当飞行马赫数达到 3.0 时,飞机表面的温度则升至 350 ℃左右,已超过了铝合金的极限温度,会使其强度大大削弱。航空界把飞机做高速飞行时所遇到的这种高温情况称为热障。

苏联的米格-25(见图 2-121)是世界上第一款突破 3.0Ma(马赫)的高空高速战斗机,最大速度达到 3.2Ma。该机大量采用了不锈钢结构,在设计上强调高空高速性能,曾打破多项飞行速度和飞行高度世界纪录。

美国的 SR-71"黑鸟"侦察机(见图 2-122)采用了当时大量的先进技术和钛结构、涡喷/冲压变循环发动机,是第一种成功突破热障的实用型喷气式飞机,实战记录中没有任何一架曾被敌机或防空导弹击落过。

图 2-121　苏联米格-25 战斗机　　　　图 2-122　美国的 SR-71"黑鸟"侦察机

在同一时期,美国还出现了第一种实用的变后掠翼战斗轰炸机 F-111,1967 年交付使用,同一年,苏联的变后掠翼战斗机米格-23 也成功首飞。

1969 年,英国还出现了第一种实用的垂直起降飞机,即"鹞"式战斗机,有舰载型"海鹞"和美国改型生产的 AV-8B 等。该机采用带下反角的后掠上单翼,如图 2-123 所示,机身前后有 4 个可旋转的喷气口,提供垂直起降、过渡飞行和常规飞行所需的升力和推力。

苏联的雅克-38 垂直起降舰载战斗机也在这一时期研制成功,装备一台涡喷发动机和两台升力发动机,主要用于对地面和海上目标实施低空攻击和侦察,并有一定的舰队防空能力。

在飞机的发展进程中,还出现了一些特种用途飞机,如预警指挥机、反潜机、电子干扰机、侦察机和空中加油机等。预警机多用续航能力强、载重量大的亚声速旅客机或运输机改装而成。1975 年首飞的 E-3"望楼"预警机就是在波音 707 基础上改装而成,机身上装有一个盘状

图 2 - 123　可垂直起降的"鹞"式战斗机

雷达天线罩,如图 2 - 124 所示。俄罗斯的 A - 50 预警机是在 20 世纪 80 年代初在伊尔-76 运输机基础上改装而成的。反潜机分为岸基和舰载两类,美国的 P - 3、英国的"猎迷"、俄罗斯的伊尔-38 和日本的 P - 2J 都是广泛使用的岸基反潜巡逻机。大多数电子干扰机是用其他军用飞机改装的,如美国于 1971 年 1 月开始装备部队的 EA - 6B 舰载电子干扰飞机就是由 A - 6B 舰载攻击机改装而成的。

4. 隐身飞机

隐身飞机出现于 20 世纪 80 年代,第一个实用型号是美国的 F - 117A 攻击机。F - 117A "夜鹰"是世界上第一款完全以隐身技术设计的飞机,1981 年首飞定型,1983 年服役,1988 年首次公布后才为人所熟知。F - 117A 采用了独特的多面体外形、锯齿状的机体结构,如图 2 - 125 所示,并大量采用吸波复合材料,从而达到了较好的隐身效果。

图 2 - 124　美国 E - 3"望楼"预警机

图 2 - 125　美国的 F - 117 隐身攻击机

飞机的隐身能力是指飞机在飞行中具有不易被敌方探测器发现的能力,即飞机具有不易被雷达、红外、可见光和声波等探测到的能力。目前雷达探测手段对飞机的威胁占各种探测手段的 60% 左右,红外探测威胁占 30% 左右,所以飞机的隐身主要是雷达隐身和红外隐身。

在超视距作战中,雷达是探测飞机的最有效方法,因此提高飞机的雷达隐身能力至关重要。雷达隐身的措施主要包括外形隐身和应用吸波材料。雷达散射截面(RCS)是衡量飞机雷达隐身能力的指标。通俗地说,RCS 是指目标在雷达波的照射下所产生的回波强度的大小,单位为 m^2。RCS 越大,表示反射的信号越强,目标越容易被发现。飞机的 RCS 越小,则雷达的探测距离越短,飞机越难被发现。一般来说,隐身飞机的 RCS 至少应小于 0.5 m^2。

随着隐身技术的成熟,美国的 B - 2 隐身战略轰炸机(见图 2 - 126)在 20 世纪 90 年代研制成功。B - 2"幽灵"轰炸机是当今世界上唯一一种隐身战略轰炸机,最主要的特点就是低可侦测性。B-2 的隐身并不局限于雷达侦测层面，也包括降低红外线、可见光与噪声等方面，使被侦测与锁定的可能降到最低。

新一代的隐身飞机——F-22 隐身战斗机于 21 世纪初进入美国空军服役，F-22 战斗机的隐身性能、灵敏性、精确度和态势感知能力结合，组合其空对空和空对地作战能力，使得

图 2-126　美国的 B-2 隐身轰炸机

它成为当今世界综合性能最佳的战斗机。伴随着推重比 10 一级的涡扇发动机和先进综合航空电子系统的应用，使具有隐身能力、超声速巡航能力、超机动能力和超级信息优势的 F-22 成为第四代战斗机的典型代表。

2.3　民用飞机的发展历程

航空运输是现代社会的五大交通手段（铁路、公路、空运、水运和管道）之一。航空运输是当今社会最快捷、最舒适、最有效的运输手段，起着越来越重要的作用。在飞机成为民用航空工具之前，担负起民用航空任务的是飞艇，莱特兄弟发明飞机之后，固定翼飞机才开始登上民用航空的舞台。飞机用于定期商业航班运输始于 1914 年 1 月 1 日，在美国佛罗里达州开辟了一条飞越海湾、连通圣彼得堡和坦帕的旅游航线。1914 年第一次世界大战爆发，使刚刚兴起的民用航空暂时停止。一战结束后，军用飞机的发展骤然停止，大量军机被闲置，发展民用航空的时机到来了。

2.3.1　早期的民用航空

在 1919 年的巴黎和会上，38 个国家签署了一份包含航空公约的"巴黎公约"，同年欧洲 6 家航空公司成立了国际航空交通协会。"巴黎公约"的诞生和国际航空交通协会的成立为世界民航业的形成提供了法律保证和体系支持。

德国和英国率先于 1919 年研制出专用的旅客机，可载客 4～12 名。1919 年 2 月 5 日，德国开通世界上第一条定期民航客运航线，每天在柏林和魏玛之间运送旅客。同年，法国在巴黎和比利时布鲁塞尔之间开辟了世界上第一条国际民航客运航线，英国开通了伦敦至巴黎的第一条每日定期国际航线。至此，早期的航空运输网基本形成。

美国最早重点发展的是邮政航空。从 1918 年开辟第一条国际邮政航线开始，至 1926 年底，美国至少有 11 条邮政航线运行。进入 20 世纪 30 年代以后，美国的民航客运业务才有了很大发展。20 世纪 20 年代，欧洲在民用旅客机领域处于领先地位。进入 20 世纪 30 年代后，世界民用航空的优势逐步落入美国手中，美国先后推出了一批具有一定舒适性的旅客机。1931 年，波音公司以 B-9 轰炸机为基础，开发出一种新型的民用飞机，称为波音 247，由于外形新颖，采用了很多新技术，被公认为是第一种民航飞机。波音 247 可载客 10 人，性能超过当时所有的竞争对手。该机于 1933 年 2 月首飞，3 月就被美国联合航空公司投入使用。

美国另一家飞机制造商道格拉斯公司于 1933 年推出 DC-1 旅客机，随后又在其基础上开发了机身加宽、加长、带卧铺的 DC-3。DC-3 可载客 30 人，航程 2 420 km，巡航速度可达 310 km/h，于 1936 年交付使用，是当时产量最大、最具代表性的民用飞机，如图 2-127 所示。

DC－3 在当时取得了极大的成功,它安全可靠,是第一种不需要政府补贴仅靠客运就能盈利的飞机。波音公司在 B－17 轰炸机基础上设计出的波音 307"同温层客机"于 1938 年首飞,是世界上第一种带增压座舱的民航飞机,于 1940 年投入使用。这时,自动驾驶仪和无线电技术也开始在远程民用运输机上使用。

图 2－127　DC－3 旅客机

2.3.2　民用航空的大发展

1939 年二战爆发,民航业发展暂时停滞。1945 年战争结束后,世界各国都将恢复经济、战后重建作为首要任务,国民经济发展对航空运输、航空作业的需求急剧增加,形成了庞大的民用航空市场。航空技术也取得了一系列重要突破,从而为民用航空的快速发展提供了新的物质、技术支持,民航业进入了恢复和大发展时期,这个时期一直持续到 1958 年波音 707 投入运营。

1950 年,世界上第一种涡轮螺旋桨民航飞机——英国的"子爵"号投入使用,它依靠螺旋桨产生推力,其速度与活塞式飞机的差距不大。1952 年,英国装有 4 台涡喷发动机的"彗星"号客机投入使用,其早期型虽遭遇了失败,但喷气式飞机的优越性已经充分显现出来了。

1955 年 6 月,苏联以图－16 轰炸机为基础发展的图－104 喷气式客机实现了首飞,于 1956 年 9 月投入航线使用,成为第二种喷气式民航飞机。法国研制的短程喷气飞机"快帆"和美国的 DC－8 都于 1959 年投入使用。1958 年 10 月,美国的波音 707 客机(见图 2－128)正式投入使用,成为第一款取得成功的喷气式客机,

图 2－128　波音 707 客机

开启了民航发展的新时代。

2.3.3　民用航空的全球化

从 20 世纪 50 年代末开始,由于波音 707、DC－8、图－104、"快帆"等喷气式客机的投入运营,使得远程、大众化和廉价的航空运输成为可能,拉开了民航全球化、大众化的序幕,在民航发展史上具有里程碑意义。大型干线喷气客机经过了 5 代发展,每一代的发展主要与发动机性能、载重与航程、经济性以及年代等有关,差不多每 10 年更新一代。

20 世纪 60 年代以后,在多种因素的影响下,美国、苏联及欧洲一些国家不断推出新型干线飞机、支线飞机,加拿大、巴西等有一定航空工业能力的国家也大力开发民机,为民航业的繁荣及全球化提供了雄厚的物质基础。各种高亚声速干线客机如美国的波音 727、波音 737、DC－9、英国的"三叉戟"、苏联的图－154 也都相继投入使用。其中,波音 727、三叉戟客机和

图-154(见图2-129)都是采用三发布局的喷气式民航飞机。这些飞机配装涡扇发动机,覆盖了100～180座的各个档次,突出经济性,满足中短程运营需要,是国内和国际航线上的主力飞机。

　　20世纪70年代,相继出现的美国的波音747、DC-10、苏联的伊尔-86、欧洲的空中客车A300等大型宽机身远程民用客机开始成为国际航线上的主力。它们普遍采用高涵道比、大推力涡扇发动机,双过道客舱的宽体机身代表了民航干线飞机大型化的发展方向。其中,波音747(见图2-130)是世界上第一款宽体民用飞机,是当时世界上载客量最大、航程最远的客机,最大载客量可达714人。自1970年投入服务后,到空中客车A380投入服务之前,波音747保持全世界载客量最大飞机的纪录长达37年。

图2-129　苏联采用三发布局的图-154客机　　　　　图2-130　波音747

　　空中客车A300(见图2-131)是法国欧洲空中客车工业公司(简称空客)设计生产的一种中短程宽体客机,是世界上第一种双发宽体客机,也是空客第一种投产的客机。A300飞机采用了许多其竞争对手机型所没有的技术,这些技术改善了飞机的可靠性,降低了营运成本。

　　当时世界上仅有两种超声速运输机,一个是1968年底苏联首先试飞的图-144(见图2-132),另一个是1969年初试飞的英法合作研制的"协和"号客机,它们代表了民航干线飞机高速化的发展方向。这两种超声速旅客机的最大速度略大于声速的2倍,但是超声速旅客机噪声大、耗油率高,超声速飞行时产生的声爆对地面有不利影响等问题,限制了它们的应用和发展,产量很少,没有成为民航的主流机型。

图2-131　空客A300宽体客机　　　　　　　图2-132　图-144超声速客机

　　从1978年开始在航空运输管理上"放松管制"改革以后,更多的中小航空公司可以参与市场竞争,降低了民航运营成本,提高了民航服务质量,大大加快了民航市场全球化的速度,民航业真正进入了大众化时期。

20世纪80～90年代以来,出现了一批设备更先进的客机,如美国的波音757、波音767、苏联的图-204、欧洲的空客A310、A320等。它们广泛采用超临界翼型、加大机翼展弦比、增大机翼相对厚度、减轻结构重量等多项技术措施,降低使用成本,提高飞机的营运效率。

波音757是一种中型单通道窄体民航客机,用于替换波音727及737原始机型。波音767(见图2-133)是一种中大型、长航程、宽体、双发、喷气式飞机,用来与空客A300和A310竞争。空客A320(见图2-134)是空客公司的第一种窄体客机,1988年投入使用,是世界上最先采用数字式电传飞行操纵和先进的玻璃化驾驶舱的民航客机。20世纪80年代后期,波音公司又推出了第二代波音747,即双人机组的波音747-400。

图2-133　波音767宽体客机

图2-134　空客A320窄体客机

波音777(见图2-135)是世界第一款完全以电脑立体CAD绘图技术设计的民用飞机,于1994年6月首飞,1995年5月交付使用。该机是一款中远程双发动机宽体客机,是目前全球最大的双发宽体客机,具有座舱布局灵活、航程范围大和不同型号能满足不断变化的市场需求的特点。波音777采用了全数字电传飞行控制系统、软件控制的飞行电子控制器、液晶显示飞行仪表板,大量使用复合材料、光纤飞行电子网络等多项新技术。

超大型客机空客A380是现今全球最大的宽体客机,于2005年4月首飞,2007年10月交付并投入运营。空客A380的全机身长度双层客舱与4台发动机是其最易辨认的独特外形,如图2-136所示。空客A380在单机旅客运力上有着无可匹敌的优势,初期载客量为555人,改进后可提高到853人,有"空中巨无霸"之称。A380在投入服务后,打破了波音747在远程超大型宽体客机领域统领37年的纪录,成为载客量最大的民用客机(不过载重量最大的飞机仍是俄罗斯军用的安东诺夫An-225梦想式运输机)。

图2-135　波音777

图2-136　超大型客机空客A380

波音 787(见图 2-137),又称为"梦想客机",是航空史上首架超远程中型客机。波音787 的最大特点是飞机骨架大量采用先进复合材料、超低燃料消耗、较低污染排放、高效益及舒适的客舱环境。波音 787 于 2009 年 12 月15 日成功试飞,2011 年 9 月交付使用。2019年 6 月,美国联邦航空局认定波音 787-8 和787-9 机型存在安全漏洞,已经对其下达新的适航指令。

图 2-137　梦想客机波音 787

随着空中旅行需求的不断增加和美军全球快速部署战略的实施,大型或巨型旅客机和运输机已经开始研制和使用,如欧洲空中客车公司的 A380 具有双层客舱,最大载客量可达到 853 人。而波音公司也在研究采用飞翼布局、翼身融合、能载客 1 000 人的大型客机方案。

超声速空中旅行一直是许多人的梦想,虽然已经有了第一代超声速运输机,但运营并不是很成功。不过,人们并未停止对超声速客机的追求,美国正在研制 2.4 倍声速、装涡扇发动机的超声速客机,可使现在 10 h 的飞行缩短至 4 h;俄罗斯已设计出了第二代超声速客机图-244,该机还可做亚声速飞行,载 450 人时可飞 3 500 km,载 300 人时可飞 9 250 km;英法两国也在研制超级"协和"号客机,可载客 200~300 名,航程 1.2 万千米,速度在 2 500 km/h 以上。

2.4　直升机的发展

直升机的发明经历了许多的坎坷和磨难,从竹蜻蜓的出现,到对基本原理的认识,再到直升机的正式诞生,经历了两千年左右。第一架直升机升空之后又经历了 30 年,才出现了实用化的直升机。

2.4.1　直升机的诞生

直升机是利用航空发动机驱动旋翼桨叶旋转,提供升力、推进力和操纵力的航空器。直升机按用途可分为军用直升机和民用直升机;按重量可分为轻型(起飞重量在 1 t 以下)、小型(1~3 t)、中型(3~8 t)、大型(8~20 t)和重型(20 t 以上)直升机;按旋翼形式可分为单旋翼式和多旋翼式。

20 世纪初,直升机的发展进入了探索时期。1907 年,法国人路易•布雷盖和他的兄弟以及里歇教授一起研制出了名为"陀螺飞机 1 号"的直升机,该机有 4 副旋翼,由于操纵问题没有解决,上升至 1.5 m 高度就掉了下来。同年,法国人保罗•科尔尼自行研制出了一种载人直升机,如图 2-138 所示,在离地 30 cm 的高度上悬停了 20 s,被航空史研究者认为"人类第一架直升机"。

图 2-138　保罗•科尔尼直升机

直升机发展困难的主要原因是三大技术难关：一是大功率重量比的发动机；二是如何平衡旋翼旋转产生的反扭矩；三是如何实现飞行控制。内燃机的出现才使直升机的诞生成为可能。直升机升空后要实现可控的稳定飞行，首先必须解决旋翼旋转引起的反扭矩问题。因此早期的直升机多数采用多旋翼方案，今天的共轴双旋翼直升机也出现在这一时期的设计方案中，这些早期方案中另一个留存下来的是纵列式双旋翼直升机。俄国人尤利耶夫另辟蹊径，提出用尾桨来平衡反扭矩的方案，并于 1911 年制造出了验证机，同年他还发明了可使旋翼桨距发生周期性变化的自动倾斜器，使飞行控制问题也得以解决。这种单旋翼加尾桨布局的直升机成为现在最流行的形式，占世界直升机总数的 95% 以上。由于当时发动机效率不高，旋翼和控制技术比较原始，所以当时直升机距离实用还有较大差距。

第一架可正常操纵的载人直升机是德国的 Fa-61，如图 2-139 所示，于 1936 年 6 月 26 日试飞成功。1939 年 12 月，移居美国的俄国飞机设计师西科斯基研制成功了 VS-300 直升机。VS-300 拥有成熟的操稳控制系统和足够的可用功率，成为美国陆军第一种直升机装备，定名为 R-4。到 20 世纪 30 年代末，法国、美国和苏联都有直升机成功试飞，并迅速达到实用的程度。涡轮轴发动机、复合材料桨叶和新型桨毂的应用，使直升机在 20 世纪后半叶在军事和国民经济领域发挥着重要作用。

图 2-139　第一架载人直升机 Fa-61

2.4.2　直升机的发展历程

半个多世纪以来，直升机的发展经历了 4 个阶段。20 世纪 40 年代至 50 年代中期是实用型直升机发展的第 1 个阶段，典型机型有苏联的米-4 和美国的贝尔-47（见图 2-140），它们以活塞式航空发动机为动力装置，采用木质或钢木混合结构的旋翼桨叶，寿命短，最大速度约为 200 km/h，噪声水平高，乘坐舒适性差。

20 世纪 50 年代中期至 60 年代末是直升机发展的第 2 个阶段，典型机型有苏联的米-8（见图 2-141）、米-24、美国的 AH-1、法国的 SA321"超黄蜂"（见图 2-142）等，它们采用第一代涡轮轴发动机为动力，直升机旋翼为全金

图 2-140　美国贝尔-47 直升机

属桨叶，其性能明显改善，最大速度 200～250 km/h，噪声有所下降，乘坐舒适性有所改善。

图 2 - 141　苏联米 - 8 直升机

图 2 - 142　法国 SA321"超黄蜂"直升机

　　20 世纪 70～80 年代是直升机发展的第 3 个阶段,典型机型有苏联的卡 - 50(见图 2 - 143)、米 - 28、美国的 UH - 60"黑鹰"、AH - 64"阿帕奇"(见图 2 - 144)、法国的 SA365"海豚"等,采用第二代涡轮轴发动机,旋翼桨叶采用复合材料,寿命和可靠性均有提高,最大飞行速度达 300 km/h,噪声进一步得到了控制。

图 2 - 143　苏联卡 - 50 武装直升机

图 2 - 144　美国 AH - 64"阿帕奇"武装直升机

　　20 世纪 90 年代是直升机发展的第 4 个阶段,出现了目视、声学、红外及雷达综合隐身设计的武装侦察直升机。典型机型有美国的 RAH - 66"科曼奇"(见图 2 - 145)和 S - 92、国际合作的"虎"、NH - 90(见图 2 - 146)和 EH101 等,采用第三代涡轮轴发动机,桨叶采用碳纤维、凯芙拉等高级复合材料,桨叶寿命达到无限,直升机采用复合材料主结构,采用先进的集成电子设备,飞行品质和使用性能得到较大改善,飞行速度达到 350 km/h,噪声得到较好的控制。

图 2 - 145　美国 RAH - 66 隐身武装直升机

图 2 - 146　北约 NH - 90 武装直升机

2.5　无人机的发展

2.5.1　早期无人机的缓慢发展

无人机其实诞生至今已有 100 多年的时间了,无人机最早的开发是在一战后。1917 年,皮特·库柏和埃尔默·A·斯佩里发明了第一台自动陀螺稳定器,这种装置能够使飞机保持平衡向前飞行。这项技术成果将美国寇蒂斯 N-9 型教练机成功改造为首架无线电控制的不载人飞机——斯佩里空中鱼雷号(见图 2-147),无人机自此诞生了。

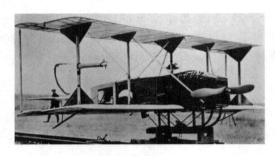

图 2-147　第一架无人机斯佩里空中鱼雷号

二战后,不少军事强国将退役的飞机改装为靶机,开启了近代无人机发展的先河,同时,全球无人机研发中心也从英国转移到了美国和以色列。在 20 世纪 60 年代前,无人机在军事上主要用作靶机。

实时遥控无人机出现于 20 世纪 70 年代,由操纵人员在地面或空中通过电视摄像机、数据和图像传输系统及其他电子设备进行实时遥控,使无人机在军事上的使用范围和作用大为增加。无人机在执行侦察任务方面开始凸显其重要性。举例来说,在整个越南战争中,美国曾使用无人机对目标进行侦察达 3 400 多次,仅 1973 年全年,美无人机共执行 444 次飞行任务。

以色列航空工业公司在 1982 年首创以无人机来进行侦察、情报收集、跟踪和通信等。美军也曾在 1991 年的沙漠风暴作战中,发射专门设计欺骗雷达系统的小型无人机作为诱饵。从此,无人机的使用范围开始逐渐扩展到战地侦察、诱饵、情报搜集、协助作战等方面。

2.5.2　军用无人机的快速发展

世界上已经或正在研制的高空长航时战略侦察无人机达 30 多种。比较典型的有:以色列的"侦察兵"、"苍鹭"和"搜索者",英国的"不死鸟",法国的"玛尔特""红隼"和"鹰",德国的"布雷维尔",俄罗斯的"熊蜂"2、图-141"马丁"VR-2、图-143/243"旅行"VR-3 和雅克-61"野蜂",南非的"探索者"和"秃鹫",美国的"猎人""先驱者"、Tier1"纳纹"750、Tier2"捕食者"、Tier2+"全球鹰"和 Tier3"暗星"等。在海湾战争、科索沃战争、阿富汗战场和第二次对伊战争中,美国的"捕食者""全球鹰"等无人机曾被大量应用。

无人机的飞速发展和广泛运用是在 1991 年的海湾战争以后。以美国为首的西方国家充分认识到无人机在战争中的作用,竞相把高新技术应用到无人机的研制与发展上,不仅增加了续航时间,提高了图像传递速度和数字化传输速度,还使用了先进的自动驾驶仪。其中一些无人机已经装备了武器,承担起更多的军事任务,如轰炸、对地攻击等。

老式的无人机滞空时间短,飞行高度低,侦察监视面积小,不能连续获取信息,甚至会造成情报"盲区",不适应现代战争的需要。为此,美军实施了"Tier"系列长航时无人机发展计划,有 Tier1、2、2+和 3 四种,其中,Tier2 就是 RQ-1"捕食者"无人机(RQ-1 是 Tier2 的军用编号,武装化的 RQ-1 称为 MQ-1,下同),Tier2+又称 RQ-4"全球鹰"无人机,是高空长航时无人机。1994 年,美国制造了 RQ-1"捕食者"无人机,如图 2-148 所示。该机机长 8.27 m,翼展 14.87 m,最大活动半径 3 700 km,最大飞行速度 240 km/h,在目标上空留空时间达 24 h,最大续航时间 60 h。捕食者的升级版能够将完全侦察用途的无人机改造成用于携带武器(如 2 枚地狱火飞弹)并攻击目标。

1998 年首飞、2001 年服役的 RQ-4"全球鹰"无人机(见图 2-149)是目前世界上巡航时间最长、航程最远、飞行高度最高的无人机,该机曾经创造且目前仍然保持着世界无人机领域的多项最高记录。"全球鹰"机身长 13.5 m,高 4.62 m,翼展 35.4 m,机载燃料超过 7 t,最大航程可达 25 945 km,飞行高度可达 19 850 m,自主飞行时间长达 41 h。从此,无人机开始从低空、短航时向高空、长航时发展。

图 2-148　RQ-1"捕食者"无人机

图 2-149　RQ-4"全球鹰"无人机

自 2001 年阿富汗战争和 2003 年伊拉克战争中美军成功用无人机进行导弹袭击开始,无人机在战场上的地位和作用发生了重要改变——从辅助作战手段转变为基本作战手段,无人机正式走上战场的舞台中央。无人机不但突破了传统的侦察领域,拓宽了监视取样、核查评估、电子对抗、通信指挥等作战使用范围,还具备了攻击能力,真正加入到作战装备的行列中。

为了应对日益增强的地面防空火力的威胁,许多先进的隐身技术开始应用到无人机的研制上。2009 年,由洛克希德·马丁公司臭鼬工厂设计并生产的 RQ-170"哨兵"无人机(见图 2-150),机身材料主要是复合材料,具有低可侦测性。

最近几十年,在世界经济持续发展、全球一体化潮流的大背景下,无线电技术、自动化技术、计算机技术、飞行控制和卫星导航等相关技术均取得了快速的进步,半导体产业、通

图 2-150　RQ-170"哨兵"无人机

信产业和航空产业等先进制造业也取得了飞速发展,使得无人机在材料、续航、飞行控制、传感技术等许多关键领域取得了重大突破,各种各样高性能的无人机纷纷涌现出来,比较著名的军用无人机有美国的"死神"无人机、以色列的"苍鹭"无人机、法国的"神经元"无人机等。

"苍鹭"中空长航时无人机(见图 2-151)于 2007 年 3 月 7 日在以色列空军正式服役。该机翼展 16.6 m,最大起飞重量 1 100 kg,续航时间 30 h,最高速度达 225 km/h,最大飞行高度

9 000 m。"苍鹭"主要用于执行实时监视、电子侦察和干扰、通信中继和海上巡逻等任务,可搭载包括合成孔径雷达、海上扫描雷达、电子或通信情报任务系统在内的 250 kg 有效载荷。

"神经元"无人机(见图 2 - 152)是由法国主导,瑞典、意大利、西班牙、希腊和瑞士参与的无人战斗机技术演示验证项目,其验证机于 2012 年成功首飞。"神经元"无人机有效载荷超过 1 t,飞行速度约为 $0.8Ma$,续航时间超过 3 h。该机具有低可侦测性,采用飞翼布局,大量使用复合材料,安装 2 个内部武器舱。据悉,"神经元"可以在不接受任何指令的情况下独立完成飞行,并在复杂飞行环境中进行自我校正,此外它在战区的飞行速度超过现有一切侦察机。法国国防部称该机开创了新一代战斗机的纪元。

图 2 - 151   以色列"苍鹭"无人机   图 2 - 152   法国"神经元"无人机

在无人机的发展中,无人战斗机还算是一种全新的空中武器系统。无人作战飞机已从过去主要是执行空中侦察、战场监视和战斗毁伤评估等任务的作战支援装备升级为能执行压制敌防空系统、对地攻击,甚至可以执行对空作战的主要作战装备之一。现阶段无人作战飞机的主要功能是实施防空压制和纵深打击。自 20 世纪 90 年代以来,在世界范围内掀起了一股以美国为首的研制无人战斗机的新热潮。美国波音公司 X - 45A 无人战斗机于 2002 年 5 月

图 2 - 153   美国 X - 47A"飞马"无人机

22 日进行了首飞;美国诺斯罗普·格鲁曼公司也在为美国海军发展攻击无人机 X - 47A"飞马"(见图 2 - 153);美国陆军推出的"长弓阿帕奇"武装直升机与"猎人"无人机配套的作战武器系统已于 2004 年投入使用。美国国防部在 2003 年的预算中专门追拨 11 亿美元用于无人战斗机的研制,许多国家也投入大量人力和资金开展相关研究工作。

微型航空器也是军用无人机的一个发展方向,是一种适合于排或排以下战斗单位的新式武器装备,可满足未来野外分散部队和城区作战的需要。微型航空器要求其最大尺寸不超过 150 mm、重量 100 g 左右、有效载荷约 20 g、飞行速度 50 km/h 左右、航时大于 20 min。低雷诺数空气动力设计、机载设备微型化及其系统综合、微型动力、自主飞行、数据传送和人机交互等均为微型航空器的关键技术领域。

随着微米/纳米技术的发展及其对微动力、微机械、微控制器件、微传感器、微计算机和微通信设备等技术的推动,未来各种各样的微型航空器将会出现,并从事目前仍由人承担的最危

险、最耗时、最单调乏味、甚至人类无法完成的任务,从而引起人类生活和战争方式的重大变化。美国于 1997 年开始实施微型航空器计划,并已经由美国海军研究实验室研制出供单兵使用的一次性侦察用微型无人机,目前正在继续进行"黑寡妇""克里卜里""微星""微船"等型号微型航空器的开发。

2.5.3　民用无人机的应用

民用无人机的发展源于军用无人机技术的民用化,相对军用无人机的百年历史,民用无人机发展也仅有 40 年,而且只是在近 10 年里才得到较快速的发展。民用无人机在国民经济领域发挥着积极作用,可从事大地测量、气象观测、城市环境监测、地球勘探、森林防火、人工降雨以及各类相关作业,其作用也越来越被人们所重视和承认。

自 20 世纪末期,飞控系统的开源、硬件成本的下滑、工业产业链的逐渐完善,加快了无人机军民融合的步伐。1982 年,西北工业大学研发出了一种多用途无人机 ASN - 104(原编号 D - 4,见图 2 - 154),主要用于航空测绘和航空物理探矿,成为无人机民用发展历程中的标志性事件。

1991 年,日本雅马哈公司首开无人机用于农业植保领域的先例,主要用于稻田的病虫害防治作业。雅马哈无人机(图 2 - 155 所示的雅马哈 RMax 无人直升机正在喷洒农药)在农业植保领域的地位,至今无人能撼动。

图 2 - 154　ASN - 104 多用途无人机　　　　　图 2 - 155　雅马哈 RMax 无人直升机

1997 年,由澳大利亚 Aerosonde 公司研发的一款气象无人机——"气象侦察兵"(见图 2 - 156)投入使用,民用无人机的应用领域进一步扩大。

2010 年,法国 Parrot 公司发布了世界上首款流行的四旋翼无人机——AR. Drone,自此,越来越多的企业开始投身消费级无人机市场。在 2012 年之前,消费级无人机市场的客户群体还主要是航模爱好者、发烧友等小众群体,自 2012 年中国大疆科技公司推出世界首款航拍一体机 Phantom(见图 2 - 157)后,将原本局限在专业市场的无人机推向大众消费市场。在大疆无人机成功案例的示范和催化作用下,无人机在其他民用领域的应用也得以迅速发展,如电力巡线、测绘、快递、影视航拍等。

图 2 – 156　"气象侦察兵"气象无人机

图 2 – 157　大疆 Phantom 消费级无人机

思 考 题

1. 试列举航空发展史上的重大历史事件发生的时间、人物和事件。

2. 试列举 3 种以上一战中的世界名机（要求能说出其国家、飞机类别、机型型号），并说出它们具有哪些共同特征。

3. 试列举 3 种以上二战中的世界名机（要求能说出其国家、飞机类别、机型型号），并说出它们具有哪些共同特征。

4. 试列举 3 种以上现代的世界名机，要求能说出其国家、飞机类别、机型型号以及飞机所具有的主要特点。

5. 战斗机是如何分代的，各代战斗机的典型机型和典型技术特征都是什么？

6. 试列举 3 种以上特种类型的飞机，要求能说出其国家、飞机类别、机型型号以及飞机的主要特点。

7. 试举例说明民用飞机发展过程中不同发展阶段时的典型机型，并说出其主要特点。

8. 试举例说明直升机发展过程中不同发展阶段时的典型机型，并说出其主要特点。

9. 试举例说明无人机发展过程中不同发展阶段时的典型机型，并说出其主要特点。

第3章 中国航空发展概况

中国古代的发明创造如风筝、孔明灯等是世界公认的最古老的飞行器,虽然由于中国封建社会思想的压制,它们没能得到进一步发展,但却给后世航空器的研究以重大的影响和启迪。

3.1 近代中国航空

在近代中国的历史中,中国的工业化水平远落后于西方国家,但在航空方面取得过一定的成就。中国的航空活动起源于清朝末年,1840 年鸦片战争之后现代航空知识传入中国。1887 年 8 月 22 日,天津武备学堂教师华蘅芳制造了中国第一个氢气球,并在天津成功升空,这是中国第一次制造气球。1899 年,华侨谢缵泰在香港设计完成了"中国号"电动飞艇的详细图纸资料,是中国最早的飞艇设计。1910 年,清政府委任留日归来的李宝焌、刘佐成在北京建立飞机制造厂棚,并于次年 4 月试制出飞机,这是中国航空工业的萌芽。

孙中山先生大力倡导的"航空救国"的主张,对中国航空工业的形成产生了巨大的推动作用。1909 年 9 月 21 日,旅美华侨冯如驾驶自己设计制造的飞机在美国成功试飞,为中国在早期世界航空史上赢得很高的声誉。1911 年,冯如携带自制的两架飞机回国(图 3-1 所示为冯如和他设计制造的飞机),受任广东革命军政府飞机队队长。1912 年 8 月 25 日,冯如在广州燕塘飞行表演中不幸失事牺牲,被誉为"中国航空之父"。旅美华侨谭根于 1910 年设计制造了一架船身式水上飞机,1915 年应邀回国筹建广东航空学校。

图 3-1 冯如和他设计制造的飞机

1912 年,广东革命政府和各地军阀相继建立了航空工业。北洋政府于 1913 年在北京南苑、清河设立飞机修理厂。1914 年,南苑修理厂厂长潘世忠设计了一种战斗机,其设计理念达到了当时世界先进水平。北洋政府于 1918 年在福建马尾建立了海军飞机工程处,先后设计、制造出了几种水上和陆上飞机。20 世纪 20 年代,国民政府先后在广州、杭州、上海、南京、武昌等地设立飞机制造厂或修理厂,其中广州修理厂从 1920 年至 1934 年制造了几十架教练机、战斗机和轰炸机。

中国的民用航空起步也不晚。1920 年北洋政府就开通了北京至天津的航线,曾最远延伸至济南。到 1937 年抗日战争全面爆发前,初步建成了除东北之外的国内主要城市之间的航线网,国内航线的总里程超过 20 000 km。

抗日战争全面爆发后,战争的需求极大促进了中国航空工业的发展。杭州、上海、南京、武昌等几家飞机工厂迁至云南,修理、装配、仿制过美式飞机近 300 架。中央南昌飞机制造厂(后迁至四川,称空军第二飞机制造厂)先后仿制意大利、苏联的战斗机和滑翔机,并设计制造了"中运"系列运输机。广东韶关飞机制造厂迁至昆明、贵阳后更名为空军第一飞机制造厂,仿制过上百架美式和苏式战斗机、教练机。国民政府还在成都设立了空军第三飞机制造厂,在贵州设立了发动机厂。

1949 年以前的中国航空在曲折中发展了 40 年,形成了一定的规模,有 10 多个设备相当简陋的航空工厂,修理、装配、设计和制造过少量飞机,为抗战做出了一定的贡献。但旧中国并没有建立起完整的航空工业体系,关键部件、重要原材料都依赖进口,航空试验设施简陋,缺乏先进的试验手段,不具备设计、研究、试验高水平新机的能力。

新中国成立后,中国的航空工业开始快速发展。经过 70 多年的建设,中国的航空工业从修理到制造,从仿制到自行研制,已经形成了具有相当规模和基础、配套齐全的航空科研设计、制造和试验的工业体系。中国航空工业的产品主要有军用飞机、民用飞机、直升机、战术导弹、无人机、航空发动机、机载设备和以各种机动车为主的民用产品。

3.2　军用飞机

新中国成立之初,还没有一架新中国自己制造的飞机。1951 年初,中共中央作出建设中国航空工业的决策,同年 4 月,政务院和中共中央军委颁发了《关于航空工业建设的决定》,决定在重工业部设立航空工业局。到 1951 年底,航空工业局一共接收了 18 个工厂,职工近 1 万人,新中国的航空工业就此诞生了。新中国航空工业的初期阶段主要承担修理军用飞机以保障战争需要的紧迫任务。1953 年开始的第一个五年计划就把航空工业列为国家重点建设项目,苏联也曾对中国航空工业的建设提供了一定的技术援助。

新中国的航空工业大致经历了以下几个发展阶段:1951—1960 年,创立和初期发展阶段;1961—1978 年,完善和全面发展阶段;1979 年至今,改革开放和全面振兴阶段。航空工业的管理体制也经历了航空工业局、第三机械工业部(1960 年)、新三机部(1963 年)、航空工业部(1982 年)、航空航天工业部(1988 年)、航空工业总公司(1993 年)、航空工业第一集团公司和航空工业第二集团公司(1999 年),直至现在的中国航空工业集团公司(始建于 2008 年)。

3.2.1　早期的飞机

新中国制造的第一架飞机是仿制苏联的雅克-18 飞机生产的初级教练机"初教-5"(见图 3-2),于 1954 年 7 月 3 日首飞,一个月后开始批生产。初教-5 飞机是由南昌飞机厂(又称国营 320 厂,现中航工业洪都航空工业集团前身)在苏联专家帮助指导下研制完成的。初教-5 是中国航空工业从修理走向制造的里程碑。

新中国自行设计和制造的第一种飞
机是歼教-1，于 1958 年 7 月 26 日首飞。
它也是中国自行设计和制造的第一种喷
气式飞机，是沈阳飞机制造厂（又称国营
112 厂，现中航工业沈阳飞机工业公司
前身）研制的亚声速喷气式中级教练机。
歼教-1 飞机在总体设计方案中多处体
现了创新的特点，该机打破了米格战斗

图 3 - 2　新中国制造的第一架飞机初教-5

机的传统，采用了两侧进气、全金属、前三点起落架、双座、后掠翼的总体方案，如图 3 - 3 所示。
其中采用两侧进气布局对后来国产战斗机、攻击机的发展有着重要的意义。虽然歼教-1 没有
在实际中使用，但是它代表了中国航空工业发展阶段的技术水平，是中国航空工业史上的一个
重要机型。

中国投入成批生产和大量装备部队的第一种飞机是初教-6，于 1958 年 8 月 27 日首飞，随
后解决了改装国产发动机等问题，于 1962 年 1 月定型。初教-6 是串列双座螺旋桨教练机，飞
机性能比初教-5 有所提高，采用前三点式起落架以适应现代飞机的训练要求，如图 3 - 4 所
示。由于初教-6 具有安全可靠、坚固耐用、易于操纵、运行费用低廉等优点，所以它长期服役
于中国空军及地方航校，适用于初级教练和航空运动，至今仍是中国初级教练机的主力机型，
堪称中国飞行员的摇篮。

图 3 - 3　新中国设计制造的第一架飞机歼教-1

图 3 - 4　青春常在的初教-6

小故事——初教-6 研制中的故事

20 世纪 50 年代末，初教-5 开始跟不上我国空军的飞行训练要求，迫切需要一种新型的
初级教练机。1957 年 7 月，开始进行初教-6 的总体设计；1958 年 5 月洪都厂开始进行初教-6
飞机的详细设计和试制工作。初教-6 飞机从开始详细设计到飞机上天，总共仅用了 72 天。
在初教-6 飞机的鉴定试飞阶段，初教-6 还有另一个名称——红专 502，也就是要有失败修改
502 次的思想准备。

3.2.2　战斗机

中国制造的第一架喷气式战斗机是歼-5。该机于 1956 年 7 月 19 日首飞，同年投入批生
产并交付部队正式服役。歼-5 是一种单座、单发、机头进气、后掠式中单翼喷气战斗机，如图

3-5所示,装1台带加力燃烧室的离心式涡轮喷气发动机,是当时世界上比较先进的战斗机。歼-5自1956年9月正式投入批生产,到1959年5月停产,共生产767架。歼-5是中国航空工业从修理走向制造的标志性机种,结束了中国空军完全依赖进口飞机的历史。歼-5的研制装备标志着中国成为当时世界上能够成批生产喷气战斗机的国家之一。

小故事——歼-5传奇

歼-5作为中国第一代战斗机(按照传统的四代法进行分代,下同)装备中国空军之后,立即成为国之利器,战绩辉煌。更为传奇的一幕发生在1965年4月9日,美国海军的4架携带空空导弹、具有2倍以上声速的F-4B战斗机从航空母舰上起飞,入侵我国海南上空,我军由4架歼-5迎战。在17分钟的空战中,美机共发射7枚"麻雀-Ⅲ"导弹,歼-5凭借转弯半径小、机动性强,无一损伤。美军的麻雀导弹却自摆乌龙击落自家的三号飞机,当场坠毁。另外3架在返航时竟然又有2架坠毁,最后仅有1架生还。

歼-6(见图3-6)是中国自主生产的第一代超声速战斗机,于1958年12月17日首飞,1960年投入批生产,1964年交付中国空军使用,到1983年停产,共生产了5 205架。歼-6是中国第一种超声速战斗机,有多种型号。通过歼-6飞机的研制、交付和使用,中国的航空工业掌握了超声速战斗机的一整套制造技术和管理经验。

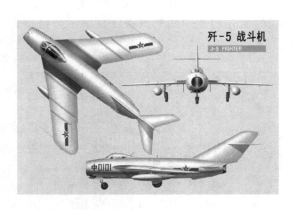

图3-5　歼-5型战斗机

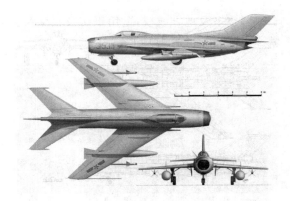

图3-6　歼-6甲战斗机

在中国空军和海军航空兵的装备序列当中,歼-6曾经是装备数量最多、服役时间最长、实战当中击落敌机最多的国产喷气式超声速战斗机。从1964年到1968年,歼-6战机共击落20多架各型战机,而自己没有一架被击落。歼-6于2010年6月12日正式退出空军编制序列,在46年的服役时间里立下了赫赫战功。

历史背景——歼-6研制的艰辛

首先,歼-6在当时被设定为"决战型"飞机。所谓决战型飞机是假设爆发大战时,绝大数的作战飞机可能只有几个小时的作战寿命,因此飞机的质量并不是最重要的,而是要能够实现大规模生产,以相对低廉的价格获得较先进的性能。其次,1957年苏联将米格-19的生产技术转让给中国之时,相关的核心技术并未转让给中国。在人们空前的热情下,歼-6甲(代号东风103,仿制米格-19P)飞机仅用了不到一年的时间就首飞成功了。由于质量不过关,早期生产的歼-6甲没有发挥多少作用。59式(也就是歼-6,代号东风102,仿制米格-19S)于1958年

12 月开始设计,至 1959 年 12 月 6 日试飞完成,但该机型的飞行品质很难保证。后来,经过一段时间的整改,1963 年研制出了新型的歼-6 战斗机,于 1964 年装备空军部队。1974 年,贵州飞机厂(现中航工业贵州飞机公司前身)根据空军要求重新仿制歼-6 甲,以便担负夜间作战任务。

在歼-6 飞机成批生产和装备部队后,中国的第二代超声速战斗机歼-7 和歼-8 系列也研制成功了。歼-7 和歼-8 都是高空高速战斗机,在飞行性能、飞行品质、救生系统、武器系统、机载电子设备和发动机方面都比歼-6 有明显的改进和提高。

歼-7 是中国研制成功的第一种高空高速战斗机,于 1966 年 1 月 17 日首飞,1 年半后批准定型生产。歼-7 采用机头进气、三角形机翼和全动水平尾翼,如图 3-7 所示,装 1 台涡喷-7 发动机。歼-7 战斗机型号众多,主要有 I 型、II 型、III 型、IIIA 型、B 型、M型、E 型、G 型、P 型、PG 型和歼教-7 等。其中,歼-7M 为出口型,歼教-7 为同型高级教练机,歼-7E 在气动设计方面有较大改动。除装备空军部队外,歼-7 还曾是中国"八一飞行表演队"的表演用机。

图 3-7 歼-7 型战斗机

歼-7 战斗机曾是中国空军和海军航空兵装备规模最大的战斗机之一。该机依靠本身所具有的飞行性能好、轻小灵活、低成本、高效率和使用维护简单等技术特点,在中国空、海军战斗机装备系统中一直占据着相当重要的位置。

歼-8 是中国基于歼-7 战斗机的基础上独立进行重大改进研发而成的高空高速战斗机,是中国空军和海军航空兵 20 世纪 80 年代至 21 世纪初期的主力战斗机之一。1969 年 7 月 5 日首飞,1980 年设计定型并开始交付空军使用。歼-8 的气动布局与歼-7 类似,但更突出高空高速性能,装 2 台涡喷-7 甲发动机。歼-8 战斗机有歼-8 白昼型、歼-8 全天候型、歼-8 II、歼-8IIM、歼-8C、歼-8D、歼-8F、歼-8T、歼侦-8F 等多种型号。其中,歼-8 II 在歼-8 基础上做了重大改进,将机头进气改为两侧进气,使之具有部分第三代战斗机的特点。图 3-8 所示分别为歼-8 和歼-8 II 战斗机。歼-8 II 于 1984 年 6 月 12 日首飞,1988 年设计定型。歼-8 系列飞机的研制成功标志着中国的军用航空工业进入一个自行研究、自行设计和自行制造的新阶段。在研制歼-8 的同时,中国还研制了歼-12 轻型战斗机,于 1970 年 12 月 26 日首飞,但该型机并未投入批生产和装备部队。

历史背景——歼-8 和歼-8 II 的诞生

随着中国对超声速飞机的技术性能和制造工艺逐渐掌握,更先进战斗机的研制提上了日程。1962 年,在试制歼-7 的同时,航空工业抽掉一部分研究人员开始准备下一代战斗机的研制方案。在经过两年多"技术摸透"62 式(歼-7)之后,自主设计制造一款更先进的飞机便具备了条件。新型战斗机从气动布局、发动机、机载设备等方面都提出了比歼-7 更高的技术和性能要求。经过 5 年的时间,中国最终研制出了自己的高空高速战斗机,这就是歼-8 战斗机。歼-8 性能的优异体现在"三个二",即速度达 2.2 倍声速、近 20 t 自重、2 万米升限。20 世纪 70 年代末,三代战机开始应用并形成了对二代机的绝对优势,而中国的三代战机还处于最艰

(a) 歼-8

(b) 歼-8Ⅱ

图 3 - 8　歼-8 和歼-8Ⅱ型战斗机

苦的研发阶段，无法满足迫切的现实需要。作为应对，中国在突破了几项关键技术之后，在歼-8 的基础上进行重大改进，研发出了一种突出超视距作战和低空机动性，性能接近三代机的新型战斗机，这就是歼-8Ⅱ。

中国的第三代超声速战斗机是歼-10、歼-11、歼-15 和歼-16 系列。

歼-10 是中国自行研制的具有完全自主知识产权的第三代战斗机（实际作战性能已达到三代半战机），是第一种真正兼有空优/对地双重作战能力的国产战机。歼-10 是中航工业成都飞机工业公司从 20 世纪 80 年代末开始自主研制的第三代战斗机，采用大推力涡扇发动机和鸭式气动布局，如图 3 - 9 所示，是中型、多功能、超声速、全天候、空中优势战斗机。歼-10 于 1998 年 3 月首飞，2004 年 1 月定型服役。作为新一代多用途战斗机，歼-10 突破了以先进气动布局、数字式电传飞控系统、高度综合化航空电子系统和计算机辅助设计为代表的一系列航空关键技术，实现了中国军用飞机从第二代向第三代的历史性跨越。如今，歼-10 战机已经大批量进入中国空军战斗序列，成为捍卫我国领空的主力战机之一，发展出歼-10A、歼-10B、歼-10C 等多种型号。

歼-11 系列战机是中国在引进俄罗斯苏-27SK 后发展的第三代超声速战斗机，是中国空军主力装备的单座、双发、全天候、空中优势、重型战斗机，具有超视距空战、近距格斗和对地攻击等多种作战能力。歼-11B 战斗机于 2008 年定型量产并装备空军，歼-11B 的定型量产进一步缩小了与国外先进强国的差距，是继歼-10 之后另一值得骄傲的跨越式发展的成功杰作。目前该机已成为中国空军的主力战机，装备在各大军区空军部队，为保卫中国领空安全做出了重要的贡献。

随着一系列技术瓶颈的成功突破，歼-11 系列战机的国产化水平不断提高，其性能已远远超过其原型机苏-27SK，现已进入加速生产的"黄金时代"。与歼-10 中型战机相比，歼-11B 战机航程更远，载弹量更大；与苏-27 相比，歼-11B（见图 3 - 10）在隐身、火控、电子系统、雷达、机体寿命等方面都有大幅改进和创新。歼-11B/BS 采用国产的航电系统与武器系统、玻璃化座舱，换装国产新型雷达，并使用更加先进的电传操控系统。在继承了苏-27 优秀平台的同时，歼-11B 在航电系统上也远远超过歼-11 和歼-11A，且更易融入中国空军的作战体系，还可以集成更先进国产导弹，大大提升了战斗力。

图 3 - 9　歼 - 10 战斗机　　　　　　　　　　图 3 - 10　歼 - 11B 战斗机

歼 - 15 是一种单座、双发、舰载战斗机,是在歼 - 11B 战斗机的基础上研制和发展而成的舰载战斗机,属于第三代战斗机的改进型,即三代半战斗机。歼 - 15 装配鸭翼、折叠式机翼,机尾装有舰尾钩等舰载机特征,如图 3 - 11 所示。歼 - 15 于 2009 年 8 月首飞,2012 年开始服役,配装"辽宁"号和"山东"号航空母舰。

歼 - 16(见图 3 - 12)是在歼 - 11BS 战斗机基础上研制发展而来的双座、双发、多用途战斗机,属于三代半战机。歼 - 16 于 2011 年 10 月首飞,2014 年 5 月交付使用。该机装备国产 WS - 10 "太行"发动机,其性能与美国 F - 15E 战斗轰炸机相当。歼 - 16 装备自动电子扫描相控阵雷达,可同时识别攻击多个目标,具备远距离超视距空战能力和强大的对地、对海打击能力。歼 - 16 的出现让中国空军开始逐渐走向攻防兼备,让空、海军作战实现了作战中的任务转换,朝着联合作战目标更近一步,具有很强的划时代意义。

图 3 - 11　歼 - 15 舰载战斗机　　　　　　　图 3 - 12　歼 - 16 多用途战斗机

歼 - 20 是中国设计研制的一种双发、重型、隐身战斗机,是一款具备高隐身性、高态势感知、高机动性等能力的第四代超声速制空战斗机。该机采用单座、双发、全动双垂尾、可调 DSI 进气道、上反鸭翼带尖拱边条的鸭式气动布局,如图 3 - 13 所示。歼 - 20 于 2011 年 1 月 11 日首飞,于 2017 年 9 月正式列装部队。歼 - 20 战机的列装进一步提升了空军综合作战能力,有助于空军更好地肩负起维护国家主权、安全和领土完整的神圣使命。

歼-31(中国空军尚未给该机正式编号)是中国设计研制的一种双发、中型、隐身、第四代超声速战斗机,采用固定双斜垂尾、蚌式进气道、正常式气动布局,如图 3-14 所示。该机于 2012 年 10 月首飞,在 2014 年的珠海航展上亮相并进行了飞行表演。歼-31 的成功首飞使中国成为世界上第二个同时试飞两种四代机原型机的国家。

图 3-13　歼-20 重型隐身战斗机

图 3-14　歼-31 中型隐身战斗机

3.2.3　其他作战飞机

强-5 是在歼-6 战斗机基础上研制的一款单座、双发、轻型、超声速攻击机,用于直接支援地面部队作战,也可执行空战任务,于 1965 年 6 月 4 日首飞,1968 年 11 月开始批生产。在中国军用飞机中,强-5 首次采用锥形机头和机身两侧进气方式,并在机身设计上使用了跨声速面积律,如图 3-15 所示。强-5 有多个改进型号,其中强-5 甲于 1972 年成功执行了空中甩投原子弹任务。强-5 飞机最初服役之时,性能是国内同时期战机中与世界水平最为接近的一款。强-5 于 2012 年 10 月 25 日停产,并于 2017 年全部退出现役。

轰-5 是中国改进设计并试制生产的一种亚声速轻型战术轰炸机,如图 3-16 所示,可在各种复杂的气象、地理条件下执行战术轰炸及攻击任务。轰-5 有多种改型:轰-5 基本型、轰-5 甲、轰-5 鱼雷型、轰侦-5、轰教-5 等。该机于 1966 年 9 月 25 日首飞,1967 年正式批生产,1984 年停产,于 2009 年 5 月退出中国空军现役战机序列。

图 3-15　强-5 攻击机

图 3-16　轰-5 轰炸机

轰-6 是 20 世纪 60 年代西安飞机制造厂（又称国营 172 厂，现中航工业西安飞机工业公司前身）研制的高亚声速中型轰炸机，如图 3-17 所示。该机于 1968 年 12 月 24 日首飞，1969 年交付部队，服役以来一直是中国空军的主力轰炸机。轰-6 有十余种改进型号，主要担任战术轰炸、侦察、反舰、巡逻监视等多种任务。轰-6 还成功改装为空中加油机，采用插头锥管式的空中加油方式，可同时为 2 架战斗机空中加油。至今该机仍是我军轰炸力量的核心，并且在不断对其动力、航电及机载武器进行改进，同时在其基础上发展了多种特种平台。在新型轰炸机没有出现之前，轰-6 还将继续服役一段时间。最新改型轰-6K/G 可以发射远程空地巡航导弹，大大提高了中国空军的战略打击能力。

水轰-5 是中国自行研制的第一代水上反潜轰炸机，如图 3-18 所示，于 1976 年 4 月 3 日首次水面起降试飞，1986 年服役。主要用于中近海域侦察、反潜巡逻、搜索警戒等任务，也可监视和攻击水面舰艇。

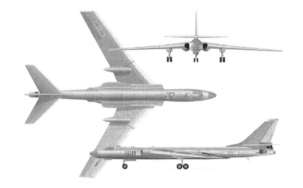

图 3-17　轰-6 轰炸机

图 3-18　水轰-5 水上轰炸机

歼轰-7 是中国自行设计研制的第一种双座、双发、全天候、超声速战斗轰炸机，于 1988 年 12 月 14 日首飞，主要执行对地、海面目标的攻击任务，同时具有较强的空中作战能力。在 1998 年的珠海航展上，歼轰-7 的首次公开亮相引起巨大轰动，并获得了一个响亮的名字——"飞豹"。早期该机主要装备海军航空兵，后来经过广大科研人员的艰苦努力，性能更先进、功能更全面的歼轰-7A 于 2005 年开始装备中国空军。歼轰-7A（见图 3-19）具备全天候的精确对地攻击能力，而随着解放军近年对其不断改进，多种型号的"飞豹"变型机也不断出现，大幅提升了"飞豹"战力。

FC-1 战斗机是 20 世纪 90 年代末中国和巴基斯坦共同投资、中航工业下属单位联合研制、巴基斯坦空军参与开发的一种单座、单发、全天候、多用途、超声速战斗机，如图 3-20 所示。FC-1 战斗机最初源于 1988 年的"超-7"轻型战斗机计划，于 2003 年 8 月首飞。该机具有突出的中低空和高亚声速机动作战能力，较好的截击和对地攻击能力，较大的航程、留空时间和作战半径，优良的短距起降特性和较强的武器挂载能力，达到了第三代战斗机的综合作战效能。中方称之为 FC-1"枭龙"战斗机，巴方则称之为 JF-17"雷电"战斗机。FC-1/JF-17 战斗机是中国首次以整机技术出口方式授权境外生产的机型，已批量装备巴基斯坦空军。

图 3 - 19　歼轰-7A 战斗轰炸机

图 3 - 20　FC - 1"枭龙"战斗机

3.2.4　其他军用飞机

空警-2000 是中国自主研制的大型、全天候、多传感器空中预警与指挥控制飞机。空警-2000 于 2003 年 11 月首飞,现已装备中国空军部队。空警- 2000 是以俄罗斯伊尔- 76 运输机

图 3 - 21　空警- 2000 预警机

为载机平台改装而成,如图 3 - 21 所示,主要用于担负空中巡逻警戒、监视、识别、跟踪空中和海上目标,指挥引导中方战机和地面防空武器系统作战等任务,也能配合陆海军协同作战。

空警- 200 是中国自行研制、拥有独立的自主知识产权的第一种中型预警机。该机于 2004 年 10 月 28 日首飞,2006 年 1 月交付部队使用。空警-200 是以运-8 中型运输机为载机平台改装而成,如图 3 - 22 所示。空警-200 的研制成功和装备入役,弥补了中国没有预警机进行空中应急指挥作战的空白,拓展了作战空间,提升了空域指挥、通信和应急指挥能力。

空警- 500 是中国新一代中型、全天候、多传感器空中预警与指挥控制飞机,主要承担空中巡逻警戒及指挥控制任务。空警- 500 以运-9 运输机作为载机平台,采用 4 台涡桨-6C 型发动机,如图 3 - 23 所示。空警- 500 是继空警- 2000、空警- 200 后中国自行研制的第三种预警机。空警- 500 与空警- 2000 相比,虽然整机体积小了不少,最大起飞重量也只有后者的 1/3,但其雷达性能和系统集成能力反而大幅超越,在雷达探测距离、反隐身和抗电子干扰能力、跟踪目标数量以及引导战机批次等方面代表了当前中国预警机的最高水平。

歼-16D 是中国第一代专用电子战飞机。与歼- 16 原型机相比,歼- 16D 机身可容纳更多的电子装置,机身周围还装有数根天线,其翼尖处还装有两个巨大的电子情报吊舱,如图 3 - 24 所示。歼- 16D 的服役填补了中国空军在电子战领域的空白,是中国航空兵走向一支兵力结构完善、作战思想独立成熟的空中力量的道路上极为重要的装备。

图 3 - 22　空警-200 预警机

图 3 - 23　空警-500 预警机

　　K-8 教练机是中国和巴基斯坦联合研制的一种亚声速喷气式教练机,也是一种串列、双座、中级教练机/轻型对地攻击机,如图 3 - 25 所示,于 1990 年 11 月 21 日首飞。K-8 也是第一种中国与国外合作研制、以外销为主的教练机。该机装 1 台涡扇发动机,可用于全程中级飞行训练以及部分初级和高级飞行训练,也可执行对地攻击任务。

图 3 - 24　歼-16D 电子战飞机

图 3 - 25　K-8 中级教练机

　　中国新一代高级教练机教练-9"山鹰"是在歼教-7 的基础上改装而来,于 2003 年 12 月 13 日首飞。2006 年 3 月 13 日,中国新型高级教练机 L-15"猎鹰"也成功首飞。L-15 教练机为双座、双发、两侧边条下进气,采用大边条、翼身融合设计,配备两台加力涡扇发动机,如图 3 - 26 所示,其整体性能已接近第三代战机水平。L-15 用于飞行员基础训练后的高级训练、战斗入门训练及战术训练,并可执行战斗机同型教练机的部分课目训练。

图 3 - 26　L-15"猎鹰"高级教练机

　　60 多年来,中国共设计军用飞机 90 多个型号,生产约 2 万架。飞机性能和作战能力逐步提高,实现了高机动性和全天候作战。这些飞机主要装备中国空军和海军部队,并全部实现了国产化。同时,发动机和机载成品附件的研制和生产也取得可喜成绩。中国航空工业还设计生产多种型号的航空武器,包括空空导弹、海防导弹、航空炸弹、航空火箭等。另外,在航空进出口贸易、技术引进等方面,已经同

100 多个国家和地区建立了贸易合作关系,向 10 多个国家出口飞机、发动机、机载设备和飞机
生产线及相关制造技术。陆续从 10 多个国家引进了 40 多项重要的先进技术项目。为世界
20 多家著名厂商转包生产飞机、发动机的大型部件和零件。

3.3　民用飞机

运-5 飞机是新中国制造的第一架小型运输机,该机采用双翼布局,后三点式起落架,一台
活塞发动机和一具四叶金属螺旋桨,最大载重 1 500 kg,如图 3-27 所示。运-5 飞机于 1957
年 12 月 10 日首飞,4 个月后定型投入批生产。尽管运-5 服役已有 60 年之久,但它飞行稳定、
运行费用低廉、维护方便,至今仍是中国最常见的运输机。目前运-5 广泛应用在训练、跳伞、
体育、运输和农业任务中。

运-7 是中国研制生产的中/短程运输机,采用直上单翼、低平尾气动布局,如图 3-28 所
示,装 2 台涡轮螺桨发动机,能载客 52 名。运-7 飞机于 1970 年 12 月 25 日首飞,1982 年 7 月
设计定型,1986 年 4 月正式投入国内航线。运-7 属于 50 座级支线运输机,运-7 的出现结束
了中国民航全部使用外国飞机的历史。运-7 有多个改型(包括运-7-100、运-7-200A、运-
7-200B、运-7-H500 等),性能正在逐步得到提高。

图 3-27　运-5 运输机　　　　　　　　　　　图 3-28　运-7 运输机

运-8 是中国研制的四发涡轮螺桨中型多用途运输机,于 1974 年 12 月 25 日首飞。运-8
采用平直梯形悬臂式上单翼,低阻层流翼型,装有 4 台涡桨-6 型涡轮螺桨发动机,如图 3-29
所示。运-8 起飞重量 61 t,航程 5 600 km 以上,可用于空投、空降、运输、救生及海上作业等。
运-8 运输机有以下改进型号:运-8 基本型(军用战术运输机)、运-8A(直升机载机)、运-8B
(民用型)、运-8C(全气密型)、运-8D(出口型)、运-8E(无人机载机)、运-8H(航空测量型)、
运-8F(改进货运型)和运-8J(雷达警戒机)、运-8X(海上巡逻机)等。运-8 还改装了用于电
子侦察或电子战的型号以及雷达实验机。

运-10 是中国首次自行研制的国产大型喷气式客机,如图 3-30 所示,于 1980 年 9 月 26 日
首飞。运-10 装 4 台涡扇-8 发动机,设计最大载客 178 人,采用 5 人制机组。由于各种原因,
该机仅制成两架,在试飞了多个架次、170 余个飞行小时后,于 1985 年停止研制。运-10 在试
飞中,曾 7 次进入西藏,降落在海拔 3 540 m 的拉萨贡嘎机场,经受住了严酷环境的考验,也向
外界展示出中国大飞机的优良性能。

图 3-29　运-8 运输机

图 3-30　运-10 运输机

中国还自行设计制造了小型多用途飞机运-11 和运-12。运-11 是一种轻型、双发多用途运输机,于 1975 年 12 月 30 日首飞,1977 年设计定型。运-11 具有低速性能好、座舱宽、视野好、起降要求低、使用维护方便等特点。

运-12(见图 3-31)是在运-11 基础上进行深入改进的发展型号,于 1982 年 7 月 14 日首飞,该机很快成为一个在商业上较为成功的机型。在其巅峰时期(2000 年 6 月前),共有 102 架运-12 飞机外销非洲、澳洲、美洲、亚洲、北美洲的 18 个国家。运-12 属轻型多用途飞机,可用作客、货运输、空投空降、农林作业、地质勘探,还可改装成电子情报、海洋监测、空中游览和行政专机等。

新舟 60 是在运-7-200A 的基础上研制生产的 50～60 座级双涡桨发动机支线飞机,如图 3-32 所示。该机于 1993 年 12 月 26 日首飞,1999 年被正式命名为新舟 60。新舟 60 飞机在安全性、舒适性、维护性等方面达到或接近世界同类飞机的水平,使用性能良好,油耗低、维修方便、简单实用。新舟 60 飞机还可改装为货物运输机、海洋监测机、航测、探测机等。新舟 60 飞机的成功,标志着国产飞机的发展迈上了一个新的台阶。

小鹰-500(见图 3-33)是中国第一架拥有自主知识产权、适用于私人商务活动的轻型飞机,于 2003 年 10 月 26 日首飞,填补了中国通用航空领域 4～5 座轻小型多用途飞机的空白。该机的起飞距离短,能在小型简易机场、公路上安全起降,可广泛用于飞行训练、公务飞行、农林作业、空中救护、空中摄影、测量制图、商业运输、体育运动、旅游、环保、勘探等。该机最大起飞重量 1 400 kg,载重量 560 kg,其综合性能达到了国外同类飞机的先进水平,被誉为"空中奔驰"。

图 3-31　运-12 运输机

图 3-32　新舟 60 运输机

ARJ21 是中国最新研制的 70～90 座级的中短程涡扇发动机支线客机,如图 3-34 所示,于 2008 年首飞并交付用户,拥有基本型、加长型、货机和公务机等 4 种容量不同的机型。ARJ21 是中国第一次完全自主设计制造的支线客机,采用"异地设计、异地制造"的全新运作机制和管理模式,机体各部分分别在国内 4 家飞机制造厂生产。

图 3-33　小鹰-500 轻型飞机

图 3-34　ARJ21 支线客机

2007 年 2 月,国务院正式批准中国大飞机项目实施,标志着中国大型运输机进入工程研制阶段。运-20 是中国研制的新一代大型军用运输机,于 2013 年 1 月首飞,2016 年 6 月正式服役。该机采用常规布局,悬臂式上单翼、前缘后掠,如图 3-35 所示,拥有高延伸性、高可靠性和安全性。运-20 作为大型多用途运输机,可在复杂气象条件下执行各种物资和人员的长距离航空运输任务。

国产大型客机 C919(见图 3-36)是中国首款按照国际民航规章自行研制、具有自主知识产权的中型喷气式民用飞机,座级 158～168 座,航程 4 075～5 555 km。该机于 2017 年 5 月 5日首飞,截至 2018 年 2 月 26 日,已累计获 28 家客户 815 架订单。2021 年 1 月,C919 大型客机高寒试验试飞专项任务取得圆满成功。

小知识——C919 的寓意

C 是中国英文名称"China"的首字母,也是中国商飞英文缩写 COMAC 的首字母,同时还寓意立志要跻身国际大型客机市场,要与空中客车(Airbus)和波音(Boeing)一道在国际大型客机制造业中形成 ABC 并立的格局。第一个"9"的寓意是天长地久,"19"代表的是中国首型中型客机最大载客量为 190 座。

图 3-35　运-20 大型运输机

图 3-36　国产大型客机 C919

3.4　直 升 机

　　中国的直升机工业从 20 世纪 50 年代末起步,经历了引进国外技术、参考设计、自行研制和国际合作等发展阶段,主要产品有直-5、直-8、直-9、直-10、直-15、直-19 和直-20 等型号,还有一些小型和轻型直升机如直-11 等。

　　直-5 是中国制造的第一种多用途直升机,如图 3-37 所示,实现了中国直升机工业零的起步。该机于 1958 年 12 月 14 日首飞,1963 年定型并转入批生产。直-5 定型后,根据不同用户和国民经济发展需要,研制出多种改进型号,主要有客机型、农林型、航测型、水上救生型等。直-5 的最大起飞重量 7.6 t,是一种多用途直升机,可以在昼夜复杂条件下飞行。该机曾装备我国空军、海军和陆军以及民航部门,目前已退役。

　　直-8 是中国研制的第二代大型直升机,于 1985 年 12 月 11 日首飞,1994 年 12 月设计定型。该机装 3 台涡轴-6 发动机,采用金属桨叶和全金属的半硬壳式机身结构,最大起飞重量 13 t,如图 3-38 所示。直-8 有较大的功率储备,具有飞行性能好、使用寿命长、飞行安全、操纵容易、使用维护方便、应急时可在水面起降等特点。该机可用于运输、救护、搜索、警戒、反潜、扫雷等,特别适用于海上救援工作。直-8 有多种改型,装备于中国空军、海军和民航部门。作为运载能力最强的第一种国产大中型多用途直升机,直-8 依然没能填补国内缺乏重型运输直升机的空白。

图 3-37　直-5 型直升机

图 3-38　直-8 型直升机

　　直-9 是中国在 1980 年引进法国专利(SA365"海豚"直升机)研制生产的轻型多用途直升机,于 1989 年通过技术鉴定。直-9 最大起飞重量 3 850 kg,具有结构重量轻、有效载荷大、性能先进等特点,全机使用 80% 的复合材料蒙皮。该机可用于人员运输、近海支援、海上救护、空中摄影、海上巡逻、鱼群观测、护林防火等,并可作为舰载机使用,军事用途包括侦察、近距火力支援、反坦克、搜索救护、反潜、侦察校炮及通信等。根据中国人民解放军陆军和海军航空兵的需要,直-9 又衍生出多种军用改进型:直-9A、直-9B、直-9 通讯型、直-9 炮兵校射型、直-9 电子干扰型、直-9C 舰载型、直-9W 反坦克型、直-9G 等。中国驻港部队空军使用的是直-9B 型军用直升机,中国人民解放军陆军航空兵部队也大量使用直-9 武装型直升机,国内代号 WZ-9(外销代号直-9G),如图 3-39 所示。

　　直-10 又名武直-10,是中国新一代专用武装直升机,采用串列双座设计,两侧武器短翼可挂载反坦克导弹及空空导弹,并配备一座旋转转机炮塔,如图 3-40 所示。该机于 2012 年 11 月正式加入现役,列装中国陆军航空兵部队。武直-10 结束了中国长期依赖法国"海豚"直升机的改型兼当武装直升机的历史,大大提高了中国陆军航空兵的航空突击与反装甲能力。

图3-39　直-9型武装直升机

图3-40　武直-10直升机

　　直-11是一种2 t级6座轻型多用途直升机,于1996年12月26日首飞,1998年首批交付使用。直-11是中国直升机行业从专利生产、测绘仿制走向自行设计的第一个机种,是中国自行设计研制的第一种具有自主知识产权的直升机机种,也是在部队服役出勤率最高的直升机机种。直-11采用主旋翼加尾桨布局,装1台涡轴-8D发动机,机体为金属、复合材料结构,最大起飞重量2.2 t。由于体积重量小、价格低廉、操作简便,直-11在民用市场上有很大的发展空间。直-11的军用型可作为运输直升机使用,或装机枪、火箭发射器、导弹等支援用,但载重量较小,火力较弱,因此直-11较适合在部队内作飞行训练、要人运输和通信之用,图3-41所示为中国陆军航空兵装备的直-11型军用直升机。

图3-41　直-11型军用直升机

　　AC313直升机(见图3-42)是中国自主研制生产的中型运输直升机,填补了我国中型民用直升机的空白。AC313于2010年3月18日首飞,2013年投入运营。该机最大起飞重量为13.8 t,可一次搭载27名乘客或运送15名伤员,可执行人员、物资的运输及搜索救援、抢险救灾等任务。

　　直-15(见图3-43)是中国和法国联合研制的7 t级中型运输直升机的中方命名,中方代号AC352,欧方代号EC175。直-15于2016年12月20日首飞,是同类产品中单位载客排放量最少、最环保的机型,该机型填补了中国直升机谱系中4~13 t级的空白,也是目前该吨位最先进的直升机之一。该机主要面向民用和准公共领域的市场应用,包括石油和天然气工业、搜索和救援任务等方面。

　　直-19又名武直-19,是中国自行研制的武装兼侦察直升机,于2011年服役。该机的设计源于直-9W,采用串列双座座舱布局、四叶复合材料旋翼、涵道风扇尾桨、外置4个武器外挂点和后三点式起落架,如图3-44所示。武直-19利用航炮、空空导弹可与低空固定翼飞机、武装直升机等进行空中格斗。另外,武直-19吨位较小,使用成本较低,可与陆军航空兵现有或在研的其他型号武装直升机(如武直-10)实现不同档次的高低搭配,改善装备的配置格局。

图 3 - 42　AC313 直升机

图 3 - 43　直 - 15 型直升机

直 - 20(见图 3 - 45)是中国一种新型的中型通用直升机,于 2013 年 12 月 23 日首飞,填补了我国 10 t 级中型通用直升机的空白。直 - 20 不仅可以承担运输任务,必要时还可以改装成武装直升机。直 - 20 服役后,我军空中突袭能力将得到极大提高,配合国产大型运输机运 - 20 的投送能力,中国陆军力量能够迅速被投送到热点地区,并形成机动突击作战能力;在海军未来的计划中,除了歼 - 15 等舰载飞机,直 - 20 将成为航空母舰及两栖攻击舰最重要的舰载直升机,可以执行运输、携带导弹和后勤支援等任务,负责警戒、侦察和补给,也可在驱逐舰执行巡逻、反潜、救援等任务。

图 3 - 44　武直 - 19 直升机

图 3 - 45　直 - 20 直升机

3.5　无人机

中国军用无人机的研究起步较早,在 20 世纪 50 年代末中国就开始了自主研发无人机的进程。1966 年 12 月 6 日,长空一号高速无人靶机(见图 3 - 46)首飞成功。长空一号研制成功后,长空一号及其系列改进型在我国空空武器试验、核武器试验取样等任务中都发挥了重要作用。

长虹 - 1 号无人机,又称无侦 - 5,是由北京航空航天大学研制的一种高空、高亚声速、多用途无人机。长虹 - 1 号采用大展弦比后掠中单翼,主要机体结构为铝合金,机身部分由前至后为雷达舱、照相舱、油箱、发动机短舱、航空电子舱和伞舱,如图 3 - 47 所示。该机由母机在空中放飞,用降落伞回收,使用可见光照相机从 5 个窗口进行昼间高空摄影侦察任务。长虹 - 1 号于 1972 年 11 月首飞,1980 年定型并装备部队,是中国第一架无人驾驶高空侦察机。

图 3－46　长空一号高速无人靶机

图 3－47　长虹－1 号高空无人侦察机

20 世纪 80 年代前,中国无人机市场还是以军需为主。1980 年 3 月,一种小型低空低速多用途无人机 ASN－104(原编号 D－4)开始由西北工业大学研制,该无人机于 1982 年 10 月首飞,1985 年投入小批量生产。可以说,ASN－104 开创了中国无人机军用转民用的先河,是真正意义上的第一款中国民用无人机型号。

图 3－48　ASN－206 多用途无人机

ASN－206 是西工大研制的一种近程战术多用途无人机,采用后推式双尾撑结构形式,如图 3－48 所示。该机于 1994 年研制完成,是当时较为先进的一种无人机,可用于昼/夜空中侦察、战场监视、目标定位、火炮观测、边境巡逻、核辐射取样、航空摄影和探矿、电子对抗等。

随着新型军用无人机相继研制成功并交付部队,中国军用无人机在飞行控制、组合导航、中继数据链路系统、传感器技术、信息对抗等诸多技术领域都取得了不俗成绩,无人机的现代化、信息化水平也有了显著提高。

在过去相当长一段时间内,中国无人机的设计、制造等环节基本上都是由几所大学承担的,航空企业近些年才真正介入并开发生产无人机。在这些企业的参与下,中国涌现出了大量从事无人机研制的单位,并在研制过程中走出了一条超越传统飞机研制的道路。近些年来,中国相继研发出数十种新一代军用无人机设计方案、模型、原型机及产品等。

2004 年,中国自主设计研制出了第一架具有自主知识产权、具备自主飞行能力的彩虹－1 无人机。此后,彩虹－1 批量生产,彩虹－2 也相继研制成功,彩虹系列无人机备受瞩目。2007 年,彩虹－3(代号 CH－3)首飞成功。彩虹－3 是一种由无线电遥控设备或自身程序控制装置操纵的无人驾驶飞机,采用鸭式布局和翼身融合设计,如图 3－49 所示,机体大量使用复合材料,降低了结构重量,提高了隐身能力,利用自身的气动稳定性和航迹规划还可进行超低空飞行。彩虹－3 是一款真正具备侦察打击于一体功能的无人机。

彩虹－4(代号 CH－4)是在彩虹－3 基础上研发的一种中程察打/侦察探测无人机,如图 3－50 所示。彩虹－4 于 2011 年 9 月首飞,于 2016 年 5 月完成卫星遥控打靶试验,具备侦察打击一体的能力,有效提升了彩虹－4 无人机的作战效能。彩虹－4 除军事用途外,还可应用到航空物探、海事巡查、海上应急搜寻、中继通信、海洋环境监测与评价、海洋生态灾害监测、海洋溢油监测、海洋动植物保护等多个领域。

图 3-49　彩虹-3 无人机

图 3-50　彩虹-4 无人机

彩虹-4 作为一款多次参与实战的察打一体无人机,积累了大量实战经验,技术状态成熟稳定,同时系统集成和挂载能力强大,兼容多种特设和通信、探测方式。该机与世界先进的无人机比较,在航程、武器携带能力上还有一定差距,但基本满足了绝大多数发展中国家现实作战的需要。彩虹-4 的高原起降适应能力已经涵盖了全球绝大部分主要机场,对于一些海拔 3 000～4 000 m 的国家和地区,也有很好的适应能力。目前,该机已出口至阿尔及利亚、埃及、沙特阿拉伯、约旦、阿联酋、伊拉克和卡塔尔等国。

"翔龙"无人机是中国新一代高空高速长航时无人侦察机,是中国自主研发的一种大型无人机。"翔龙"无人机原型机于 2011 年第一次出现在大众视野当中。"翔龙"无人机没有采用目前高空长航时无人机最流行的传统大展弦比单翼设计,而是采用了技术难度很大的连翼布局,如图 3-51 所示,增加升力的同时还减少了雷达散射截面积,加上复合材料的大量使用,让"翔龙"具备部分隐身能力,这在中国飞机设计史上是一个大胆的突破。

"翼龙"无人机是中国研制的一种中低空、军民两用、长航时多用途无人机,首次亮相于 2012 年 11 月的第 9 届珠海航展上,如图 3-52 所示。该机装配 1 台活塞式航空发动机,具备全自主平台,可携带各种侦察、激光照射/测距、电子对抗设备及小型空地打击武器,可执行监视、侦察及对地攻击等任务,也可用于维稳、反恐、边境巡逻等,还可广泛应用于民用和科学研究等领域。

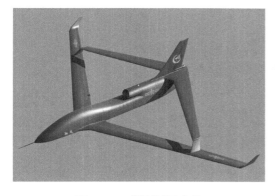

图 3-51　"翔龙"无人机

图 3-52　"翼龙"无人机

　　彩虹-5(代号 CH-5)是中国自主研制的中空、长航时、大型察打一体无人机,于 2015 年 8 月首飞,2017 年 7 月批生产。彩虹-5 比中国过去研制的同类型无人机大了两倍多,从外形尺寸到起飞重量都达到了国际领先水平,如图 3-53 所示。该机具有动力强、载重大、航时长、航程远等巨大优势,其可靠性、安全性大幅提升。

　　彩虹-5 可挂载多种武器,使用灵活性强。未来彩虹-5 无人机可以与彩虹-3、彩虹-4 高低搭配,执行不同的作战任务,或编队使用,通过不同梯度的作战配合,发挥体系综合作战效能。彩虹-5 可以搭载电子战综合系统,执行通信侦察干扰、雷达侦察干扰等任务,对敌方进行区域干扰压制。此外,彩虹-5 还可用于航空电磁法测量和海洋海事巡逻等民用领域。

　　"翼龙-Ⅱ"是中国自主研制的新型长航时察打一体多用途无人机,于 2017 年 2 月首飞。"翼龙-Ⅱ"采用常规气动布局,如图 3-54 所示,装备涡轮螺桨发动机,适合于军事任务、反恐维稳、边境巡逻和民事用途。如今,该机已经批量出口,装备多国并用于实战。由于已牢牢自主掌握航空装备的关键技术,中国现已进入全球大型察打型无人机一流水平。

　　图 3-53　彩虹-5 无人机　　　　　　　　　图 3-54　"翼龙-Ⅱ"无人机

　　"云影"无人机是中国研制的高空高速无人机,首次亮相于 2016 年 10 月的珠海航展。该机正常起飞重量为 3 t,采用小后掠角、大展弦比、下单翼、V 形尾翼、背负式 S 弯进气道,如图 3-55 所示。"云影"无人机采用涡轮喷气发动机作为动力,高空高速性能好。通过"云影"的研制,中国无人机实现了由中空低速向高空高速的跨越式发展,并成功跻身世界无人机第一梯队。

图 3-55　"云影"无人机

思考题

1. 近代中国航空都取得了哪些成就?

2. 中国都有哪些战斗机型号(列举至少 4 种型号),试说出其分代和外形特征。

3. 中国具有哪些军用飞机(除战斗机外)型号(列举至少 4 种类型),试说出其功能及外形特征。

4. 中国主要的民用飞机产品都有哪些(列举至少 4 种型号),试说出其外形特征及主要特点。

5. 中国主要的直升机产品都有哪些(列举至少 3 种型号),试说出其主要特点。

6. 中国主要的无人机产品都有哪些(列举至少 3 种型号),试说出其主要特点。

第4章 流体流动的基本原理

流体是与固体相对应的一种物质形态,是液体和气体的总称,是由大量不断地做热运动而且无固定平衡位置的分子构成的,其基本特征是没有一定的形状且具有流动性。

大气和水是最常见的两种流体,大气包围着整个地球,地球表面的 70% 是水面。因此,如无特定说明,本章节中涉及的流体泛指的是空气和水。此外,对于航空器而言,大气是唯一的飞行活动环境,航空领域的流体多数指的是空气。

4.1 流动环境

流动环境对航空器的载荷、发动机性能、飞行轨迹、材料结构、机载仪表、可靠性及作战效果等都有着重要的影响。只有熟悉和掌握流动环境,在充分利用流动环境特性的同时,设法克服或减少流动环境的不利影响,才能保证航空器飞行的准确性和使用的安全性。

4.1.1 地球及大气环境

1. 地 球

地球是宇宙空间中的一个天体,是太阳系中一颗有人类和生物生存的行星。地球是自然鸟类和人造飞行器起飞升空与安全着陆的基地,其环境对飞行器设计和使用具有非常重要的意义。

世界上万物的运动都是绝对的,静止是相对的,即相对于某参照物而言的静止。天空中各种天体东升、西落及地球朝、暮、昼、夜的现象都是地球自转运动的反映,地球始终日夜不停地进行着绕自身轴线的自转运动和绕太阳的公转运动,如图 4-1 所示。

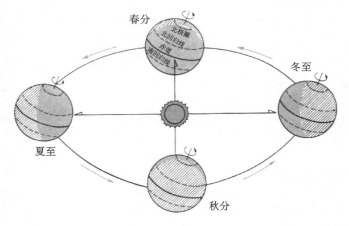

图 4-1 地球的自转及公转

地球的自转总是保持着一定姿势,即不论运行到何处,地球自转轴与公转轨道平面之间的夹角都是 66°34′,如图 4 - 2 所示。日地之间平均距离为 1.496 亿千米,通常将此距离定为 1 个天文单位。

2. 大气环境

由地球万有引力场和磁场所束缚、在固体地球和其水圈周围所聚集而成的一种气态物质称为地球大气或大气层,通常也简称为空气。大气具有质量、密度、温度等物理属性,是由多种气态物质构成的混合气体,它伴随着地球一起转动,是地球的组成部分。低层大气分子主要散射太阳光中波长较短的蓝色光,因此天空低层呈现蓝色。

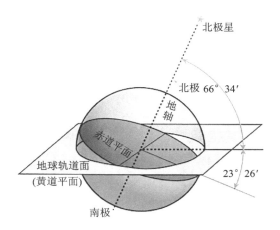

图 4 - 2　地球自转轴与公转轨道平面

在离地球表面 15 km 高度以内,集中了大气层总质量的 90%,大气层总质量的 99.9% 是在 50 km 高度的范围内。从海平面到海拔大约 80 km 的高空,大气中各种气体组元的比例大致是恒定的,按体积构成,氮含量占 78%,氧占 21%,其余占 1%。

通常按离地面沿铅垂高度,将地球大气自下而上划分为 5 个特征层段,即对流层、平流层、中间层、热层和外层,如图 4 - 3 所示。

(1) 对流层

对流层是最接近地球表面的一层,气温随高度的升高而下降。它的底界是地球表面或海平面,上界则随地球纬度、季节等情况而变化。对流层的顶界在中纬度和高纬度地区为 8 ~ 12 km,在南北极地区为 7 ~ 9 km,赤道区为 16 ~ 18 km,夏季对流层顶界高于冬季。

这一层的空气质量几乎占地球大气全部质量的 3/4,层内的压强、密度、温度和湿度等经常变化。并且,不同的大气温度和压力使该层空气产生激烈对流而形成风,风速和风向变化不定,存在大气湍流和风切变。同时,这一层还存在着云、雾、雨、雪等复杂天气现象。因此,对流层对飞行的影响最重要。

(2) 平流层

平流层位于对流层顶界的上面,其顶界伸展到约 50 km 海拔高度。大气基本无上下对流,主要是沿水平方向的对流和水平风,故称之为平流层。在海拔 20 km 以下,层内气温一般保持在 216 K 左右;在海拔 20 ~ 32 km 的范围内,气温随高度升高而上升。

这一层的空气质量约占地球大气全部质量的 1/4,通常不存在云、雾、雨、雪等气象,并且该层大气中水蒸气很少。

(3) 中间层

从平流层顶端到海拔约 80 km 之间定义为中间层。在海拔 50 ~ 53 km 的范围内,气温随高度增高而上升,到海拔 53 km 处温度最高为 282 ~ 285 K;高度继续升高时,气温反而下降,到 80 km 处降为 196 K。该层内空气的质量仅占整个大气质量的 1/3 000。

(4) 热　层

从大气中间层顶端算起到海拔 400 km 高度之间的一层,称为热层或暖层。由于空气直接受到太阳短波辐射的缘故,此层大气温度随高度升高而迅速上升,同时因短波辐射使空气分

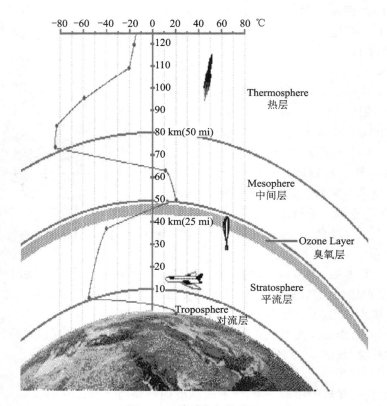

图 4 - 3 地球大气的分层

解成离子。海拔 150 km 左右温度达 1 000 K,海拔 400 km 左右则达 1 500～1 600 K。

（5）外　层

热层顶界以上的大气称为地球大气外层或散逸层。据测量数据推算,大气外层顶界位于海拔约 1 600～3 000 km 的范围内。

此层内,大气分子会自由散逸进入太空,层内大气品质仅为整个地球大气品质的 10^{-11},大气极其稀薄。在 1 000 km 高空,大气压强仅为 $133.3×10^{-10}～133.3×10^{-11}$ Pa,此时即认为大气已处于高真空环境状态。

4.1.2　国际标准大气

某一高度大气的温度、压强、密度和速度等参数都是随纬度、地区、季节和昼夜等因素而变化的。为了便于比较和评估飞行器的设计和飞行性能,各国和各部门就必须共同遵守一个统一的大气状态标准或基准。为此,世界 ISO 组织制定颁布了一个地球大气国际标准,称为国际标准大气或模式大气。我国即是采用国际大气标准作为设计和分析的基准,并于 1980 年颁布了《中华人民共和国标准大气规范(30 km 以下部分)》。

标准大气的温度主要是按世界中纬度地区各季节中大气实测值经统计平均而确定的,并以数据表或拟合公式的形式来表示,制定的国际标准大气做出的主要规定和假定如下:

① 大气为完全气体,服从热力学完全气体状态方程,即 $p = \rho R T$。

② 大气相对于地球是静止的,即无风的。

③ 大气相对湿度为零,即为干燥的空气,忽略空气中少量的水蒸气。

④海平面为铅垂高度计算的起始点,海平面上空气状态参数值温度为 15 ℃,压强为一个标准大气压,即 101 325 Pa,密度为 1.225 kg/m³。

基于以上规定和假定,通过空气静力学理论计算,即可得到各个高度处标准大气状态参数 p、ρ、T、c 的具体数值,分别以随高度的变化曲线和数据表的形式来表示,表 4 - 1 给出了部分标准大气参数数值。这些状态参数的名称和国际单位分别是:p 压强(N/m²),ρ 密度(kg/m³),T 温度(K),c 声速(m/s)。总的来看,随着高度增加,空气压力降低,密度减小,空气越来越稀薄。在具体使用时,由高度值即可快速查出对应的标准大气各状态参数值。

表 4 - 1 国际标准大气参数数值表(部分)

H/m	T/K	$c/\mathrm{m \cdot s^{-1}}$	$p/10^5\mathrm{Pa}$	$\rho/\mathrm{kg \cdot m^{-3}}$
0	288.2	340.3	1.013 3	1.225
100	287.6	340.0	0.979 4	1.187
500	284.9	338.4	0.954 61	1.167
1 000	281.7	336.4	0.898 76	1.111
1 500	278.2	334.5	0.845 60	1.058
2 000	275.2	332.5	0.795 01	1.007
2 500	271.9	330.6	0.746 92	0.957 0
3 000	268.7	328.6	0.701 21	0.909 3
3 500	265.4	326.6	0.657 80	0.863 4
4 000	262.2	324.6	0.616 60	0.819 4
4 500	258.9	322.6	0.577 53	0.777 0
5 000	255.7	320.5	0.540 48	0.736 4
5 500	252.4	318.5	0.505 39	0.697 5
6 000	249.2	316.5	0.472 18	0.660 1
6 500	245.9	314.4	0.440 75	0.624 3
7 000	242.7	312.3	0.411 05	0.590 0
7 500	239.5	310.2	0.383 00	0.557 2
8 000	236.2	308.1	0.356 52	0.525 8
8 500	233.0	306.0	0.331 54	0.495 8
9 000	229.7	303.8	0.308 01	0.467 1
9 500	226.5	301.7	0.285 85	0.439 7
10 000	223.3	299.5	0.265 00	0.413 5
11 000	216.7	295.1	0.227 00	0.364 8
12 000	216.7	295.1	0.193 99	0.311 9
13 000	216.7	295.1	0.165 80	0.266 6
14 000	216.7	295.1	0.141 70	0.227 9
15 000	216.7	295.1	0.121 12	0.194 8
16 000	216.7	295.1	0.103 53	0.166 5

如前所述,国际标准大气是对地球真实大气的理想化模型。实际上,在不同时间和不同地点,大气的真实状态参数值与标准大气中列出的相应数值是存在客观差异的,甚至差异很大。因此,在做飞行试验、发动机试车试验、气动设计计算、性能比较评估等时,就需要将实测数据通过一定方式换算成标准大气条件下的相应数值。例如,在进行飞机发动机地面台架推力试验或飞机模型风洞试验时,就必须及时将当地、当时的大气实际压强和温度记录下来,以供事后数据换算和分析比较使用。

4.1.3　航空飞行环境

图4-4给出的是大气各分层中飞行器的分布情况,从图中可以看出,航空器所处的飞行环境是介于大气的对流层和平流层之间的区域。

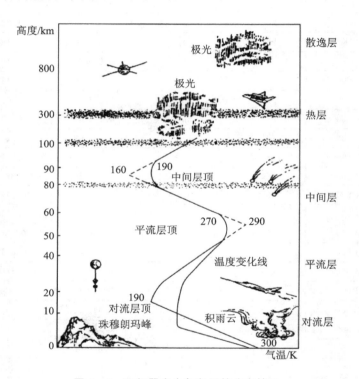

图4-4　飞行器在大气各层的分布情况

从现有航空器的飞行高度的角度出发,通常这些航空器的飞行高度一般都在30 km以下的空间。例如,第三代战斗机最大升限普遍在18 km左右;第四代战斗机,如F-22、歼-20等,最大升限可以达到25 km左右;民航运输类飞机,如客机,飞行过程中实际的最高高度大约为10 km;通用飞机的飞行高度都不高,一般不超过6 km,甚至中小型的通航飞机的飞行高度在3 km以下。

因此,对于航空器而言,飞行环境通常指的就是地球大气的对流层和平流层。

4.2　流体的基本属性

4.2.1　状态参数及状态方程

1. 压　强

流体压强是大量分子相互之间碰撞或与其所接触的器壁碰撞的平均结果,是大量分子对时间对面积的一个统计平均值,具有宏观特征。压强值等于单位面积上流体所承受的法向力载荷,即法向应力,其国际单位是 N/m^2 或 Pa。由于在每一微团流体中,流体分子都是向四面八方做不规则自由运动的,故流体压强也是向四面八方而作用的。

2. 温　度

流体温度是大量分子自由热运动的宏观表现,是流体分子平均平动动能的量度,体现着流体的冷或热的程度。

在理论计算中,温度值使用热力学绝对温度。绝对温度 T（单位为 K）和摄氏温度 t（单位为℃）之间的换算关系为：$T = t + 273$。

3. 密　度

流体的密度指单位体积流体所具有的质量,是衡量流体质量在空间分布的疏密性质的尺度,其国际单位为 kg/m^3。

气体的密度远小于液体的密度,故气体属于轻流体,液体属于重流体。例如,标准海平面状况大气的密度是 $1.225\ kg/m^3$,而 20 ℃海水的密度为 $1\,023\ kg/m^3$,约是海平面大气密度的 835 倍。通常,将液体的密度与淡水密度（$1\,000\ kg/m^3$）的比值称为该液体的相对密度。

大气的密度对飞机的飞行性能有着直接的影响。当飞行高度增加或大气湿度增大时,大气密度变小,因此使得发动机推力下降,螺旋桨的气动效率变低,空气对机翼施加的升力将减小。

4. 完全气体状态方程

完全气体是一种热力学意义上的理想气体,它对气体的假设为：①气体分子的线尺度与分子之间的平均距离相比小得可忽略不计,分子间相互的引力或斥力很弱可忽略不计；②将分子视为刚性的、有质量而无体积的质点,并忽略重力作用。

在完全气体假设条件下,气体可视作是自由自在、杂乱无章运动着的大量弹性小球的集合,分子两次碰撞之间为直线运动,分子之间或分子与周围器壁之间的碰撞为完全弹性碰撞（无动能损失）,其热力学内能和焓只是温度的函数,由此可使气体热力学和其流动特性分析得以大大简化。

在通常使用的温度和压强范围条件下,常用的氧气、氮气、氢气、一氧化碳等及其混合的空气以及燃气、烟气等工质,在工程实际中都可作为完全气体来处理。例如,空气在室温下压力达 10 MPa 时,按完全气体状态方程计算出的比体积误差仅为 1% 左右。

对一定质量的完全气体,其压强、温度和密度可用显式的关系式表示,即完全气体状态方程式

$$p = \rho RT \tag{4-1}$$

式中,R 是对应气体的气体常数,干燥空气的 R 值为 287.05 J/kg·K。

4.2.2　流体的物理性质

1. 连续性

不论是静止的流体或是运动着的流体,都是由无数的流体微团(流体质点)组成的,每个流体微团内都包含有大量的分子。分子之间存在着大小不同的间隙,存在相互的引力或斥力,并不停息地做无规则的热运动。分子在相继两次碰撞之间所自由通过的路程,称为分子的平均自由程。

在通常的环境和工作条件下,流体都能够很好地满足介质连续性假设。介质连续性理论假设可以这样描述:每个流体微团的尺度在微观上相对分子自由程是充分的大,在宏观上相对它所流过的固体物体的特征尺寸又是充分的小。因此,这些流体微团一个挨一个、不留任何空隙连续地占据一定的空间,流体运动中相邻微团之间既不能超越也不能落后,流体微团形变过程中相邻的微团永远连接在一起。

对于符合连续性介质的流体,就不必去研究无数分子的微观瞬时形态,只需要研究描述流体整体宏观性质的物理量(密度、压强、温度、速度等)的变化规律就可以了。这样,物理学、理论力学中关于质点运动的最基本概念和定理都可应用到流体微团上,而不用涉及微观分子运动论基本定律,大大简化了流体运动的分析过程和难度。

在海平面标准状态下,地球大气每立方毫米的空间含有 2.7×10^{16} 个分子,分子平均自由程非常小,量级约是几十纳米(10^{-5} mm)。随海拔高度增加,大气密度减小,气体分子自由程增大。如果飞行器是在 50 km 以下的稠密大气层内飞行,飞行器外形特征尺寸是远远大于空气分子平均自由程的,因此通常将稠密大气层范围内的空气视作连续性介质。

需要注意的是,在有些问题和情况下,就不能将流体仍看成是连续介质,否则将会引起很大的分析误差甚至造成原则性的错误。例如,地球大气在 120~150 km 高度上,气体分子运动的平均自由程可达几米以上,与飞行器的外形特征尺寸为同一数量级,到 200 km 高度上气体分子自由程可达到几千米量级,这种情况大气就不再满足连续性介质假设了,此时必须将其作为稀薄气体介质来处理。又如,在高真空气泵中,气体分子之间的距离与真空泵的结构尺寸是可以比拟的,这时也不能将气体视为连续性介质。

2. 可压缩性和可膨胀性

通常流体受压时,体积缩小,密度增大;流体受热时,体积膨胀,密度减少。流体的可压缩性就是指流体的压强改变时,其体积和密度发生改变的固有属性。流体的可膨胀性即是指流体温度改变时,其体积和密度发生改变的固有属性。对不同形态的流体介质及不同运动速度的流体介质,其可压缩特性和可膨胀特性是各不相同的,甚至差异很大。

液态物质(如水、液压油等可滴性流体)大都视作为不可压缩和不可膨胀的介质。压强每升高一个大气压,水的密度约增加 1/20 000,1 000 个大气压才可使 20 ℃水的体积减少约 5%;在温度较高时(90~100 ℃),水的密度减小只有 7/10 000。这说明水的可压缩性及热膨胀性都是很小的,一般情况完全可以将其作为不可压缩和不可膨胀的介质。在某些特殊情况下,如水下爆炸、热水采暖等问题,才需要考虑水的压缩性及热胀性。

气体介质则不然,当它的压强或温度发生变化时,其体积和密度是很容易随之变化的,即它容易被压缩或发生膨胀。例如,对一定的空间容积,它可以容纳更多的压缩空气;相反地,当一定容积空气的压力降低时,空气将会膨胀而占据更大的空间。因此,在本质上或大多数情况下,必须将气体作为可压缩介质和可胀性介质来处理。

当大气空气以较高的速度流过航空器表面,或者航空器以较高的速度在大气中飞行时,其表面上各点处的空气压强将会产生明显的变化,甚至质的变化,相应的密度和温度也将随之出现变化,这种情况下是必须要考虑大气的可压缩性的。当大气空气与航空器之间的相对速度比较低时,空气压强的变化量相对比较小,其密度和温度的变化量相应也很小(飞行速度48 m/s 时体积仅改变约 1%),这种情况下通常不必再考虑大气的可压缩性,而将其视为不可压缩流体模型来简化处理和分析。

3. 黏　性

任何实际流体都具有黏性并在流动过程中表现出来,静止流体不产生黏性效应。

设想把运动着的流体划分为若干层,取出其中相邻的两个流动层来研究。当相邻两流层的流速不相等时,即存在速度差或速度梯度,在此相邻的两流层之间的接触面上,就会形成一对等值而反向的内摩擦力,而起到减缓阻碍两气体层做相对运动的作用。这种在流层接口上出现的内摩擦力,就是流体的黏性阻力或黏性剪切力。将流体微团具有的抵抗其相邻流层之间产生相对滑移的性质,称为流体的黏性或黏滞性。也可以说,黏性是流体自身所固有的相互黏滞或牵扯的特性。观察河流水面上漂浮树叶的运动情况,可以发现,靠近岸边的树叶比河流中心的树叶流动得要慢一些,这就是典型的黏性影响结果。

液体和气体产生黏滞性的物理原因有所不同。液体分子结构紧密,液体的黏性主要来自液体分子之间的内聚吸引力(见图 4 - 5(a))。气体分子结构松散,它的黏性主要来自气体分子的不规则自由热运动,表现为不同速度的相邻气体流层之间同时发生质量和动量的迁移交换(见图 4 - 5(b)),也就是说,下层流得快的气体分子自由侵入到上层时就会促使上层的气流加速,而上层流得慢的气体分子进入下层时将使下层的气体减速,由此相邻两层气流便产生了相互牵扯作用力即黏性内摩擦力。

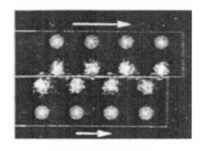　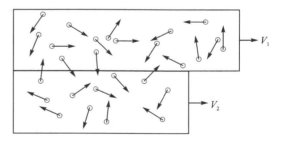

(a) 液体分子内聚力强　　　　　　　　(b) 气体分子结构松散

图 4 - 5　流体介质黏性的产生

流体黏滞性的大小通过黏性系数 μ 来表征。随介质温度的升高,液体的黏性系数减小,气体的黏性系数增大,液体和气体的黏性系数随温度的变化趋势是相反的,并且液体的黏性系数远大于气体的黏性系数。大多数情况下,流体的黏性系数与介质压强的变化无关。

4. 传热性

当流体中沿某一方向存在温度梯度即温度差时,热量就会由温度高的区域传向温度低的区域,即产生热量迁移,这种性质就称为流体的传热性。

　　许多工程流动中都伴随有不同的传热现象。热量的来源既可以是该部分流体与其外界的热交换,如燃烧室内燃烧剂的燃烧生热,管道流动通过壁面向外散发热量等;也可以是流体内部由物理和化学反应而产生的,如通过化学反应将化学能转化成热能。

　　根据傅里叶定律,单位时间内所传递的热量与传热面积成正比,与沿热流方向的温度梯度成正比。通常气体的导热系数与液体相比是很小的,当气体中传入与生成的热量都非常小并且热传导也可忽略不计时,其流动过程即认为是一种绝热流动。

4.2.3　声速和马赫数

1. 声　速

　　流体声速是指微弱扰动波在静止或运动流体中的传播速度,其大小与流体介质的可压缩性有着非常密切的关系,是流体介质的重要物理属性之一。微弱扰动波是由弱扰动源对周围

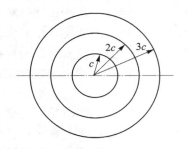

图 4 - 6　声波(微弱扰动波)的传播

流体造成的扰动所引起的,并且从扰动源位置开始,扰动波相对于静止或运动流体而向周围推进传播,如图 4 - 6 所示。

　　在静止或运动流体介质中,其声速的一般计算公式为 $c = \sqrt{\mathrm{d}p/\mathrm{d}\rho}$,完全气体中声速的具体计算公式为 $c = \sqrt{kRT}$。可见,声速的大小直接体现了流体的可压缩性,即流体的可压缩性越大,其中的声速就越小;流体的可压缩性越小,其中的声速便越大。例如,水中声速值约为 1 440 m/s;根据国际标准大气表,海平面大气中的声速为 341 m/s,20 km 高空大气的声速降低到 295 m/s。

　　在飞行速度小于声速和大于声速的情况下,空气流动的规律和飞机的空气动力特性具有质的差别,因此研究航空器在大气中的运动,空气中的声速是一个非常重要的基准值。此处需要注意,流体声速与固体物体(如飞机等)的运动速度是两个不同的概念。

2. 马赫数

　　气体的可压缩特性与其声速密切相关,而运动气体的速度大小和变化也会影响气流的密度和压强。因此,对运动着的气体而言,气流的压缩性除了与该气体介质中的声速有关外,还与气流的速度大小和变化有关。马赫数就是用来综合表征运动气流的可压缩特性的,它等于气流的速度与当地声速的比值,即 $Ma = v/c$。

　　马赫数是可压缩气体流动理论中重要的相似参数之一,它除了体现运动气流的压缩特性以外,对于研究包括亚声速在内的高速气体流动特性均有着极其重要的作用。

　　当气体与物体之间的相对流速小于当地声速时,$Ma < 1$,这种相对流动称为亚声速气流;

　　当相对流速大于当地声速时,$Ma > 1$,称其为超声速气流;

　　当物体上一部分区域的流动 $Ma < 1$,而其余部分的流动 $Ma > 1$ 时,物体上的某个点或线必定存在 $Ma = 1$,那么这种既有亚声速又有超声速的混合流动,称其为跨声速流动;

　　当气体与物体之间的相对流速马赫数 $Ma \geqslant 5$ 时,这种相对流动称为高超声速气流。

4.3　流体流动的基本规律

4.3.1　流体流动的运动学描述

　　在理论力学中,以质点、质点系和刚体为研究对象,在流体动力学中,则始终以流体介质为分析研究对象。由于流体无固定的形状,因而研究流体更为复杂。对于表征运动流体的各物理量,诸如流体微团的速度、加速度、压强、密度、温度等,统称为流体的流动参数或运动要素。描述流体的运动就是要研究流体的流动参数随时间和空间的变化规律,这就需要首先解决用什么样的方法进行流体运动描述的问题。

1. 相对坐标系和绝对坐标系

　　在研究任何物体的运动时,首先要确定物体在空间的位置,而要确定和描述一个物体的位置就必须选定另外的一个物体作为参考,这个作为参考的物体称为参照物或基准体。在基准体上建立一个与其固连的坐标系,即可用来确定那个运动物体相对于基准体的具体位置了。如果选择地球表面或者固定在地球上的物体作为基准体,那么在此基准体上所固连的坐标系称为绝对坐标系;如果选择另外任意一个物体作为基准体,则与此基准体所固连的坐标系称为相对坐标系。

　　在研究流体与物体之间的相对运动时,在不同的坐标系上,所观察到的流体运动的特性和几何图形是不同的。流体动力学是着重于研究流体的空间流场特性的,因此一般都是将坐标系建立在物体上,在相对坐标系下来分析流体相对于物体的流动特性,这就是著名的力学家欧拉所倡导的流场描述方法。

　　对于物体在流体中做等速直线运动这一类问题,用相对坐标系要比用绝对坐标系描述流体的特性简单得多。例如,飞机按一定速度在大气中等速直行,若选取固定于地面的坐标系为参照基准坐标系(绝对坐标系),那么在地面上的观察者看来,飞机因向前运动而推挤前面的空气向四周运动,空气相对地面的运动则是一种随时间不断变化的非定常流动,如图 4 - 7(a)所示。若选取与飞机以同样速度运动的坐标系为参照基准坐标系(相对坐标系),那么飞机上的飞行员或乘客将看到飞机是不动的,而空气则以大小相等、方向相反的速度向着飞机流过来,而且空气相对飞机的流动是一种不随时间而变化的定常稳定流动,如图 4 - 7(b)所示。

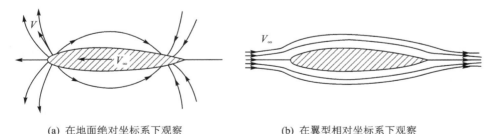

(a) 在地面绝对坐标系下观察　　　　　　　　(b) 在翼型相对坐标系下观察

图 4 - 7　不同坐标系中所观察到的翼型绕流

2. 力学的相对性原理

　　如前所述,在相对坐标系和绝对坐标系中,观察者所看到的空气流动分别是定常流动和非定常流动,那么空气与飞机之间的作用力是否也随坐标系的不同而不同呢? 答案是否定的。

根据理论力学可知,在一切惯性系统中,力学规律都是等同的或等效的,这就是力学的相对性原理。由此可以推知,不管坐标系是固连在地面上还是固连在等速直线运动的物体上,两个坐标系下物体所受的力总是相同的。

通常,地球的地面以及相对于地面做等速直线运动的物体都近似视为牛顿惯性系统。因此,要研究飞行过程所受的空气动力,只需将飞机看作不动而让气流从反方向流过来即可。如此转化处理带来的好处是描述问题的方程组得以简化,可少一个时间变量。

用飞行器缩比模型在地面风洞设备中进行测力试验,由此推断真实飞机在大气中匀速直行时的升力和阻力等,正是基于力学的相对性原理。

3. 空间流场的定义

空间流场是依据流体介质的连续性模型和相对坐标系来研究在三维空间中流体运动的流动流场特性的。

在某一个时刻,将占据某一空间点的流体微团的状态特性参数定义为该空间点在该瞬时所具有的物理性质。在下一时刻,由于介质的连续性紧挨其后的那个流体微团则占有了该空间点,则将这一微团所具有的状态参数又定义为此时刻该空间点具有的性质。这样定义之后,任何时刻和任何空间点上都具有了确定的物理量,如压强、密度、温度和速度等参量。这些物理量按空间分布,并且分布是连续的,随着时间的延续可以是变化的,从而构成了三维空间的流体运动场即流场。

根据流动特点和要求不同,有时可将三维流场进行降维处理,使之成为容易解算的二维流场甚至一维流场。流体的运动要素仅随空间一个坐标(直线坐标或曲线坐标)而连续变化的流场,称为一维(元)流场;运动要素随空间两个坐标而连续变化的流场,称为二维(元)流场或平面流场;运动要素随空间三个坐标而连续变化的流场,称为三维(元)流场,即一般空间流场。显然,坐标变量的数目越少,问题就越简单。

对如此空间流场,采用欧拉提倡的"守株(空间点)待兔(流体微团)"式的流动描述方法,即可应用高等数学理论中强有力的连续函数和矢量张量场论知识,建立起运动流体的运动学和动力学控制方程组。根据具体情况,控制方程可以采用微分形式的表达式,以分析研究流场中每一个空间点的流动细节;也可以采用积分形式的表达式,以便于针对流场中某个有限的流动区域,通过研究物理量从其中流入和穿出的关系,进而确定该运动流体总的作用效果。流体力学和空气动力学理论和方程大都是基于欧拉空间流场法建立的。

4. 流场的几何描述

采用控制体、控制面、流线、流谱和流管等几何描述方法,能够直观形象地描绘流体在三维空间中的流场区域及特性。

(1) 控制体和控制面

流体流过的固定在空间的一个任意形状和有限大小的体积称为流动控制体,它是欧拉场描述方法下的一个重要概念,如图 4-8 所示。在不同时刻,控制体内占据或填充的流体是不完全相同的,这与空间点不同时刻具有的不同物理性质有点类似。控制体四周的边界称为控制面,是封闭的表面。通过控制面,可以有流体质量的流入或流出,可以有力(正压强和黏性切应力)的作用和能量(做功和热量)的交换。

引入控制体和控制面的概念后,在分析某个空间流场流动特性时,可以对所选择的有限控制体内的流体建立积分形式的流动控制方程组,研究控制面进、出口流体参数的变化情况以及控制体内流体对外界环境的作用力等。

（2）流线和流线谱

在某个瞬时,流动空间中有一条假想曲线,曲线上任意一点的切线方向均与位于该空间点的流体微团(流体质点)的速度方向一致,那么这条曲线就称为该流场的一条流线,如图 4 - 9所示。

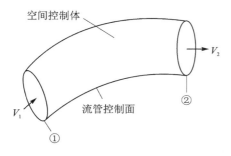

图 4 - 8　固定在空间的一个流动控制体和控制面

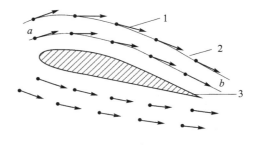

1—速度矢量;2——条流线;3—翼型

图 4 - 9　翼型周围的流线

流线具有以下特点:①流线是一条光滑曲线或直线,不会突然拐折,因为假定流体为连续介质,所以各运动要素在空间的变化是连续的,流速矢量在空间的变化也应是连续的;②流线每点上的流体微团只能有一个沿其切线的运动速度方向;③一般情况下,流线既不能相交,也不能分叉;④对于定常稳定流场,即各运动要素不随时间变化的流场,流线也是其上各个流体微团的运动路线即迹线。

如图 4 - 10 所示,在某个瞬时,流动空间中所有流线的集合称为此时刻该流场的流线谱。对于定常流动的流场,在物体状态保持不变的情况下,绕流流谱的形状是不随时间变化的。从流线谱可以知道,流线密集的区域流速大,流线稀疏的区域流速小,而流线分布均匀的区域流速也均匀。

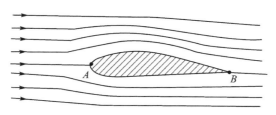

图 4 - 10　翼型周围流场的流线谱

（3）流面和流管

在某一时刻的流场中任取一条非流线的曲线,经过此曲线上每一点都有一条流线,这些无限多条流线就构成了一个曲面,称其为流面,如图 4 - 11(a)所示。二维流场中,流面为平面。对于定常稳定流动的流场,流面的形状是不随时间而变化的。

如果这条非流线的曲线是一条封闭的曲线,则该流面即形成为一个流管,管内的流体称为流束,如图 4 - 11(b)所示。如果流管的横截面积足够小,则这条流管就称为基元流管或微流管。流管可以是曲线弯曲的流管,也可以是直线的流管;可以是变截面流管,也可以是等截面流管。对于定常稳定流动的流场,流管的形状是不随时间而变化的。

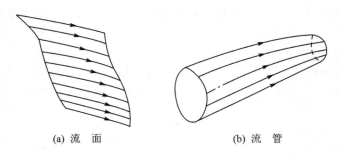

(a) 流　面　　　　　　　　(b) 流　管

图 4 - 11　流面和流管

　　根据流线的特点,流线上各点只有切向速度而不存在法向分速,可以推知流管侧面即流面上不允许有流体微团穿出或穿入,即在流管以内或以外的流体微团只能始终在流管以内或以外流动而不能穿越管壁。基于此,对于不考虑黏性的理想定常流体而言,它与固体物体相接触的壁面即可看作是一个流面或流管,此时该流面或流管与真的固体壁面的作用一样,将壁面内外的流体完全隔开。由此也能够看出,流管和流面的概念是具有很强的工程意义的。

　　(4) 过流断面和断面平均流速

　　垂直于流线簇所取的断面,称为过流断面或过水断面。过流断面可以是平面,也可以是曲面,视流线簇彼此是否为平行直线而定,如图 4 - 12 所示。

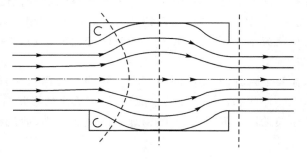

图 4 - 12　过流断面(平面或曲面)

　　过流断面上各点的流速一般是不相等的。例如,管道中靠近管壁处流速小,而中间处流速大。将断面上各点流速值的平均值定义为通过该断面的平均流速。

　　(5) 均匀流和非均匀流

　　如果流动过程中运动要素不随坐标位置或流程而变化,这种流动称为均匀流。均匀流的特点是:①均匀流的流线彼此是平行的直线,其过流断面为平面,且过流断面的形状和尺寸沿流程不变;②均匀流中,同一流线上不同点的流速相等,从而各过流断面上的流速分布相同,断面平均流速相等,即流速沿流程不变;③均匀流过流断面上的压强分布规律与静水压强分布规律相同。

　　如果流动过程中运动要素随坐标位置或流程而变化,这种流动称为非均匀流。非均匀流的流线不是互相平行的直线,按照流线不平行和弯曲的程度,又可分为渐变流(缓变流)和急变流(速变流)。

4.3.2　连续性定理

在流体空间流场中,考查一段粗细不等的变截面流管。依据质量守恒定律,流管中任一部分的流体质量都不能中断或者堆积,在同样的时间间隔内,流进任一过流截面的流体质量必然与从该截面流出的流体质量相等,这就是流体流动的质量连续性定理。

图 4 - 13 所示是一个变截面一维定常流管,在单位时间内,任一个过流截面上通过的流体体积等于该截面上的平均流速乘以该截面面积,将此值定义为流过该截面的体积流量,单位为 m^3/s。此值与该截面流体的平均密度相乘,即得到单位时间内流过该截面的流体质量,称为流过该截面的质量流量,单位是 kg/s。

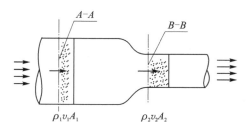

图 4 - 13　流体在变截面流管中的流动

根据流动的质量连续性定理,对于图中流管的任意两个截面 $A - A$ 和 $B - B$,可以写出以下关系式:

$$\rho_1 v_1 A_1 = \rho_2 v_2 A_2 \qquad (4-2)$$

式中,脚标 1、2 分别表示在截面 $A - A$、$B - B$ 处的气流参数,A 为所取的过流截面的面积(单位为 m^2),ρ 为该截面流体的平均密度(单位为 kg/m^3),v 为该截面流体的平均速度(单位为 m/s)。

由此可以看出,流管内任意截面处的 $\rho v A$ 值都是保持相等的。所以,流体沿流管定常流动的质量连续性方程一般表达式可写为

$$\rho v A = 常数 \qquad (4-3)$$

当流体能够作为不可压缩流体来处理时,如一般情况下的液体和 $Ma<0.4$ 的低速气流,那么在不同流速和压强下流体的密度 ρ 始终保持不变,这时流体沿流管定常流动的连续性方程可简写为

$$v A = 常数 \quad 或 \quad v_1 A_1 = v_2 A_2 = \cdots = v_n A_n = 常数 \qquad (4-4)$$

该式表明,不可压缩流体在流动过程中平均流速与过流截面面积成反比。也就是说,流体在截面变化的流管中流动时,截面积大的位置流速小,截面积小的位置流速大。例如,在河流流到狭窄的地方,水流速度明显变快;在夏天,楼梯口凉快是因为这里的风速比大厅的风速大。

4.3.3　伯努利方程

能量守恒定律表明,在任何与周围隔绝的物质系统中,不论发生什么变化或过程,能量的形态虽然可以发生转换,但能量的总和保持恒定。伯努利方程就是能量守恒定理在运动流体中的具体应用,它侧重描述了流动过程中流体压力和流速之间的关系及其转化。

图 4 - 14 所示的实验可以帮助说明流动过程中流速与压强之间的变化规律。当出水阀关闭时,整个实验装置内为静水,可看到有机玻璃开口测压管中液面的高度都一样,即水平管道各个截面上的压强都一样。当出水阀打开并保持一定开度时,水箱中的水就稳定地、连续不断地流过水平管道。

实验发现:水平管道不同截面上的水流速度是各不相同的,截面积大的地方流速小,截面积小的地方流速大,这显然遵循以上流体质量连续性定理。同时,观察竖直测压管中液柱面的

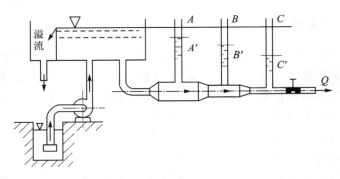

图 4 - 14　水流沿水平变截面管流动中流速与压强的变化

高度又可发现:三个测压管液柱面的高度都普遍下降,但下降量各不相同,在管道最小截面处,测压管液柱面下降最为明显。这一事实表明:流动速度大的地方,流体压强小;流速小的地方,流体压强大。流管中流体压强随流速变化的这一关系正是伯努利定理所表达的内容。

对于理想流体定常流场,在流体与外界环境无热量和功交换的情况下,若不考虑地球引力场中流体势能的变化影响,沿流线或微元流管不可压缩运动流体的伯努利方程表达式为

$$p + \frac{1}{2}\rho v^2 = p^* = 常数 \tag{4-5}$$

式(4-5)表明:不可压缩运动流体的静压 p 与动压 $\frac{1}{2}\rho v^2$ 之和等于流动的总压 p^*,并且 p^* 保持不变。

静压是流体真实存在的压强值,动压也称为速压或速度头,其单位也是 Pa。动压起到调节静压在总压中所占比例的作用:动压越大,静压越小;动压越小,静压越大;动压为零即流速为零,静压最大且等于总压值。因此,伯努利方程式的物理含义也可以表述为:流体的压强能和动能之间可以相互转化,但其总机械能保持不变。

飞机在静止大气中低速飞行时,飞机感受到的远前方相对来流的总压就等于当时飞行高度上大气的静压强与远前方相对来流的动压之和。例如,当飞机在 8 km 高空以 100 m/s 的速度直行时,环境大气的静压为 35 651 N/m²,密度为 0.525 8 kg/m³,而动压为 0.5×0.525 8×1 002=2 629 N/m²,故总压值为

$$p^* = p + \frac{1}{2}\rho v^2 = 38\ 280 (\text{Pa})$$

当流体不能按不可压缩流体来处理时,在以上同样的应用限制范围内,对于可压缩的运动气流而言,必须考虑密度的变化对流场的影响,可以导出气流沿流线或微元流管的伯努利方程式为

$$\frac{k}{k-1} \cdot \frac{p}{\rho} + \frac{v^2}{2} = 常数 \tag{4-6}$$

或写为

$$p^* = p + \frac{1}{2}\rho v^2 \left(1 + \frac{1}{4}Ma^2 + \frac{2-k}{24}Ma^4 + \cdots\right) \tag{4-7}$$

式中,k 表示气体的比热比,也称绝热指数(如空气的 $k=1.4$);p^* 为可压缩气流的总压即等熵滞止压强。显然可见,对于可压缩运动气流,其静压和动压之和是不等于气流总压的,必须对

动压进行一定的压缩性影响修正。

4.3.4　低速流动的流动特点

一般认为 $Ma<0.4$ 的气流属于低速运动流动,可将其近似看成是不可压缩的、密度保持不变的气流,并且通常忽略其温度的变化。

对于图 4 - 15 所示稳定的一维不可压变截面理想管流,由流动的质量连续性方程和伯努利方程可知:当气体从大截面进、小截面出时,沿流向(流程)速度增大而压强减小,即气流增速减压;当气体从小截面进、大截面出时,沿流向(流程)速度降低而压强增大,即气流减速扩压。但无论是收敛管或者是扩张管,任意两个过流截面上的静压和动压之和都是保持相等的。

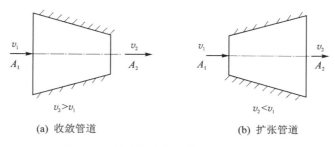

(a) 收敛管道　　　　　　　　　　(b) 扩张管道

图 4 - 15　低速气流在变截面管道中的流动

4.3.5　亚声速流动的流动特点

与低速流动不同,亚声速流动需要考虑密度的变化对流动参数的影响。在同一个可压缩流场中,各个位置上的气体运动速度一般不同,这样各点处的气流压强、密度就不同,其温度也不尽相同,显然各处的声速也就不同,Ma 数也不相同。

随着气流速度的增加,当速度接近声速或高于声速时,气流流动中将出现强烈的压缩和膨胀现象,压力、密度和温度都会发生显著的变化,气流特性将出现一些与低速流动显著不同的差别。

以理想定常微元管流或一维管流为例,取流管的中心轴线为坐标轴,气流物理参数仅随该坐标变化。那么,流速 v 和过流截面积 A 之间应满足的微分形式的质量连续性方程为

$$\frac{\mathrm{d}v}{v}=-\frac{1}{1-Ma^2}\frac{\mathrm{d}A}{A} \qquad (4-8)$$

对于亚声速流动,$Ma<1$,$\mathrm{d}A$ 与 $\mathrm{d}v$ 之间是异号关系。也就是说,在亚声速流动时,随着流管截面积变小,气体的流速将增大,其压强、温度和密度将减小;流管截面积变大,气体流速减小,而压强、温度和密度将增大,如图 4 - 15 所示。此时,亚声速流动的特点与低速流动的特点较为相似。

4.3.6　超声速流动的流动特点

1. 流动特点

对于超声速流动,$Ma>1$,根据式(4 - 8),$\mathrm{d}A$ 与 $\mathrm{d}v$ 之间是同号关系。也就是说,在超声速流动时,随着流管截面积变小,气体的流速是减小的,其压强、温度和密度是增大的;流管截

面积变大,气体流速将增加,而压强、温度和密度是减小的,如图 4 - 16 所示。

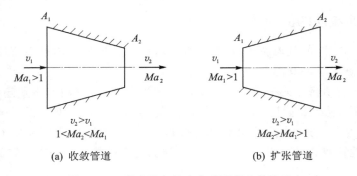

(a) 收敛管道　　　　　　　　　　　(b) 扩张管道

图 4 - 16　超声速气流在变截面管中的流动

　　欲使气体由亚声速状态的流动加速成为超声速流动的气流,除了沿流动方向施加必要的压强差之外,管道的几何形状还必须符合一定的要求,这种形状应是一种先收敛、后扩张的管道形状,如图 4 - 17 所示。

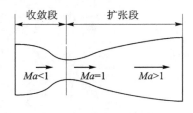

图 4 - 17　拉瓦尔喷管

此种形状的管道又称为拉瓦尔喷管,其中最小截面处称为喷管的喉部或喉道。在喷管上下游一定压强差的作用下,亚声速气流从左侧流入喷管,在喉道左半部,随管道截面积的逐渐减小,气流速度不断加快,马赫数不断增大;在喉道处,气流加速到当地声速,即 $Ma = 1$;在喉道右半部扩张段内,沿流程因管道截面不断增大,气流又不断地加速,成为超声速气流。

　　如果拉瓦尔喷管的上、下游没有保持足够的压强差,未能使喉部截面的气流速度达到当地声速,那么整个管道内的流动均是亚声速的,这时就成了所谓的文丘里管流动。

　　2. 激波、声爆、热障

　　膨胀波和激波是超声速气流流场中出现的两种基本现象,无论是固体物体的外部绕流问题,还是物体的内部流动问题,都将会遇到这两种波。同时,飞行器在超声速飞行时还会引起特有的声爆和热障现象,这些都是超声速飞行和流动中的重要问题。

　　(1) 弱扰动波及其传播

　　1) 弱扰动和强扰动

　　在流体所占据的空间中,若某点处的流体压强、密度和温度等参数发生了变化,这种现象就称为流体受到了扰动,引起扰动的根源叫作扰动源。根据扰动所造成的流体参数变化的大小,将扰动分为微弱扰动和强扰动。

　　如果流体所有参数与扰动前的数值相比变化都非常微小时,则称该扰动为微弱扰动,其扰动源称作弱扰动源。否则,称扰动为强扰动,其扰动源为强扰动源。一个质点与其周围流体相互撞击后而形成的扰动是微弱扰动,质点是真正的弱扰动源。在实际中,像击鼓时振动着的鼓膜、说话时振动着的声带等,也视为弱扰动源。但是像飞行器、汽车、舰船等运动物体,它们都是由无数质点组成的有限体积大小的物体,因此它们对其周围流体造成的扰动都为强扰动,均是强扰动源。

　　扰动在流体介质中以波的形式向外传播,受扰动流体与未受扰动流体的分界面就是扰动波或扰动波面。对流体介质起压缩作用的扰动波,称为压缩扰动波或压缩波;对流体介质起膨胀作用的扰动波,称为膨胀扰动波或膨胀波。不论是压缩或是膨胀,也不管流体介质是静止或是运动,只要扰动是微弱扰动,所产生的弱扰动波都是按声速相对介质而向外传播的。

　　2) 弱扰动波的传播

　　假设一个质点扰动源 O 对平静无界的大气产生微弱扰动,且每隔 1 s 发出一次扰动。图 4 - 18 所示描述了该扰动源 4 种不同的状态及其扰动的特点,下面分别说明。

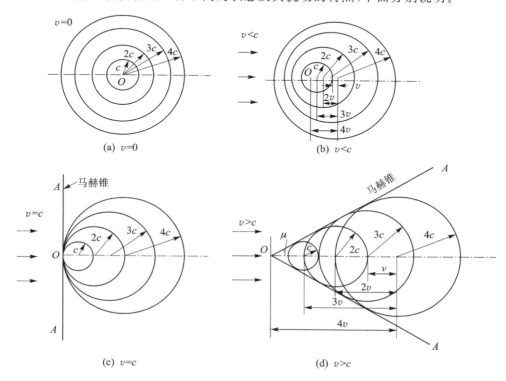

(a) $v=0$　　　　　　　　(b) $v<c$

(c) $v=c$　　　　　　　　(d) $v>c$

图 4 - 18　质点扰动源 O 对平静无界大气产生微弱扰动的传播

　　① 扰动源静止不动。

　　如图 4 - 18(a)所示,由于弱扰动源 O 静止不动,随着时间的推移,弱扰动波按声速值 c 一层接一层地向四周推进传播,从而形成以扰动源 O 为球心,以 $1c$、$2c$、$3c$… 为半径的一系列同心球面。

　　② 扰动源以亚声速运动。

　　如图 4 - 18(b)所示,图中 $1v$、$2v$、$3v$…为前 1 秒钟、前 2 秒钟、前 3 秒钟…弱扰动源 O 所在的位置,v 为扰动源的运动速度,$1c$、$2c$、$3c$…为前 1 秒钟、前 2 秒钟、前 3 秒钟…弱扰动波球面所达到的位置。

　　由于扰动源是以亚声速运动,故扰动波总是跑在扰动源的前面,从而形成不同心的球面扰动波。在扰动源的前方,扰动波比较密集;而在扰动源的后方,扰动波较为稀疏。

　　③ 扰动源以声速运动。

　　如图 4 - 18(c)所示,由于弱扰动源 O 以声速运动,故不同时刻的弱扰动波将依附在 O 点并重叠在一起,并且各个扰动波球面都在 O 点相切,从而在此处形成一个聚集的汇集波面,且是一个平面。该聚集波面就是受扰动空气与未受扰动空气的分界面或隔离面,受扰空气与未受扰空气各占据半个空间。

④ 扰动源以超声速运动。

如图 4-18(d)所示,弱扰动源 O 以超声速的速度运动,故弱扰动波球面总是落在扰动源 O 的后面,从而形成由前至后的一个比一个大的扰动波球面。这些弱扰动波球面刚好都相切于一个圆锥面,且锥顶始终依附在扰动源 O 上,也就是说该圆锥面由一系列弱扰动波球面聚集而成。显然,扰动源 O 的扰动影响只能在该圆锥面范围之内,而在圆锥面之外的空气则完全不受它的扰动影响(安静区)。所以,这个锥面就是扰动区空气与未受扰动区空气的分界面或隔离面,称其为马赫扰动锥面,简称马赫锥,有时也称为弱扰动边界波或马赫边界波。这种由质点弱扰动源产生的边界波是一种作用强度很微弱的扰动波,因此在边界波两侧的空气压强、密度和温度等参数并不发生变化。

将马赫锥的半顶角 μ 称为马赫角,有 $\sin\mu=1/Ma$,而 Ma 为扰动源运动速度的马赫数或相对来流的马赫数。显然,弱扰动源的运动速度或相对来流的速度越大,马赫扰动锥便拉得越细长,扰动锥越发尖锐,使扰动能够作用和影响到的范围越小。

如果以上扰动源始终是固定不动的,让空气相对于质点扰动源 O 流过来,即扰动源对运动流场进行干扰扰动时,讨论的方法和结论与上述是一致的。

由以上可知:在亚声速流场中,弱扰动源的扰动影响范围遍及全流场;在超声速流场中,弱扰动源的扰动作用范围被限制在一个马赫扰动锥之内,马赫锥外的气流完全不受扰动的影响而保持原有状态。弱扰动在亚声速和超声速流场中的传播情形是完全不同的,这种差别使两种流动中绕物体的流线谱产生了本质的变化,但因为是质点的弱扰动,所以流场参数的变化仍然都是连续的。

(2) 膨胀波

如前所述,弱扰动质点源产生弱扰动波并以声速相对气流而传播。固体飞行器不是微小的质点,而是由无数个质点构成的有限体积大小的物体,那么它上面的每个质点都会在飞行的前方造成微弱扰动波。

在飞行器做超声速飞行时,当依附于飞行器的无数微弱扰动波汇集在一起时,就会形成有限强度的边界扰动波,其强弱与飞行器的大小、形状和速度紧密相关。若无数微弱扰动波对空气起的是一种膨胀作用,则所形成的边界扰动波将使空气在边界波区域内膨胀加速,空气压强、密度和温度逐步降低。这个有限强度的边界波就是超声速气流中所谓的马赫膨胀边界波,简称膨胀波。

如图 4-19 所示,超声速匀直气流流向一个转折角为有限大小的外凸壁面,由于气流经过外折凸角,流动空间骤然增大,凸角对流动产生有限大小的扰动作用,于是在凸角处便形成促使气流膨胀加速的扇形扰动边界波,即马赫膨胀波。气流穿越该膨胀波束区域,流速和马赫数连续增大,温度、压强和密度则连续降低,通常将该膨胀波束区域的流动称为普朗特-迈耶流。

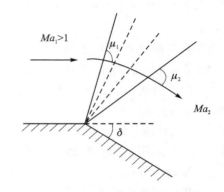

图 4-19 外折角处的膨胀波和膨胀流动

（3）激波和激波阻力

在超声速飞行时,无数微弱扰动波在飞行器表面或表面附近聚集在一起,便会形成有限强度的边界扰动波。若无数微弱扰动波对空气起的是一种压缩作用,则所形成的扰动边界波就是一种强波。这道强波将使空气在边界波位置处受到强烈压缩,波后空气压强、密度和温度都急剧升高,流速和马赫数则骤然下降,如图 4-20 所示。这道强边界波就是超声速气流中所谓的激波,也称为冲击压缩波或冲波。因此,飞行器飞行时所引起的扰动是一种强扰动,使周围空气压强和密度等产生的变化量比微弱扰动声波的明显要大,而飞行器则是一个强扰动源。

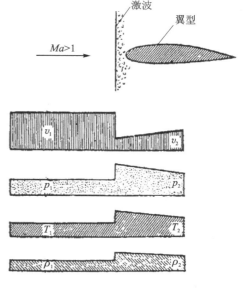

图 4-20　翼型前正激波及波面前后参数变化情况

气流中的激波本质上是一道强压缩波面,即由受到强烈压缩的一层薄薄的空气微团所构成的一个界面,该界面厚度非常小,只有千分之一到万分之一毫米。组成激波这一薄层界面的空气微团是不断更新的,空气微团进入激波所在位置时才形成激波。气流通过激波界面时,所经过的空气微团均受到很强的阻滞作用,它们的速度锐减,而压强、温度和密度剧烈升高,并且带着变化后的物理参数都向后流去。在实际工程应用中,因激波层厚度非常薄,通常忽略该厚度而将激波作为一个数学上的间断面来处理。

激波有正激波和斜激波之分,而曲线激波可看成是由正激波和斜激波组合而成。正激波是指波面和流速相垂直的激波,波后气体流向不变;斜激波是指波面相对于气流方向倾斜成一定角度的激波,波后气体流向发生改变。正激波对气流的压缩作用强于斜激波,斜激波倾斜程度越大其强度就越弱。随马赫数增大,激波变强,激波所处位置后移。

如图 4-21 所示,超声速飞行时,钝头飞行器的头部前方大多产生脱体曲线激波,尖头飞行器的头部大多产生附体斜激波,可以说飞行器是顶着激波飞行的。在飞行马赫数等于或稍大于 1 时,不论飞行器的头部形状如何,头部前方都将产生脱体近似正激波。

飞行器在跨声速和超声速飞行时,因激波升压和阻滞气体流动而产生的阻力称为激波阻力,简称波阻,其实质为压差阻力。马赫数越大,激波越强,所带来的波阻就越大;物体的形状对前方来流的阻滞作用越强,所产生的激波越强,波阻也越大。因此,在设计超声速巡航的飞行器时,其机头往往设计为尖形或锥形,机翼的前缘部分也为扁尖形,以尽可能减少飞行激波阻力,如图 4-22 所示。

图 4-23 给出的是扰动波较为复杂的一个情形。当超声速气流流向一个菱形翼型时,翼面上将会同时出现激波和膨胀波束。在菱形翼型剖面的前缘处,由于气流向内折转,气流受到压缩,故在前缘处产生两道斜激波,称为前缘激波。气流流经菱形最高点和最低点后,气流向外折转发生膨胀,在这两点处分别产生了扇形膨胀波。气流流到翼型后缘时,按边界条件要

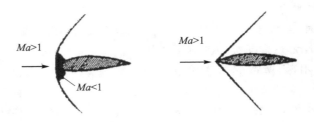

(a) 圆钝头翼型前的脱体曲线激波　　(b) 尖锐头翼型的附体斜激波

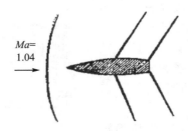

(c) 飞行马赫数稍大于1时,尖头部前方形成脱体近似正激波

图 4 - 21　曲线激波、正激波和斜激波

求,上下翼面的两股气流需要汇合成一致的流动方向以便向后继续流动,故两股气流在后缘处分别再次受到压缩,从而产生两道斜激波,称为尾部激波。

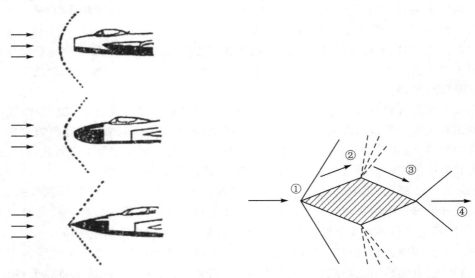

图 4 - 22　尖锥形机头可明显减少激波阻力　　**图 4 - 23　菱形翼型上的复杂波系**

（4）局部激波和临界马赫数

实际飞行中,随着飞行马赫数增大,在飞行马赫数还未达到 1,即来流速度还在亚声速范围内时,机翼表面上仍然会出现小区域的超声速流动,并产生局部激波。

如图 4 - 24 所示,来流（A 点）速度以小于声速流向机翼,翼型上表面比下表面凸些,B 点为上表面最高点区域。根据流动的质量连续性定理,B 点处流速最大。如果继续提高 A 点的来流速度,B 点处的流速将也随之增大。当 A 点速度提高到某个值（但仍小于声速）时,B 点处的流速将等于该点的当地声速即 $Ma_B=1$。此时，A 点处的来流速度称为该翼型的临界速度，相应的马赫数称为临界马赫数，可用 Ma_{lj} 表示。注意：临界马赫数的值是小于 1 的。

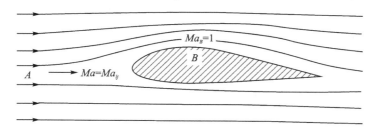

图 4 – 24　翼型的临界速度和临界马赫数概念

当飞机的飞行速度超过了机翼的临界马赫数值时，机翼上最高点附近区域就会出现局部超声速流，为使流速降下来并按亚声速往后流动，在那个区域便会产生一道局部正激波，如图 4 – 25 所示。由于激波升压后容易引起气流分离加剧，使得飞行阻力明显增加，升力值下降，并且流经机翼和机身的气流变得明显紊乱，飞机剧烈抖动，飞行操纵困难，这就是所谓的声障现象。因此，飞机的临界马赫数也常称为阻力发散马赫数，它的大小可以用来评价机翼上出现局部超声速流的早晚和气动性能的优劣。实际上，典型临界马赫数范围也是划分亚声速飞行和跨声速飞行的分界值。

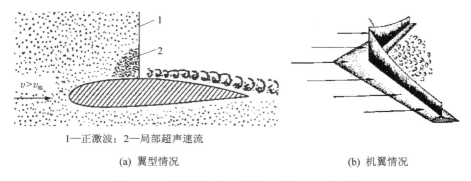

1—正激波；2—局部超声速流

(a) 翼型情况　　　　　　　　　　　　　　(b) 机翼情况

图 4 – 25　最高点附近局部超声速流和局部激波

飞机高亚声速飞行时，人们认识到机翼局部激波和波阻的出现是声障现象的根本原因后，人们通过采取综合技术措施（机翼外形、发动机推力、主动控制），解决声障带来的问题以达到可以接受的程度，使飞行能够平稳地跨越声速而实现超声速飞行。

在现代民用亚声速客机设计上，通过采用超临界翼型设计可以使得机翼的临界马赫数值明显提高，局部激波出现位置显著后移，飞机能够以更高的亚声速马赫数飞行而不会出现局部激波，如图 4 – 26 所示。超临界翼型的概念由美国 NASA 兰利研究中心的惠特克姆于 1967 年提出。事实上，无论对于飞机机翼或者发动机压气机来说，设计中都要设法尽量提高翼型或叶型的临界马赫数，使局部激波的发生推迟，并减缓波阻增加的趋势，使跨声速时的气动力特性比较平缓。

（5）声　爆

飞机突破声障进入超声速飞行后，飞机上产生的头、尾激波会传递并延伸到地面或建筑物上，使那里的空气压强急剧变化，产生的压力脉冲变化如 N 字形状，由此形成类似爆炸般的声

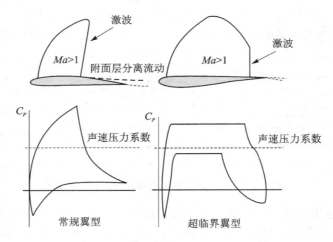

图4-26　超临界翼型与常规翼型的比较

响噪声,这就是声爆现象,如图4-27所示。

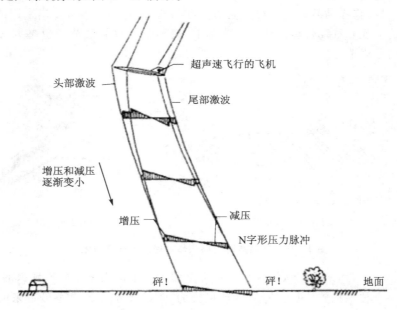

图4-27　飞机超声速飞行时的声爆现象

　　如果飞机进行低空超声速飞行,那么声爆就会更快更猛,对地面的人和物等将会造成过大的损害。因此,对超声速飞行的声爆强度必须加以限制。

　　声爆强度同飞机的飞行高度、飞行速度、飞机重量、飞行姿态以及大气状态等都有关。通常规定,在城市上空10 km的高度之下,飞机不得进行超声速飞行。对于未来的超声速民用客机,除了必须具备良好的经济性之外,声爆扰民和对环境的破坏性应是其需要解决的关键性问题。

　　(6)热　障

　　在飞机速度不断提高的过程中,遇到的头一个关口就是声障。飞机突破声障以后,随着速度的进一步提高,又遇到了一个新的关口,那就是热障。

　　当飞行器以高速尤其是以超声速和高超声速在大气中飞行时,飞行器结构表面附面层中黏性气流迅速减速,气体动能转变为内能,并先使飞行器表面附近气体温度显著升高。这时,飞行器表面结构的温度还并不是很高。这样,两者之间就有了温差存在,气体便将热量传递给飞行器表面使其温度也很快提高,随后飞行器结构表面与其附近气体达到热力平衡。过高的温度会使飞行器表面结构材料的力学性能大为下降,气动外形产生变化,将造成飞行器表面结构失效甚至破坏。这种现象就是高速飞行过程中的气动加热和热障效应。

　　飞行器表面的热平衡绝对温度 T_s 可按下式确定:

$$T_s = T_w (1 + 0.2 \nu \cdot Ma^2) \tag{4-9}$$

式中,T_w 为飞行器表面黏性附面层边缘处气流的绝对温度;Ma 为飞行马赫数;ν 为温度恢复系数,对层流附面层常取 $\nu = 0.845$,对紊流附面层常取 $\nu = 0.88$。初步计算气动加热效应时,可取 ν 近似为 1,此时 T_s 就是飞行器表面气流的总温。例如,飞机以 $Ma = 2$ 在同温层飞行时,飞机头部的温度可达 120 ℃;飞行速度提高到 $Ma = 3$ 时,飞机头部温度可达 370 ℃。

　　在飞机的其他表面处,气流温度虽然比机头驻点区的低一些,但其温度仍然是比较高的,所以对机内的设备和人员也必须进行隔热和防热保护。由于人所能承受的温度最高大约为 40 ℃,而飞机上的设备如无线电、航空仪表、雷达、橡胶、有机玻璃、塑料等,其工作环境温度一般也不允许超过 80 ℃,因此如何保护机内的人员、设备不受伤害,也是热障需要解决的重要问题之一。

　　目前解决飞机气动热障的主要技术措施是:表面蒙皮采用耐热性能优良的材料,施加隔热层来保护机内设备和人员,用水或其他介质冷却蒙皮结构的内表面等。

4.4　风　洞

　　流体作用在物体上的升力、阻力和力矩以及压强分布的获得除必须的计算外,通常还需要通过实验的方法来获得,当前应用最为广泛的实验就是风洞实验。

4.4.1　风洞的功用

　　风洞是为了研究运动的气流与物体之间相互作用关系的一种装置,是飞行器设计和研制中的重要设备。实际上,风洞是一个人工可控的气流的流动通道,根据运动相对性原理,将飞行器模型甚至飞行器实物放在通道内,让气流吹过静止固定的模型,即可测量获得气流对物体的作用力等。这与模型在静止的空气中以同样的速度运动的状态是等效的。

　　早期的风洞尺寸小,风速也较低。飞机模型或机翼模型一般只有原型飞机的 1/10。为了使实验结果更接近于真实情况,就必须将模型尺寸加大,因此风洞的尺寸也随之增大,现在有的巨型低速风洞可容纳全尺寸飞机进行吹风实验。随着高速飞机的发展和测试技术的进步,风洞的风速也由最初的每秒十几米,逐渐增大到亚声速、跨声速和超声速以及高超声速,同时还出现了某些专用风洞及一些特种实验风洞。

　　为了保证风洞模型试验结果尽可能与飞机飞行实际情况相符,必须做到下列"三个相似":

　　① 必须尽可能保证实验模型的外形与真实飞机的相似,即模型各部分、各方向的几何尺寸是根据真飞机按同一比例值缩小而得到的。这就是"几何相似"。

　　② 必须使模型与真实飞机各对应部分的气流速度大小成同一比例值,并且流动方向也要

相同。也就是说,两者在气流中的相对位置必须相同(如迎角和侧滑角须保持一致);同时,实验时风洞中气流扰动情况也要与实际飞行时气流扰动情况相同。这就是"运动相似"。

③ 必须使作用于模型上的空气动力与作用在真实飞机上的空气动力的大小成比例,且方向相同。这就是"动力相似"。要做到"动力相似"的最大困难在于阻力的变化,因为随着速度的增大,总阻力中的压差阻力增加较快,而摩擦阻力增加较慢。实验时模型尺寸一般比真实飞机小很多,而且低速风洞中的风速也比真正的飞行速度小很多。因此,在实验时摩擦阻力在总阻力中所占的比例就必然大得多。所以,要做到"动力相似",必须使模型的摩擦阻力在其总阻力中所占的比例尽量与真实飞机的摩擦阻力在其总阻力中所占的比例一致。为此,就必须或尽可能使模型试验时的雷诺数同真实飞机飞行时的雷诺数一样。

雷诺数表示流体的惯性力与黏性剪切力之比,用它可以反映黏性摩擦阻力在模型或真实飞机的总阻力中所占的比例大小。雷诺数大,则摩擦阻力所占的比例小,反之则大。雷诺数可用公式表示为

$$Re = \frac{\rho v l}{\mu} \tag{4-10}$$

式中,ρ 为运动流体的密度;v 为流速;l 为物体或模型的特征尺寸(如机翼弦长等);μ 为流体的动力黏性系数(内摩擦系数)。

当然,高速风洞实验时,模型气流的马赫数与飞机飞行的马赫数相等也是必须满足的。

4.4.2　低速风洞

通常实验气流速度小于 150 m/s 的风洞,称为低速风洞。它分为直流式风洞和回流式风洞两种,实验段有开口和闭口两种形式,其截面形状有矩形、圆形、八角形和椭圆形等,长度视风洞类别和实验对象而定。

直流式风洞具有占地少、成本低的优点,其缺点是实验气流受外界的影响较大。图 4-28 所示是一种简单的直流式低速风洞的构造,风洞的人造气流由风扇旋转时产生。风扇由电动机带动,调整电动机的转速,就可以改变风洞中气流的流速。

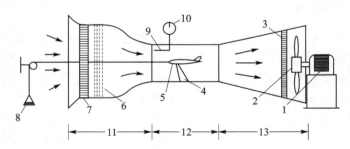

1—电动机;2—风扇;3—防护网;4—支架;5—模型;6—铜丝网;7—整流格;
8—天平;9—空速管;10—空速表;11—收敛段;12—实验段;13—扩张段

图 4-28　简单直流式低速风洞

一个风洞需要配备不少的精密仪器和设备。例如,图 4-28 中测量模型上空气动力大小的天平 8,它可以测出作用在模型上的升力、阻力和俯仰力矩;还有测量气流速度的风速管 9 及温度汁、气压计和湿度计,测量模型表面压力分布的压力传感器,以及数据实时采集处理系

统、风洞运行控制设备等。

低速回流式风洞实际上是将直流式风洞首尾相接,形成封闭回路。工作气流在回流风洞中循环回流,既节省能量又不受外界的干扰,具有良好稳定的流场品质。

低速风洞的应用极其广泛,各类飞行器都需要在低速风洞中进行实验。目前,世界上最大的低速风洞是美国国家航空航天局埃姆斯研究中心的 12.2 m×24.4 m 的低速风洞,该风洞建成后又增加了一个尺寸 24.4 m×36.6 m 的新实验段,驱动风扇电机的功率也由原来 25 MW 提高到 100 MW。

烟风洞也是一种低速风洞,用于形象地显示环绕实验模型的气流流动情况,使观察者能够清晰地看出模型的流线形状和流线谱,如图 4-29 所示。为了看得更清楚或便于摄影,风洞实验段后壁常漆成黑色,并用管状电灯照明。

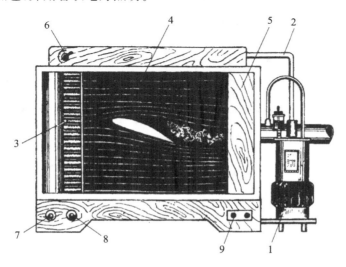

1—发烟器;2—管道;3—梳状管;4—实验段;5—沉淀槽;6—烟量开关;
7—烟速调整纽;8—模型迎角调整纽;9—发烟器及照明开关

图 4-29　教学烟风洞

4.4.3　高速风洞

1. 跨声速风洞

实验气流马赫数在 0.8~1.2 范围的高速风洞称为跨声速风洞,一些跨声速风洞也能兼顾进行马赫数在 0.8 以下的亚声速实验。

跨声速风洞实验段采用开孔或顺气流方向开缝的透气壁,使实验段内的部分气流通过孔或缝流出,可以消除风洞壅塞而产生低超声速流动。

美国兰利中心 1947 年研制成了世界上第一座跨声速风洞,它是一座实验段开闭比为 12.5%、直径 308.4 mm 的开缝壁风洞。目前,世界上 1 m 以上口径的跨声速风洞有 30 座左右。

2. 超声速风洞

实验段气流马赫数在 1.2~5.0 的高速风洞称为超声速风洞。风洞中的超声速气流是由超声速喷管(拉瓦尔喷管)产生的,把它装在实验段之前可以产生超声速气流。只要喷管前后压力比足够大,实验段内气流的速度只取决于实验段截面积与喷管喉道截面积之比。超声速风洞按照吹风时间长短,分为暂冲式和持续式两种。

　　暂冲式超声速风洞是靠高压空气和大气之间的压力差来工作的,图 4 - 30 所示为一座直流暂冲式超声速风洞。启动电动机带动空气压缩机,将空气加压于储气罐内。打开快速电磁阀门,使气流迅速通过整流格,冲入超声速喷管产生超声速气流,气流经试验段后再通过扩张段流出。暂冲式风洞要求电动机功率较小,但工作时间很短,一般只有几分钟。这么短时间内进行实验并获取数据,需要相应配备自动化的仪器和设备。如果要延长它的工作时间,就要采用很大的储气罐。

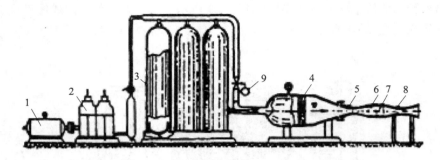

1—电动机;2—压缩机;3—储气罐;4—整流格;5—超声速喷管;
6—实验段;7—模型;8—扩张段;9—快速阀门

图 4 - 30　暂冲式超声速风洞

　　持续式超声速风洞虽然工作时间长,可是消耗功率很大。它靠多级压气机来提供超声速气流,它的超声速喷管喉部的尺寸可调,以便改变实验气流马赫数。目前,世界上最大的超声速风洞是美国阿诺德研究中心的风洞,实验段尺寸 4.88 m×4.88 m。

　　现在建设的许多风洞,往往突破了上述亚声速、跨声速和超声速单一速度的范围,可以在一个风洞内进行亚声速、跨声速和超声速实验,这种风洞常称为三声速风洞,中国空气动力研究与发展中心的 1.2 m×1.2 m 高速风洞就是一座三声速风洞。

3. 高超声速风洞

　　若将气流速度增加到更高(超过 $5Ma$),那就需要用高超声速风洞。高超声速风洞主要有常规高超声速风洞、低密度风洞、激波风洞、热冲风洞等形式,它们是为适应火箭、导弹和航天器的研制需要而发展起来的。

　　常规高超声速风洞在构造和运行原理上与超声速风洞相似,主要差别在于其运行时必须给气体介质加热。美国有多座尺寸在 0.45 m 以上的常规高超声速风洞,少数为持续式,大多为暂冲式。目前,世界上最大的高超声速风洞实验气流马赫数高达 12。

4. 专用实验风洞

　　为了满足各种特种实验的需要,还建造了某些专用的特种风洞。

　　(1) 结冰风洞

　　结冰风洞供研究高空穿过云雾飞行时飞机表面局部结冰的现象。飞机表面结冰将改变飞机的外形,增加表面粗糙度,从而改变飞机的气动特性和飞行稳定性或使发动机失效,因此对飞机结冰现象的影响必须给予足够的重视。

（2）尾旋风洞

尾旋风洞供研究飞机尾旋飞行特性使用,实验测量模型的尾旋特性,以确定最佳的尾旋改出方法和有关参数对尾旋特性的影响。这种风洞的实验段是竖直放置的,气流上吹呈碟形速度分布,并且风速改变迅速,上升气流产生的浮力能够恰好平衡实验模型的重量使其不致下坠。

（3）发动机动力模拟风洞实验

空气喷气发动机进气道前面的进气流和尾喷管后面的尾喷流都会对飞机的外部绕流产生干扰影响,从而改变飞机的气动力特性和飞行稳定性。发动机动力模拟风洞实验就是在风洞实验中实现发动机进气和排气流动效应的模拟,以便定量测出发动机进排气流对飞机气动力的影响量。

随着目前大推力航空发动机的广泛应用,喷气动力对飞机气动性能的影响更显其重要性,动力模拟风洞实验已经成为现代飞机研制中不可缺少的试验项目。

思考题

1. 地球大气是如何划分的,可分为哪几层? 各层有何特点?

2. 什么是国际标准大气? 它的意义何在?

3. 气体的状态参数有哪些? 当为完全气体时,各参数之间满足什么关系式?

4. 什么是气流的黏性? 气流黏性随温度如何变化? 水与空气哪个黏性大?

5. 按马赫数的大小,气流速度范围一般是如何划分的?

6. 什么是力学的相对性原理? 它的应用意义何在?

7. 什么是流体的质量连续性定理? 其物理含义是什么?

8. 什么是流体的伯努利方程? 其代表的物理意义是什么?

9. 简述低速气流在管道中的流动特点。

10. 简述超声速气流在管道中的流动特点。

11. 拉瓦尔喷管是何种形状? 气流在其内是如何流动的?

12. 超声速气流通过正激波后,其流动参数是如何变化的?

13. 什么是临界马赫数? 提高临界马赫数的意义和方法是什么?

14. 什么是局部激波? 何谓跨声速流场?

15. 什么是超声速飞机的声爆和热障? 消除或减缓热障影响的措施都有哪些?

16. 风洞实验有何功用? 为保证缩比模型风洞实验结果尽可能与飞行实际情况相符,必须保证缩比模型与飞机之间的哪几个方面相似?

17. 什么是雷诺数? 它的物理含义是什么?

第5章　航空器的飞行原理

航空器根据飞行原理的不同可以分为轻于空气的航空器和重于空气的航空器两大类。气球和飞艇是轻于空气的航空器,其飞行原理为空气静力学原理,它们是利用填充轻于空气的气体产生的浮力升空的。由于气球和飞艇的飞行原理比较简单,这里主要针对重于空气的航空器的飞行原理进行介绍。

5.1　飞机的飞行原理

5.1.1　飞机的气动布局

不同类型、不同速度的飞机具有不同的气动布局。从广义上来讲,飞机的气动布局是指飞机主要部件的数量以及它们之间的相互安排和配置。不同的布局形式,对飞机的飞行性能、稳定性和操纵性有重大影响。现代作战飞机的气动布局有很多种,飞机的主要气动布局类型如图5-1所示。按照机翼和机身连接的上下位置来分,可分为上单翼、中单翼、下单翼,如图5-1(a)所示。选择上下位置时,必须认真分析不同布局的特点,结合飞机的设计要求才能确定。一般来说,轻型飞机采用下单翼,军用战斗机采用中单翼,军用运输机采用上单翼,民用客机采用下单翼。按机翼弦平面有无上反角来分,可分为上反翼、无上反翼与下反翼三种类型,如图5-1(b)所示。按立尾的数量来分,可分为单立尾、双立尾和无立尾式(无立尾时平尾变成V字形),如图5-1(c)所示。通常所说的气动布局是指飞机的纵向气动布局形式,一般是指平尾相对于机翼在纵向位置上的安排,有正常式、鸭式和无平尾式,如图5-1(d)所示。

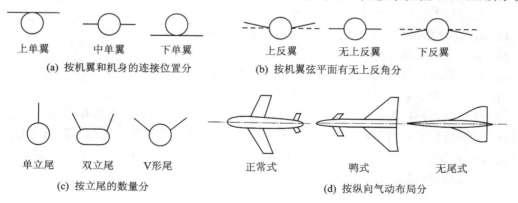

图5-1　飞机气动布局的类型

飞机的水平尾翼位于机翼之后称为正常式气动布局。当飞机以正迎角飞行时,为了保持飞机平衡,需要使水平尾翼上的升降舵向上偏,并产生负升力,其方向与机翼升力方向相反,如图5-2(a)所示。因此,正常式飞机的水平尾翼总是使全机升力减小。

鸭式飞机是将水平尾翼移置到机翼之前,此时称其为前翼或鸭翼。因为鸭翼位于飞机重心之前,在正迎角飞行时,鸭翼将产生向上的升力以保持飞机的平衡,所以鸭翼对全机升力是起积极作用的,如图 5 - 2(b)所示。

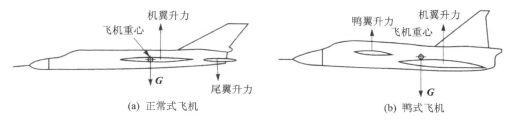

(a) 正常式飞机   (b) 鸭式飞机

图 5 - 2　鸭式飞机与常规布局飞机

　　鸭式布局在超声速飞机中应用较多。在大迎角飞行时,鸭翼前缘产生脱体旋涡,在沿机翼上表面向后流动时,会产生类似于边条翼飞机的有利干扰作用,将使机翼的升力增加,这对改善飞机的起降性能非常有利。瑞典的超声速多用途战斗机萨博-37,由于采用了鸭式布局,其起降性能非常好,起飞距离为 400 m,着陆距离为 500 m,仅为同类飞机的一半左右。图 5 - 3所示是我国采用鸭式布局的歼-10 超声速战斗机。

　　无尾式布局通常用于超声速飞机。比如英法合作研制的"协和"号超声速旅客机采用的就是无平尾式布局,它能以 $Ma = 2.04$ 左右的速度巡航。其机翼是细长尖拱形,前端起到边条翼的作用。机翼平均相对厚度很小,只有 0.025 左右,如图 5 - 4 所示。这类飞机机身和机翼都比较细长,机翼面积较大,飞机重心也比较靠后,即使采用水平尾翼,由于其距离飞机重心较近,平尾的稳定和操纵作用也比较小,故适合采用无

图 5 - 3　歼-10 鸭式布局战斗机

平尾式布局,这样还可以减少平尾部件所产生的阻力。由于没有平尾,也就没有了升降舵,这种飞机的俯仰操纵可以由机翼后缘的升降副翼来完成,即当左右机翼上的升降副翼同时向上或向下偏转时产生俯仰操纵力矩,起到升降舵的作用;当左右机翼上的升降副翼向相反方向偏转时,产生横侧向操纵力矩,此时起到副翼的作用。近年来出现的隐身飞机,为了增加隐身能力,通常采用 V 形尾翼,图 5 - 5 所示为采用 V 形尾(无立尾式)气动布局的无人机。

图 5 - 4　"协和"号无尾式飞机

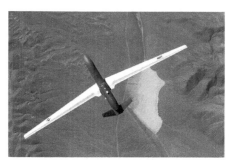

图 5 - 5　V 形尾翼飞机

随着新概念航空器的不断涌现,还出现了多种非常规空气动力布局的飞机,如斜置翼、环形翼、连翼、双机身等,如图 5-6 所示。

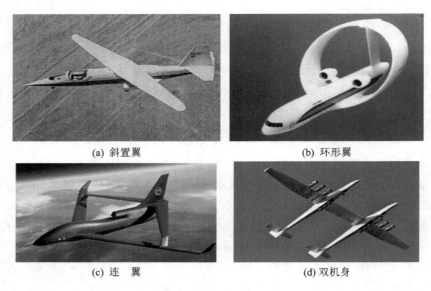

(a) 斜置翼   (b) 环形翼

(c) 连 翼   (d) 双机身

图 5-6　非常规气动布局飞机

5.1.2　机翼的几何外形和参数

飞机的几何外形主要由机身、机翼和尾翼等主要部件的外形共同组成,而其中最能代表气动外形特征的是机翼。

1. 机翼几何外形参数

典型的机翼外形主要包括翼展 l、翼弦 b、前缘后掠角 χ_0 等,如图 5-7 所示。机翼左右翼梢的最大横向距离称为翼展或机翼的展长,常用 l 表示。

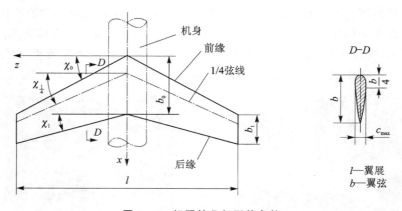

图 5-7　机翼的几何形状参数

翼剖面,也称为翼型,是指沿平行于飞机对称平面的切平面切割机翼所得到的剖面。翼型最前端的一点称为前缘,最后端的一点称为后缘,前缘和后缘之间的连线就是翼弦 b。

机翼前缘后掠角 χ_0，是指机翼前缘线与垂直于翼根对称平面的直线之间的夹角。

影响飞机气动特性的主要参数有前缘后掠角 χ、展弦比 λ、梢根比 η、翼型的相对厚度等。其中，展弦比是指机翼展长与平均几何弦长之比，是反映机翼细长程度的参数：

$$\lambda = \frac{l}{b_{\mathrm{av}}} = \frac{l^2}{S} \qquad (5-1)$$

式中，b_{av} 是机翼的平均气动弦长，S 是整个机翼的平面投影面积（包括贯穿机身部分面积）。对于图 5-7 中所示的直边梯形机翼而言，$b_{\mathrm{av}} = (b_0 + b_1)/2$。

梢根比是指翼梢弦长与翼根弦长之比，是反映机翼尖削程度的参数：

$$\eta = b_1 / b_0 \qquad (5-2)$$

翼型的相对厚度是指翼型最大厚度与最大厚度所在的弦长之比。

2. 机翼的外形

机翼是产生升力以及阻力的主要部件，其几何外形可以从机翼平面形状和翼剖面形状两个方面来描述。

（1）翼　型

沿平行于飞机对称平面的切平面切割机翼任意位置所得到的剖面（见图 5-8）都是翼剖面，也就是翼型。翼型形状对飞机设计具有非常重要的意义，它直接影响着飞机的气动性能与飞行品质。对不同飞行速度的飞机来说，应采用不同的翼型形状，如对称翼型、不对称翼型、圆头尖尾型、或尖头尖尾型等，如图 5-9 所示。

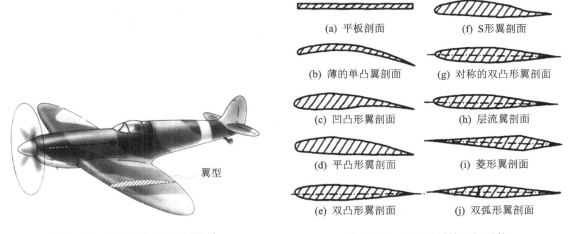

图 5-8　机翼上的翼剖面/翼型　　　　　　　图 5-9　不同翼型的几何形状

对于低亚声速飞机，为了提高升力系数，可采用圆头尖尾形的翼型，因为圆头能够适应更大的迎角范围，如图 5-10(a) 所示。

对于高亚声速飞机，为了提高机翼临界马赫数或阻力发散马赫数，通常选用相对厚度较小、最大厚度靠近翼弦中部附近的超临界翼型等。超临界翼型的外形特点是前缘丰满、上翼面平坦、后缘下凹，如图 5-10(b) 所示。这类翼型上的局部气流速度超出飞行速度的数值较小，因此出现局部超声速流的飞行速度比较高，而且当马赫数再大时其气动力特性变化也较平缓。

对于超声速飞机和高超声速飞行器，为了减小机翼激波阻力和流动损失，大多采用尖头尖尾的薄翼翼型,如图 5 - 10(c)所示。

(a) 典型低亚声速翼型　　　(b) 超临界翼型　　　(c) 典型超声速翼型

图 5 - 10　典型翼型示意

(2) 机翼平面形状

飞机的机翼按俯视平面形状可分为平直翼、梯形翼、椭圆翼、三角翼、后掠翼、变后掠翼、前掠翼等类型,如图 5 - 11 所示。在风洞和实际飞行中曾测试过很多种机翼,没有一种机翼能够

(a) 平直翼　　　　　　　(b) 梯形翼

(c) 椭圆翼　　　　　　　(d) 三角翼

(e) 边条翼　　　　　　　(f) 后掠翼

(g) 变后掠翼　　　　　　(h) 前掠翼

图 5 - 11　机翼平面形状

满足每一项飞行要求,因此,应根据重量、速度和每种飞机的用途决定机翼的外形。

根据空气动力学理论和实验总结可得到以下结论:在低速情况下,大展弦比平直机翼的升力系数较大,诱导阻力小;在亚声速飞行时,后掠机翼可延缓激波并减弱激波的强度,从而减小波阻;在超声速飞行时,激波不可避免,但采用小展弦比机翼、三角形机翼、边条机翼等对减小波阻比较有利。基于以上结论,通常,低速和亚声速飞机可采用展弦比大的平直机翼或后掠角小的梯形机翼,一般展弦比 6~9,后掠角小于 35°,由此可获得较大的升力系数,同时使诱导阻力较小;在跨声速飞机上,可采用后掠机翼,以此来延缓激波的产生、减小波阻;在超声速飞机上,可以采用小展弦比后掠机翼、三角形机翼、边条机翼等来降低波阻。

5.1.3　高速飞机的外形及其特点

为进一步提高飞机的飞行速度,一方面要提高飞机发动机的推重比和减轻结构重量,另一方面必须改善飞机的空气动力外形和布局。与低速和低亚声速飞机相比,无论是跨声速飞机,还是超声速飞机,在外形和布局方面均存在一些明显的差异。在保证飞机的升力和稳定性等条件下,高速飞机外形和布局应着重考虑飞行速度的提高与激波阻力减少之间的矛盾,因为高速飞行马赫数对飞机的阻力系数、升力系数及压力中心的位置等都有明显的影响。为此应尽量提高临界马赫数,推迟局部激波的产生。

在穿越声速的飞行过程中,飞机的总阻力会突然增大许多,升力变得起伏不定,作用在机翼上空气动力的压力中心忽然从 1/4 翼弦处跳到 1/2 翼弦处。压力中心的移动随马赫数和迎角而变化,飞机的飞行平衡和可控性是由压力中心的改变来控制的。

在飞机进行低超声速或超声速飞行时,激波阻力对飞行性能的影响非常大。例如,飞行速度在低超声速附近时,波阻可能消耗发动机大约全部动力的 3/4,使飞机阻力系数急骤增长。飞机波阻的大小与其上激波的强度有关,而激波的强弱取决于飞机的外形布局尤其是机身头部形状和机翼的形状。

1. 超声速飞机翼型的特点

由于超声速翼型的波阻与其最大相对厚度的平方成正比,因此现代超声速飞机的翼型大都采用相对厚度较小的对称翼型或接近对称的薄翼型,其最大厚度位置靠近翼弦中间,且翼型前缘曲率半径较小,翼剖面外形轮廓变化较为平缓。这样的翼型有利于提高飞机临界马赫数,推迟局部激波的产生;即使在飞行速度超过临界马赫数之后,机翼前缘形成的激波也是斜激波,从而有利于减少波阻,且阻力系数的增长较为平缓。

实验研究表明,在超声速飞行中,波阻较小的翼型有双弧形、菱形、楔形和双菱形,如图 5-12 所示。

2. 超声速飞机机翼的平面形状

为了提高超声速飞机的临界马赫数并尽量降低激波阻力,超声速飞机机翼的平面形状设计采用了明显具有后掠角的小展弦比机翼,随着理论和技术的发展,在此基础上进一步采用了三角形机翼、变后掠机翼、边条机翼等平面形状。

(1) 后掠机翼

适当增大机翼的后掠角可以提高飞行临界马赫数,降低激波阻力。

如图 5-13 所示,当气流以速度 v 流过平直机翼上时,整个速度都用于产生升力,v 即为有效速度。然而,气流以同样速度 v 吹到后掠机翼上时,由于机翼前缘不再与来流方向垂直,

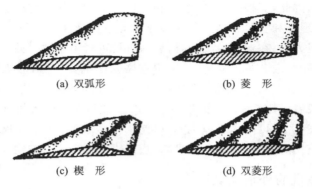

(a) 双弧形   (b) 菱 形

(c) 楔 形   (d) 双菱形

图 5-12   超声速飞机的几种翼型形状

对于升力产生而言,这时只有垂直于机翼前缘的分速度 v_n 才是有效速度;而另一个沿着机翼的分速度 v_t 与机翼表面摩擦阻力的产生相关,对升力的产生没有贡献。因此,作用到后掠翼上的实际有效速度 v_n 比飞行速度 v 减小了。如果对平直机翼来说,速度 v 已经达到临界速度,则在其上就有可能产生局部激波和波阻,而对后掠机翼来说,还必须把速度 v 再提高一些,才能达到临界速度,并在机翼上产生局部激波和波阻。因此后掠翼可以提高飞机的临界马赫数,推迟局部激波的产生。

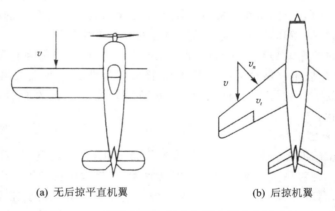

(a) 无后掠平直机翼   (b) 后掠机翼

图 5-13   后掠机翼与平直机翼有效速度对比

现代超声速飞机的机翼后掠角一般为 $30°\sim60°$。机翼的后掠角越大,相同飞行速度下作用在机翼上的有效速度就越小,临界马赫数也就越大。例如,与平直机翼相比,机翼后掠角为 $45°$ 时,临界马赫数可提高 20%;后掠角为 $60°$ 时,可提高 41%。

当飞行速度超过临界马赫数后,机翼上产生的阻力随马赫数的增大变化也较为平缓。这是由于后掠机翼的气动力主要是由有效速度 v_n 的大小决定的。有效速度所引起的阻力 D_n 的方向与 v_n 的方向一致,即垂直于机翼前缘方向,如图 5-14 所示。但是,飞行时阻碍飞机前进的阻力方向应与飞行速度方向平行,若将有效速度引起的阻力分解到平行于飞行速度方向,此分量力 D 才是后掠翼的阻力。因此,在相同的飞行速度下,后掠翼的阻力要比平直机翼的阻力小。后掠角对阻力系数的影响如图 5-15 所示。

在前方来流流过后掠机翼时,由于存在沿着机翼翼根向翼尖方向的分解流动 v_t,这将使

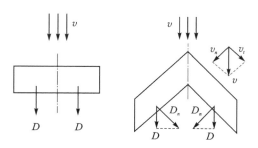

图 5-14　后掠机翼与平直机翼阻力比较

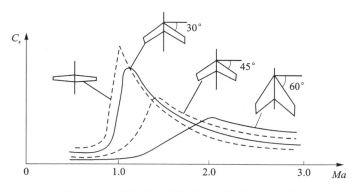

图 5-15　后掠角对机翼阻力系数的影响曲线

附面层从翼根到翼尖变得逐渐增厚,从而在翼尖区域造成气流堆积甚至分离。如果迎角进一步增加,到一定程度就会产生翼尖失速。翼尖失速以后,气流分离区又不断从翼尖向机翼中部和根部扩展,结果将造成大面积失速,如图 5-16 所示。这个过程发展很快,以致于驾驶员得不到警告飞行就出现困境,同时还会使飞机出现突然抬头和不稳定,也会使副翼失去作用,所以必须采取措施阻止或减缓沿机翼方向的流动。通常采取的技术措施有:在机翼的上表面安装翼刀(见图 5-17)以阻止气流的横向流动,在机翼前缘制作锯齿或缺口以形成一定旋涡来阻止气流沿机翼方向的流动。

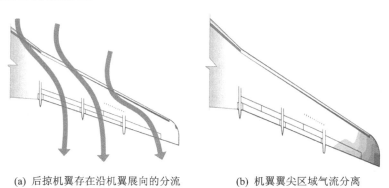

(a) 后掠机翼存在沿机翼展向的分流　　(b) 机翼翼尖区域气流分离

图 5-16　后掠机翼表面的流动和分离

(2) 三角形机翼

当飞机飞行速度为 $2Ma$ 时,要使机翼上的有效速度小于 $1Ma$,就必须使机翼前缘后掠角大于60°。但前缘后掠角增大较多时,机翼根部结构受力情况将加剧,同时飞机在低速飞行时的气动力特性也将恶化。因此,采用过大后掠角的后掠机翼是很不利的。在这种情况下,采用三角形机翼就比较合适,图5-18所示为采用三角形机翼的歼-8Ⅱ飞机。

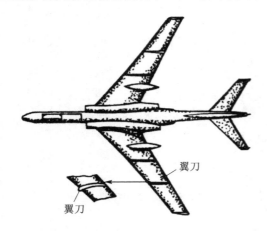

图5-17 左右翼上表面各安装两个翼刀　　图5-18 采用三角形机翼的歼-8Ⅱ飞机

三角形机翼的减阻效果与大后掠机翼大致相似,具有前缘后掠角大、展弦比小和相对厚度较小的特点,并且在大迎角飞行时具有足够的升力系数。由于翼根部分比较长,因此在保持机翼相对厚度不变的条件下,可使翼根处翼型的绝对厚度得以增加,从而起到改善根部结构受力状况的作用。从跨声速到超声速的飞行过程中,三角形机翼气动焦点的位置比其他平面形状机翼的变化量都要小,因此更有助于保证飞机的飞行稳定性。

在亚声速和低速飞行时,三角形机翼的升阻比较低。在飞机着陆时,为不妨碍驾驶员向下的视野,机头不能抬得过高,飞机迎角就不能太大,因此三角翼飞机的着陆性能相对较差。

(3)小展弦比机翼

对于低速飞机来说,为了减小诱导阻力,常常采用大展弦比机翼。但对于超声速飞机来说,为了减小波阻,通常会采用小展弦比机翼,如图5-19所示。适当减小后掠机翼的展弦比,有利于减小激波阻力。小展弦比机翼在翼弦方向较长,在翼展方向较短,因此可以减小波阻。这是因为超声速飞行的激波是沿着机翼的前缘和后缘产生的,翼展的长度缩短了,激波面的长度也就缩短了,因此机翼上产生的激波阻力也就减小了。另外,由于小展弦比机翼翼弦比较长,因此机翼相对厚度一般都比较小,有利于减小激波阻力。

目前,超声速飞机的展弦比一般控制在2.5以下,如歼-8Ⅱ飞机的展弦比为2.1。小展弦比机翼的缺点是襟翼面积小,起落性能差。另外,由于翼尖面积大,所产生的诱导阻力也较大。对此,可采用翼尖挂载导弹或副油箱的方法来削弱翼尖涡流的强度,从而减小诱导阻力。

(4)变后掠机翼

现代超声速飞机广泛采用小展弦比、大后掠机翼。后掠角大、展弦比小可以降低波阻,这对超声速飞行有利;但由于展弦比和翼展都较小,低速飞行性能较差,飞机的起飞和着陆滑跑距离都较长。因此,这就出现了高速性能和低速性能要求互相矛盾的问题。

变后掠翼飞机通过改变机翼后掠角可以较好地解决高、低速性能要求的矛盾。飞机在起飞、着陆和低速飞行时采用较小的后掠角,这时机翼展弦比较大,因而有较好的低速巡航性能和较大的起飞着陆升力。而在超声速飞行时采用较大的后掠角,机翼展弦比和相对厚度随之减小,对于减小超声速飞行的阻力很有利,如图 5-20 所示。变后掠机翼的飞机,在整个 Ma 范围内有较好的空气动力性能,可以较好地满足各个设计飞行状态的要求。现代变后掠翼飞机常用于多用途战斗机、战斗轰炸机和轰炸机,如苏联的米格-23、欧洲的"狂风"、美国的 F-14、B-1 等都是变后掠翼飞机。

图 5-19　小展弦比机翼飞机

图 5-20　变后掠机翼飞机

变后掠翼飞机的主要缺点是机翼变后掠转动机构复杂,结构重量大,而且气动中心变化大,平衡较为困难。

(5) 边条机翼

解决超声速飞机高速飞行与短时低速飞行矛盾的另一途径就是采用带边条的机翼,如图 5-21 所示。边条机翼是一种混合平面形状的机翼,由边条和基本翼(主翼)两部分构成。边条为大后掠角($\chi_0 \geqslant 70°$)的细长小翼,主翼为中等展弦比($\lambda = 3\sim4$)、中等后掠角($\chi_0 = 30°\sim 50°$)的三角形机翼。大后掠边条使整个机翼的有效后掠角增大,相对厚度减小,从而有效地减小了激波阻力;同时,由于主翼的存在,又使整个机翼的有效展弦比增大,可减小低亚声速及跨声速飞行时的诱导阻力。

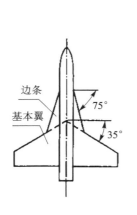
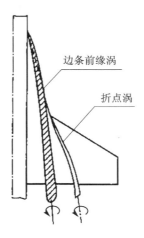

边条

基本翼

75°

35°

边条前缘涡

折点涡

图 5-21　边条机翼与边条流涡

　　理论和实验表明，边条机翼可以产生较大的升阻比。由于边条的后掠角较大，因此在不大的迎角下，边条前缘流动就产生分离，分离产生的边条涡流从主翼的上翼面流过，对主翼上翼面产生有利的影响，使得上翼面的压力下降而升力增加。此外，边条翼上产生的边条涡流还可以给上翼面的附面层补充动能，延缓和减轻主翼上气流的分离，从而可产生相当大的附加升力（又称涡升力）。

　　现代很多战斗机既要求能做超声速飞行，又要求能在高亚速或跨声速做高机动飞行，因此常常采用边条机翼，如 F - 16、F - 18、米格 - 29 等都是采用边条翼的飞机。

　　（6）前掠翼

　　前掠翼和后掠翼一样也可延缓激波的产生。前掠翼飞机机翼上气流翼展方向的流动是由翼尖流向翼根，大迎角飞行时翼面附面层分离首先出现于翼根处，克服了后掠翼翼尖提前失速的缺陷，改善了小速度大迎角飞行的操纵稳定特性，使机翼可以产生较大的升力，具有较好的低速飞行和起飞着陆性能。但机翼升力增大引起机翼弯曲变形时，会使机翼各剖面的迎角增大，从而使外翼升力增大，造成机翼弯曲变形加剧，在一定速度下，这种现象会形成恶性循环直到使机翼折断。为了解决这一问题，必须增强机翼结构的刚度、增加机翼结构重量等，这也是长期以来前掠翼飞机很少被采用的主要原因。20 世纪 70 年代以后，利用碳纤维叠层复合材料制造机翼，通过改变机翼蒙皮的碳纤维层的方向和厚度，从而控制机翼受载时的弯扭变形，克服了前掠翼飞机的机翼弯扭发散问题。同时结合近距耦合鸭翼、变机翼弯度和放宽静稳定度技术的应用，大大改善了飞机的机动性能，尤其是大迎角低速过失速机动能力大大提高。图 5 - 22 所示为采用前掠翼的苏 - 47"金雕"战斗机。

图 5 - 22　俄罗斯苏 - 47"金雕"战斗机

3. 超声速飞机的机身外形

　　机身是飞机中非常重要的一个部分，机身可以装载人员、货物、发动机、起落架等，是飞机安装的基础。机身产生的空气动力主要是阻力，但对飞机的升力也有一定的影响。对于超声速飞机，不但机翼的形状对其空气动力特性有重要影响，而且机身的形状也很重要。为了减小超声速飞机的波阻，机身一般采用头部很尖、又细又长的圆柱形机身。通常，机身长细比（机身长度与机身剖面的最大直径之比）大于 8，有的可达到十几。另外，采用跨声速面积律进行机身优化设计，有助于降低机身波阻和提高速度。

　　所谓跨声速面积律是指在机身和机翼的连接部位，把机身适当地收缩（成蜂腰形），使沿机身纵轴的横截面面积的分布规律与某一个阻力最小的旋转体的剖面分布规律相当。这样就可以减小不利的相互干扰,使飞机的跨声速激波阻力大大降低。图 5-23 所示为某型飞机的机身横截面积沿飞机纵轴的分布曲线,在图 5-23(a)中,当截面切到机翼部位时,横截面积有一个峰值出现,与理想的分布曲线相差很大,因此飞机在跨声速飞行时的翼身干扰阻力很大;在图 5-23(b)中,把机身和机翼连接处做成蜂腰形,使机身横截面积分布曲线接近理想曲线,激波阻力大大降低。

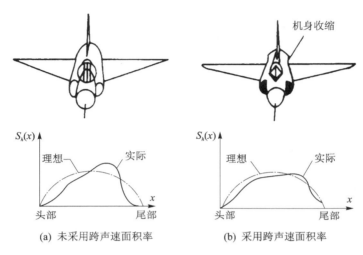

(a) 未采用跨声速面积率　　　　　　(b) 采用跨声速面积率

图 5-23　采用跨声速面积律优化机身外形

　　为减小超声速飞行阻力,可尽量将驾驶舱安置在机身外形轮廓之内,但这往往会使飞机着陆时驾驶员的视线恶化。为改善这种状况,可以将机头做成活动的,着陆时使机头下垂以增大驾驶员的视野,如"协和"号超声速客机机头可以下垂 17.5°,如图 5-24 所示。

图 5-24　"协和"号超声速客机机头下垂

4. 超声速飞机与低、亚声速飞机的外形区别

　　低、亚声速飞机和超声速飞机由于其飞行速度不同,飞行时产生的空气动力也有较大的差异。为了获得较好的气动外形和飞行性能,低、亚声速飞机和超声速飞机在外形上有着很大的不同。根据前面的分析,它们在外形上的区别主要体现在以下几个方面:

　　① 低、亚声速飞机机翼的展弦比较大,一般为 6~9,梢根比也较大,一般在 0.33 左右;而

超声速飞机机翼的展弦比较小,一般为 2.5～3.5,梢根比较小,在 0.2 左右。

② 低速飞机常采用无后掠角或小后掠角的梯形直机翼,亚声速飞机的后掠角也较小,一般小于 35°;而超声速飞机一般为大后掠机翼或三角机翼,前缘后掠角一般为 40°～60°。

③ 低、亚声速飞机的机翼翼型一般为圆头尖尾型,前缘半径较大,相对厚度也较大,一般为 0.1～0.12;而超声速飞机机翼翼型头部为小圆头或尖头(前缘半径较小),相对厚度也较小,一般为 0.05 左右。

④ 低、亚声速飞机机翼的展长一般大于机身的长度,机身长细比较小,一般为 5～7,机身头部半径较大,前部机身较短,有一个大而突出的驾驶舱;而超声速飞机机身的长度大于翼展的长度,机身较细长,机身长细比一般大于 8,机身头部较尖,驾驶舱与机身融合成一体,呈流线型。

因此,观察一架飞机的外形,应该可以大致判定它是低、亚声速飞机还是超声速飞机。

5.1.4　飞机上的空气动力

飞机在飞行时,作用在飞机上的力主要包括升力、重力、推力和阻力,如图 5-25 所示。飞机之所以能在空中飞行,最基本的条件是,当它在空中飞行时必须产生能够克服其自身重力并将其托举在空中的升力。作用在飞机上的空气动力除了升力之外,还包括阻力。升力主要由机翼产生,用来克服飞机的重力。而推力主要由发动机产生,并用来克服飞机的阻力。

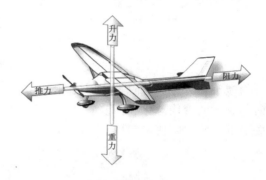

图 5-25　作用在飞机上的力

1. 机翼升力的产生

当飞机以一定的速度在大气中运动时,飞机各部分(翼面、舵面等)都会受到空气动力的作用,这些空气动力的总和就是飞机的总空气动力。总空气动力在飞机结构对称平面内并垂直于飞行速度的分量就是升力,沿气流速度方向的分量就是阻力。

图 5-26 所示是一个处于自由空气来流中的翼型,翼型与迎面气流的相对位置用迎角 α 来表示。在翼型周围,沿着空气流过的路径取出一个假想的矩形截面的流动管道,且上、下管壁与翼型表面相距较远。离翼型前缘较远的远前方,认为空气不受翼型扰动影响,气流是平行均匀的流动;上、下管壁处的空气也不受翼型的扰动影响,故可保持平直流动。然而,在空气流经翼型表面时,一部分流管的面积被翼型所占据,此处流管中空气通过的净面积就发生了变化。

当空气接近翼型前缘时,气流开始折转,一部分空气向上绕过翼型前缘流过翼型上表面;另一部分空气仍然由机翼下表面通过。最后,这两部分空气在离翼型后缘一定距离的后方会合,并恢复到与翼型前方未受扰动气流相同的均匀流动状态。

在气流被翼型分割为上下两部分时,由于翼型上表面外凸较多,下表面外凸较少(有的甚至是凹的),同时加上翼型又具有一定的正迎角,使得流过翼型上表面的流管面积要比翼型远前方的流管面积少很多。故与远前方来流相比,上表面从整体看,流速增大而压强减小。然

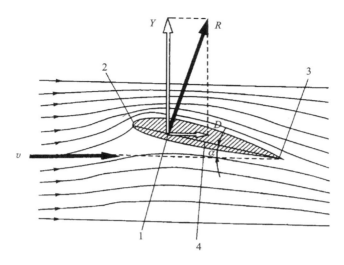

1—空气动力合力作用点；2—前缘；3—后缘；4—翼弦

图 5-26 作用在翼型上的空气动力

而，翼型下表面的流管面积与远前方流管面积相比有所增大，故翼型下表面气流压强比远前方来流的要大。因此，上、下翼面上的两股气流便存在一个压强差 R，而且是下表面的气流压强大于上表面的，该压强差在垂直于远前方来流方向上的分量力就构成了翼型的升力 Y，即气流对翼型向上的托举之力。不同位置各个翼型上升力的合力，便构成了整个机翼所受的升力。

机翼上产生升力的大小与翼型的形状和迎角有很大关系，迎角不同产生的升力也不同。一般来说，不对称的流线翼型在迎角为零时仍可产生升力，而对称翼型和平板翼型此时产生的升力却为零。

至于平尾、立尾及各个活动舵面上气流升力产生的原因，与机翼翼型和翼面产生升力的基本原理是相同的。

在飞机高速飞行中，正迎角翼型表面气流速度的变化要比低速时复杂，但翼型表面静压强分布整体上仍然是下表面高于上表面的，从而决定了高速运动翼型升力的存在。

2. 影响飞机升力的因素

实际上，作用在机翼上的力并不是作用在一点上的集中力，而是在整个机翼表面上的一种分布力。这种气动力的分布情况随飞行速度和迎角等的不同而有所变化，因此飞机机翼的升力也将随之呈现不同的变化。

实验和理论研究表明，机翼升力的大小可用如下公式来计算：

$$Y = C_y \left(\frac{1}{2} \rho v^2 \right) S \qquad (5-3)$$

式中，Y 为升力；C_y 为机翼的升力系数（无量纲）；ρ 为空气密度；v 为飞行速度；S 为机翼特征面积，即机翼平面面积。在其他条件相同时，几何外形相似的飞行器，其升力系数是一样的。

通过升力公式可知，影响飞机升力的因素主要有机翼面积、飞行速度、空气密度以及机翼剖面形状和迎角。

① 机翼面积。飞机的升力主要由机翼产生，而机翼的升力又是由于机翼上下翼面的压强差产生的，因此，如果压强差所作用的机翼面积越大，则产生的升力也就越大。

② 飞行速度。飞机的飞行速度越大,产生的空气动力就越大,机翼上产生的升力也就越大,且升力的大小与飞行速度的平方成正比。

③ 空气密度。升力的大小和空气密度成正比,密度越大,升力也越大。显然,飞机飞行的高度越高,空气密度越小,则升力也越小。

④ 机翼剖面形状和迎角。机翼的剖面形状和迎角不同,产生的升力也不同。不同的剖面和不同的迎角会使机翼周围的气流流动状态等发生变化,因而导致升力的改变。翼型和迎角对升力的影响可以通过升力系数 C_y 表现出来。

对于某一种翼型或某一种平面形状的机翼,可以通过风洞实验得出升力系数随迎角变化的曲线,称为升力系数-迎角特性曲线,如图 5-27 所示。在一定的翼型下,升力系数起初随迎角增大而增大;但当迎角达到一定值后,升力系数会突然下降。这是由于升力系数随着迎角的增大而增大,但当迎角增大到一定程度时,气流会从机翼后缘开始分离,尾部出现很大的涡流区,升力系数便迅速下降,同时阻力迅速增大。迎角过大,导致机翼上表面的气流不能再维持沿翼面的平顺流动,气流绕过前缘后很快就出现分离,产生流向不定的杂乱无章的流动,如图 5-28 所示。这种流动状态使机翼上表面的流动压强明显加大,因此升力显著下降,而阻力大增,这就是常说的机翼失速现象。失速刚出现时的迎角称为临界迎角。因此,飞机不应以接近或大于临界迎角的状态飞行。

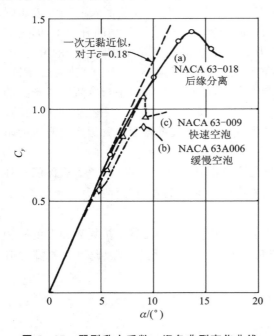

图 5-27 翼型升力系数—迎角典型变化曲线

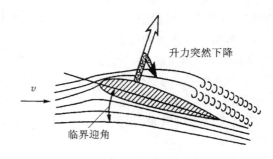

图 5-28 翼型失速现象

3. 增升装置

机翼提供的升力与飞行速度的平方成正比,小迎角范围升力与迎角一般成线性正比关系。飞机在起飞或降落时,由于速度很小,要提供足够的升力以维持飞机上下平衡,仅靠增大迎角是不行的,因为即使迎角增大也不能超过其临界值。

对于高速飞机而言,其机翼的构造和外形主要是从有利于做高速飞行的目标来设计的。

这种机翼在高速飞行时,即使迎角较小,但由于飞行速度很大,仍然可以产生足够的升力来保证飞机的水平稳定飞行。但在低速飞行特别是起飞和着陆时,由于速度大大降低,即使增大迎角达到其临界迎角,升力仍然可能不够用。假若不采取适当措施,则必须加大飞机起飞或降落速度,由此不仅使飞机滑跑距离加大,而且也不够安全。因此,为满足飞机安全起降及高速飞机低速飞行时的性能,必须在飞机上特别是机翼上配备辅助增升装置。

机翼增升装置的增升原理主要有 4 种:①改变机翼剖面形状,增大机翼弯度;②增大机翼面积;③改变气流在机翼上的流动状态,推迟气流的不利分离;④主动控制机翼表面黏性流动附面层。不同的增升原理,其增升效果不尽相同。

根据这 4 项增升原理,机翼上可以采用的增升装置有前缘缝翼、后缘襟翼、附面层控制系统和喷气襟翼等。

(1) 前缘缝翼

前缘缝翼是装在主体机翼前缘的一个可以操纵的活动的小翼面,如图 5 - 29 所示。通过操纵打开时,它与机翼主体表面便形成一道狭长的缝隙。下翼面压强较大的气流通过这道缝隙,得到加速而流向上翼面,增大了机翼上表面气流附面层中的气流速度,降低了压强,消除了这里的分离流动旋涡。由此延缓了气流分离,避免了大迎角下的失速,从而使临界迎角和最大升力系数 C_{ymax} 得以提高。

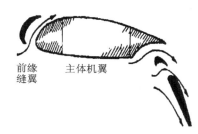

图 5 - 29　前缘缝翼

实际上,前缘缝翼的作用也相当于控制气流附面层,因此它在提高 C_{ymax} 的同时也使机翼的临界迎角加大。这种增升装置在大迎角下,特别是接近或超过主体机翼的临界迎角时才使用。

从构造上看,前缘缝翼有固定式和自动式两种。目前,应用最多的是自动式前缘缝翼。这种前缘缝翼用滑动机构与机翼主体相连,依靠空气动力的压力或吸力闭合或打开。当飞机在小迎角下飞行时,空气动力将它压在主体机翼上而处于闭合状态;当增大迎角时,前缘的空气动力变为吸力而将其打开。

(2) 后缘襟翼

后缘襟翼种类很多,常用的有简单襟翼、开裂襟翼、开缝襟翼、后退襟翼和双缝式襟翼等,如图 5 - 30 所示。

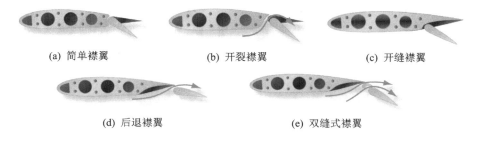

(a) 简单襟翼　　　　　(b) 开裂襟翼　　　　　(c) 开缝襟翼

(d) 后退襟翼　　　　　(e) 双缝式襟翼

图 5 - 30　后缘襟翼的种类

所有后缘襟翼均位于主体机翼的后缘区域,靠近机身且在副翼的内侧。襟翼下摆,升力增大,同时阻力也有所增大,故多在着陆时使用,此时下摆到最大角度位置,通常约 $50° \sim 60°$。有时也可用于飞机起飞,但下摆的角度较小,通常在 15°～20°,以免阻力增加过大而影响起飞时的滑跑加速。

① 简单襟翼。其构造比较简单,形状与副翼类似,平时不偏转时形成机翼后缘的一部分。用时下摆即向下偏转,相当于增大了整个机翼翼型的弯度,从而使升力增大。在飞机着陆时,将它偏转 50°～60°,C_{ymax} 约增大 65%～75%。

② 开裂襟翼。开裂襟翼紧贴于主体机翼后缘下表面并形成机翼的一部分。使用时向下偏转,在后缘与机翼之间形成一个低压气流区,对机翼上表面气流具有吸力作用,使其流速增大,从而增大机翼上下表面的压强差,故使升力增大。此外,襟翼下摆后,增大了整个机翼翼型的弯度,同样也起到提高升力的作用。这种襟翼一般可把 C_{ymax} 提高 75%～85%,但临界迎角稍有减小。

③ 开缝襟翼。开缝襟翼是在简单襟翼基础上改进而成,与机翼之间有一道缝隙,除了起简单襟翼的作用外,还有类似于前缘缝翼的作用。当它下摆时,一方面能增大机翼翼型的弯度,另一方面它的前缘与机翼之间形成一个缝隙。其增升效果较好,一般可使 C_{ymax} 增大约85%～95%。

④ 后退襟翼。后退襟翼在下摆前是机翼后缘的一部分,工作时襟翼沿滑轨向后滑出而增加机翼面积,同时向下偏转一定角度而增大翼型弯度,并且在襟翼与主体机翼之间形成一道缝隙,具有与开缝襟翼类似的作用。这种襟翼又有两种主要结构形式,一种叫 ДАГИ(苏联中央流体动力研究院)襟翼,另一种叫富勒(Fowler)襟翼。前者的后退量较小,一般可使翼型 C_{ymax}增大 110%～115%;后者的后退量较大,缝隙也较大,增升效果更好,一般可使翼型 C_{ymax} 增大110%～140%。此外,在富勒襟翼基础上还有后退多缝襟翼。

⑤ 双缝式襟翼。双缝式襟翼打开时,两个子翼一边向后偏转,一边向后延伸,同时,两个子翼还形成两道缝隙,它同样具有后退开缝式襟翼的三重增升效果。双缝式襟翼是现代民用客机上广泛采用的一种增升装置。

(3) 气流附面层控制装置

以上增升装置可使飞机的 C_{ymax} 得到不同程度的提高,从而使起降性能得到很大改进。但高速飞机的机翼展弦比小、后掠角大且相对厚度较小,这都会削弱增升装置的增升效果。此外,以上增升装置的机械构造大都较复杂,因此会导致机翼质量有所增加。为了克服这些不利因素,便出现了机翼附面层气流控制增升装置。

这种装置通过对机翼附面层气流的主动控制,能够使机翼获得很大的 C_{ymax} 和临界迎角,同时又可降低飞机翼型阻力,增升效果非常显著。例如,前缘缝翼和后缘襟翼可获得的 C_{ymax}值一般在 1.8～2.0,而附面层控制装置可使 C_{ymax} 值增大到超过 4.0。

如图 5-31 所示,附面层控制装置是用安装在机翼内的压力瓶气体吹除或用真空泵吸取机翼上附面层内低能的空气气流,从而达到阻止或延缓机翼表面气流分离的目的。吹气口位置可以在机翼前缘附近,也可以在后缘襟翼上。有的在机翼副翼前也装设附面层吹除装置,以使副翼下偏时不出现气流分离,从而提高副翼的气动操纵效率。

(4) 喷气襟翼

喷气襟翼增升的原理是:利用从发动机压气机引出的压缩空气,通过机翼后缘的缝隙沿整个翼展向后下方高速喷出气体,形成一片气流幕;这样,一方面改变了机翼周围的流场,增加了上下流动的压强差和升力;另一方面,喷气的反作用力沿机翼法向的分力也使机翼升力有所

(a) 附面层吹除装置　　　　　　　　　　　(b) 附面层吸收装置

图 5-31　机翼附面层气流控制装置

增加。

根据试验,该装置可使 $C_{y\max}$ 增大到 12.4,因此喷气襟翼的增升潜力是非常大的。

4. 亚声速飞行的阻力及减阻措施

由图 5-25 可知,在飞机飞行过程中,除了有升力 Y 之外,还有与飞行方向平行且方向相反的阻力 D,两者的合力才是作用在机翼上的总的空气动力 R。飞行过程中,不但机翼上会产生空气阻力,其他部件如机身、起落架、尾翼等也都会产生阻力。

与升力公式类似,气流产生的阻力的计算公式为

$$D = C_x \left(\frac{1}{2} \rho v^2 \right) S \tag{5-4}$$

式中,C_x 称为阻力系数(无量纲);S 为机翼特征面积。对于机翼部件而言,S 是机翼的平面面积;对于机身部件而言,取为机身最大横截面积。

按照阻力产生的原因分类,在低速和低亚声速飞行时,飞机阻力的构成类型有摩擦阻力、压差阻力、诱导阻力和干扰阻力。当高速飞行时,飞机上还会出现激波阻力。

(1) 摩擦阻力

运动物体所受到的摩擦阻力是由流体的黏滞性引起的。

如图 5-32 所示,具有黏性的大气流过飞行器表面时,因黏性作用紧贴飞行器表面的一层气体速度为零。从飞行器表面开始向外,气流速度一层比一层加大,直到某一层速度与前方自由来流速度相等。这样一种流速从零逐渐增大至外界主流速度的物面流体层,称为物面黏性流体附面层或边界层。

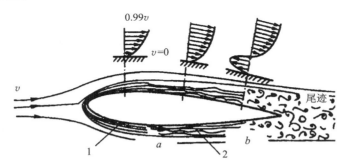

1—层流层;2—紊流层;a—转捩点;b—分离点

图 5-32　机翼黏性附面层流动引起摩擦阻力

在附面层内,每相邻两薄层空气之间因存在速度差,便产生了层间摩擦切应力。机翼上的气流附面层一般都很薄,厚度最大仅有几厘米;螺旋桨上的气流附面层更薄,只有几毫米。根据牛顿第三定律,被减慢的大气必然给予飞行器表面与飞行方向相反的作用力,这就是黏性附面层摩擦阻力,常简称为摩阻。不论在低速飞行或高速飞行时,摩擦阻力都是普遍存在的,即

使迎角为零仍然存在摩擦阻力。

通常在小迎角运动时，在机翼最大厚度位置之前，附面层内的气流各层互不掺混，是一种清晰的层状流动状态，这一层称为层流附面层。在此之后，气流微团的运动变得杂乱无章，出现了旋涡和横向流动，这一层称为紊流附面层。由层流转变为紊流的那一点 a 称为转捩点（见图 5-32）。虽然紊流附面层内空气的运动是紊乱的，但整个附面层气流仍然附着在机翼表面上。经过一段紊流附面层流动之后，附面层气流会脱离翼面而形成大量宏观的小涡旋，这就是翼型后缘附近出现的尾迹流。气流刚开始脱离翼面的那个位置 b 称为分离点（见图 5-32）。实践证明，层流层的摩擦阻力小，而紊流层的摩擦阻力大。

总之，气流黏性摩擦阻力的大小主要取决于流体的黏性系数、物体表面形状和光洁度、迎角大小、附面层中气体的流动状态、气流接触物体表面的面积大小（也称为沾湿面积，小迎角时最大）。空气的黏性越大，飞机表面越粗糙，飞机的表面积越大，则摩擦阻力也越大。为了减小摩擦阻力，应在这些方面采取必要的措施。另外，用层流翼型代替古典翼型，使紊流层尽量向后移，对减小摩擦阻力也是有益的。

（2）压差阻力

如图 5-33 所示，空气流过翼面时，在翼面前缘部分受翼面阻挡，流速减慢，压强升高；在翼面后缘部分，因气流分离而形成一定的涡流区，压强降低。这样在翼面的前后便有了压强差，压差力的方向是向后的，是一种阻力。这种即使在小迎角下，因物体前后压强差而形成的阻力，称为物体的压差阻力，常简称为压阻。随着机翼迎角的增大，机翼后部涡流区不断扩大，压力减小的范围也扩大，而机翼前部气流压力不断增大，机翼前后的压强差即压阻增大。在舵面、机（弹）身等部件上，同样也会产生压差阻力。高速行驶的汽车后面时常会扬起尘土，就是由于车后涡流区的空气压力小而吸起灰尘的缘故。

在小迎角流动情况下，压阻与物体的迎风面积（物体在垂直来流方向的投影面积）有关，迎风面积越大，其压阻也越大。

物体的形状对压差阻力也有很大影响。若把一个圆形平板垂直对着来流，由于气流受到平面的阻挡，平板前面压强迅速升高，而平板后面形成了低压区，则将产生非常大的压阻，如图 5-34 所示。

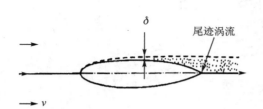

图 5-33　翼型后缘分离涡流与压差阻力

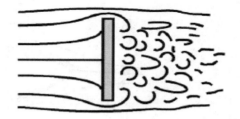

图 5-34　圆平板物体垂直迎流产生非常大的压阻

如果在平板前安装一个椭锥体（相当于机头或弹头形状），平板前面的高压区被锥体填满了，如图 5-35 所示，气流可以平滑地流过，压强不会急剧升高，前后压强差大大减小，则其压阻明显降低。

若在椭锥体后面再安装一个倒椭锥体，就形成一个流线型旋成体（圆头尖尾，相当于机身），如图 5-36 所示，低压区也被填满了，整个流线体后面只出现很少的漩涡，则压阻就大大降低。由此可见,物体形状的改变或整流效果的不同对物体压差阻力的影响是很大的。这种前端圆钝而后部尖细,像水滴或雨滴似的物体,称为低速流线型物体,简称流线体。流线体之所以能大幅度降低压差阻力,其原因是流线体的头部相当于占据了平板物体前方的气流滞止区(高压区),同时尾部又填满了平板物体后面的气流涡流区(低压区),使气流能够平滑附体地流过流线体的表面,从而显著降低了物体前后的压强差。在迎风面积相同的物体中,小迎角下低速流线型物体的压差阻力是最小的。

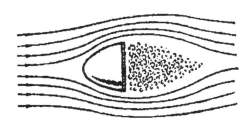 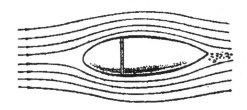

图 5 - 35　圆板前安装一个椭锥体　　　　　　图 5 - 36　椭锥体后面安装倒椭锥体

　　　　整流后压阻明显降低　　　　　　　　　　　形成旋成体后压阻显著降低

　　因此,为了减小飞机的压差阻力,应尽量减小飞机的最大迎风面积,并对飞机的各部件进行整流,做成流线型,有些部件如活塞式发动机的机头应安装整流罩。

　　(3)诱导阻力

　　诱导阻力是伴随升力产生而出现的附加阻力,是由升力"诱导"产生的阻力,故也称为升致诱导阻力或感应阻力。升力为零时,诱导阻力也为零;升力增加时,诱导阻力也随之增加。

　　飞机的诱导阻力主要来自有限翼展的机翼翼面,尾翼上也有一定的诱导阻力。在一定的飞行迎角下,翼面产生升力,下翼面气流的压强大,上翼面的压强小。由于翼展的长度有限,故气流便从下翼面努力绕过翼尖而向上翼面流动。气流绕过翼尖时,在翼尖处不断形成涡流,并且两个翼尖处的涡流方向是相反的,如图 5 - 37 所示。随着飞机向前方飞行,涡流就从翼尖向后方流去,并产生了向下的下洗流速度。下洗速度在两个翼尖处最大,即在翼尖区下洗严重,向中心方向下洗作用逐渐减小,在飞机对称面处减到最弱。

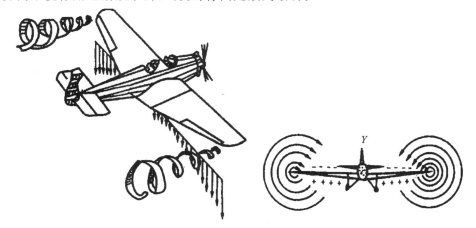

图 5 - 37　气流绕过机翼翼尖形成涡流和下洗

　　日常生活中有时可以看到,飞行中的飞机左右翼尖处拖出两条白雾状的"烟",如图5-38所示。这是由于旋转着的翼尖涡流内压力很低,空气中的水蒸气因膨胀冷却而凝结成细水珠,从而显示出了翼尖涡流的轨迹。

　　有时也可以看到,当雁群迁徙时,它们大都排成人字形。强壮的大雁排在最前面,幼弱的小雁排在后外侧,这样就使后雁处于前雁翅尖所形成的涡流中。此涡流在翅尖外侧是向上流动的,形成上洗的气流,因而后雁飞起来较为省力,如图5-39所示。

图5-38　飞机左右翼尖处拖出的白雾状涡流束

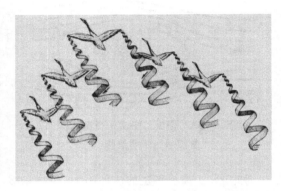

图5-39　后雁处于前雁翅尖所形成的涡流中

　　如图5-40所示,在机翼上任取一个剖面,来流迎角为α,来分析诱导阻力的产生。翼尖涡流使流过翼面的大气产生下洗速度ω,使速度v向下倾斜而形成下洗流v'。气流方向向下倾斜的角度称为下洗角ε。由下洗流v'所产生的升力Y'是垂直于v'的,可将Y'分解为垂直于v的分力Y和平行于v的分力D'。Y依然起升力的作用,但D'则起到阻碍力的作用。这个因升力而带来的附加阻力,就是所谓的诱导阻力。

　　诱导阻力主要与机翼形状、翼型和迎角有关。迎角增大,诱导阻力也增大。通过增大机翼展弦比、选择适当平面形状的机翼(如椭圆形或接近椭圆形平面形状的机翼)、增加翼梢小翼(见图5-41)等措施,可以减小飞行时机翼的诱导阻力。

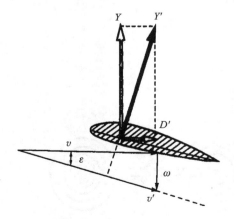

图5-40　机翼的诱导阻力

图5-41　机翼的翼梢小翼

（4）干扰阻力

实践表明,飞机的机翼、机身、尾翼、起落架及发动机短舱等部件,单独放在气流中受到的空气阻力的总和通常小于整机产品的阻力。除机翼之外,飞机所有零部件的空气阻力在整架飞机总阻力中占有很大比例,一般约为总阻力的 $60\%\sim70\%$,因此必须予以充分重视。

干扰阻力是飞机各部分之间由于气流相互干扰而产生的一种附加阻力。不但在机翼和机身之间可能产生干扰阻力,而且在机身和尾翼连接处、机翼和发动机短舱连接处也都可能产生。气流流过机翼和机身的连接处,由于机翼和机身两者形状的关系,在这里形成了一个截面由大到小、再由小到大的气流通道。如图 5-42 所示,在 A 处截面比较大,到翼面最高点 C 气流通道收缩到最小,随后到 B 处又逐渐扩大。根据流体的流动特性,C 处的速度大而压强小,B 处的速度小而压强大,所以在 $C-B$ 通道中气流有从高压区 B 回流到低压区 C 的趋势,这就形成了一股逆流。但飞机前进时不断有气流沿通道向后流,遇到了后面这股逆流就形成了气流的阻塞现象,使气流开始分离并产生很多旋涡。这些旋涡表明气流的动能有了消耗,因而产生了一种额外的阻力。这一阻力是气流相互干扰而产生的,所以称作干扰阻力。

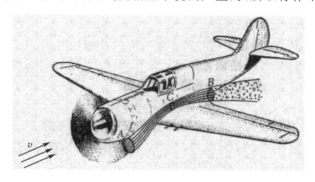

图 5-42　翼-身干扰阻力的形成

从干扰阻力产生的原因来看,它显然和飞机不同部件之间的相对位置有关。如果在设计飞机时,仔细考虑它们的相对位置,使得连接处压强变化不大也不急剧,干扰阻力就可以减小。另外,还可以在不同部件连接处加装流线型整流片,使连接处圆滑过渡,尽可能减少旋涡的产生,从而减少干扰阻力。

值得注意的是,有些情况是需要利用流动阻力的。例如,当战斗机进行空中格斗时,有时突然打开阻力板(减速板)来迅速增大阻力而降低速度,机动地绕到敌机后方的有利位置对其攻击。当着陆时,为增大阻力而降低速度,缩短滑跑距离,某些高速飞机常释放尾部的阻力伞。

以上是低、亚声速飞机所产生的 4 种阻力。高速飞机飞行时所产生的阻力除了以上 4 种之外,还有激波阻力。

5.2　飞机的飞行性能、稳定性及操纵性

5.2.1　飞机的飞行性能

飞机的飞行性能是描述飞机质心运动规律的参数,通常包括飞机的起飞、着陆、速度、高度、航程、航时和机动飞行等性能。在飞机设计和使用上又称飞机性能。

1. 飞行速度

在飞机的飞行性能中,飞机速度是重要的性能之一。对军用飞机而言,飞行速度一般指的是最大平飞速度,而对民用飞机而言,飞行速度一般指的是巡航速度。

(1) 最大平飞速度

最大平飞速度是指在一定的高度上做水平直线平衡飞行时,在一定的飞行距离内,发动机推力最大状态下,飞机所能达到的最大飞行速度,通常简称为最大速度。它是衡量一架飞机可以"飞多快"的指标。

(2) 最小平飞速度

最小平飞速度是指在一定的飞行高度上飞机能维持定常水平直线飞行的最小速度。飞机的最小平飞速度越小,它的起飞、着陆和盘旋性能就越好。

(3) 巡航速度

巡航速度是指发动机在每千米消耗燃油最少情况下的飞行速度。巡航速度一般是飞机最大平飞速度的 70%～80%,巡航速度下的飞行最经济,而且飞机的航程最大。这是衡量远程轰炸机和运输机性能的一个重要指标。

当飞机以最大平飞速度飞行时,此时发动机的油门开到最大,若飞行时间太长就会导致发动机的损坏,而且消耗的燃油太多,所以一般只是在战斗中使用,而飞机做长途飞行时都是使用巡航速度。

2. 航　　程

航程是指在载油量一定的情况下,飞机以巡航速度所能飞越的最远水平飞行距离,它是衡量一架飞机可以"飞多远"的指标。发动机的耗油率是决定飞机航程的主要因素,提高航程的主要办法是减小发动机的耗油率,增加飞机的最大升阻比。在一定的装载条件下,飞机的航程越大,经济性就越好(对民用飞机),作战性能就更优越(对军用飞机)。在飞机总重一定的情况下,减小结构重量、增加飞机载油量也可以增大航程。另外,还可以通过安装可投掉的副油箱来增加飞机的航程。

3. 静升限

升限是衡量一架飞机可以"飞多高"的指标。飞机的静升限是指飞机能做水平直线飞行的最大高度。此值没有实用意义,这是因为随着高度的增加,发动机推力将逐渐下降,所以爬升到静升限所需时间将趋于无限大,同时,在静升限高度上飞机仅能做等速直线平飞,飞机稍受干扰或操纵不慎,就有可能降低高度。

实际使用中飞机不得不在稍低于静升限的高度上飞行,以便使飞机具有一定的推力储备和良好的操纵性。一般规定,对应于垂直上升速度 5 m/s(高机动性飞机)或 0.5 m/s(低亚声速飞机)的最大平飞高度为实际飞行的最大高度,此高度称为飞机的实用静升限,此值具有实用意义,是衡量一架飞机性能的重要指标。

4. 飞机的起飞和着陆

起飞和着陆是飞机每次飞行中的两个重要环节。飞机的起飞着陆性能指标可以概括为两部分:一是起飞/着陆距离;二是起飞离地/着陆接地速度。后者除影响起飞/着陆距离外,还牵涉到起降的安全问题。过大的机场面积无论是从经济观点或战备观点考虑都是不适宜的。而飞行的安全问题,则在任何场合都是必须给予高度重视的。

（1）飞机的起飞性能

飞机从开始滑跑到离开地面,并升到安全高度的运动过程,称为起飞。图 5 - 43 描述了飞机的起飞过程。

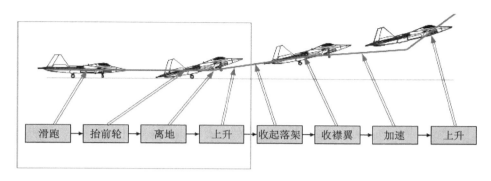

图 5 - 43　飞机的起飞过程

飞机起飞时,飞机先滑行到起飞线上,刹住机轮,襟翼放到起飞位置,并使发动机转速增加到最大值,然后松开刹车,飞机在推力作用下开始加速滑跑。当滑跑速度达到一定数值时,驾驶员向后拉驾驶杆,抬起前轮,增大迎角。机翼的升力随着滑跑速度的增加而增大,当升力等于飞机的重量时,飞机便离开地面,此时所对应的速度为离地速度。随着升力进一步增大,飞机加速上升,当飞机上升到安全高度 h 时,起飞过程结束,此时飞机所飞越(包括滑跑)的地面距离即为飞机的起飞距离。

起飞性能指标包括:起飞滑跑距离——从起飞线至飞机离地点的距离;离地速度——主轮离开地面瞬间飞机的水平速度;起飞距离——从起飞线至安全高度所经过的水平距离。

飞机的起飞距离越短越好。随着飞机向高速化、重型化方向发展,离地速度显著增加,跑道长度和起飞距离相应加长。大气温度、压强、跑道状况以及驾驶技术都影响飞机的起飞性能。逆风起飞、增大发动机推力、减小翼载荷(翼载荷为飞机重量与机翼面积之比)、采用增升装置等可以缩短滑跑距离和改善起飞性能。重型飞机有时采用起飞加速器缩短起飞滑跑距离;舰载飞机可利用弹射器实现短距起飞。此外,还可直接由动力装置或由动力装置带动旋翼、螺旋桨、风扇来产生升力,以支持飞机重量,实现垂直起飞(垂直/短距起落飞机)。

（2）飞机的着陆性能

飞机从安全高度下滑、拉平减速、接地滑跑直至完全停止运动的整个过程称为着陆。图 5 - 44 描述了飞机的着陆过程。

与起飞相反,着陆是飞机高度不断降低、速度不断减小的运动过程。飞机从一定高度做着陆下降时,发动机处于慢车工作状态,即一般采用带小油门下滑的方法下降。飞行高度降低到接近地面时,必须在一定高度上开始后拉驾驶杆,使飞机由下滑转入平飘,这就是所谓拉平。拉平后,飞机速度仍然较大,不能立即接地,需要在离地 0.5～1 m 高度上继续减小速度,这个拉平后继续减小速度的过程就是平飘。在这个过程中,随着飞行速度的不断减小,飞行员不断后拉驾驶杆以保持升力等于重力。在离地 0.15～0.25 m 时,将飞机拉成接地所需的迎角,升力稍小于重力,飞机飘落接地。飞机接地后,还需要滑跑减速直至停止,这个滑跑减速过程就是着陆滑跑。

着陆性能指标包括:着陆滑跑距离——从主轮接地点开始滑跑至飞机停止所经过的水平

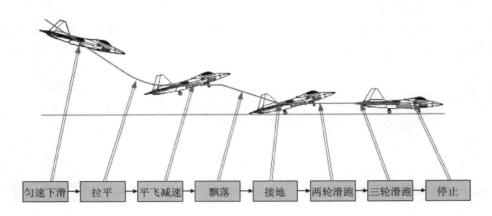

匀速下滑 → 拉平 → 平飞减速 → 飘落 → 接地 → 两轮滑跑 → 三轮滑跑 → 停止

图 5-44　飞机的着陆过程

距离;接地速度——飞机主轮开始接触地面瞬间的水平速度;着陆距离——飞机从安全高度开始至滑跑停止所经过的水平距离。

　　飞机的着陆速度越小,着陆距离越短,着陆性能就越好,飞机安全性也越高。现代飞机飞行速度很大,大型飞机很重,使得接地速度增大,着陆滑跑距离加长。为了降低接地速度和缩短滑跑距离,可以采用的措施有:在机翼上设置襟翼、缝翼等增升装置,控制机翼的附面层,使用阻力板、减速伞或反推力装置、逆风着陆等。垂直起降飞机着陆时不需要跑道,短距起落飞机只需要短跑道,它们都可以用在航空母舰上。

5. 飞机的机动性

　　机动性是飞机的重要战术、技术指标,是指飞机在一定时间内改变飞行速度、飞行高度和飞行方向的能力,相应地称之为速度机动性、高度机动性和方向机动性。显然飞机改变一定速度、高度或方向所需的时间越短,飞机的机动性就越好。在空战中,优良的机动性有利于获得空战的优势。战斗机对机动性的要求较高,运输机要求则较低。

　　影响飞机机动性的关键因素有机翼载荷、推重比、结构允许最大过载、飞机大迎角气动特性以及飞机的操纵性等。一般来说,飞机的机翼载荷越低、推重比越高,飞机的机动性就越强。此外,飞机在做机动飞行时所受的载荷要比水平直线稳定飞行时大好几倍。因此,在设计飞机时,必须考虑到飞机在各种飞行情况下,都要有足够的强度和刚度,以保证飞行安全。

　　在飞机设计中,一般常用过载来评定飞机的机动性。飞机的过载(或过载系数)是指飞机所受除重力之外的外力总和与飞机重量之比。除特殊情况外,一般只考虑垂直方向上的过载。垂直方向上的过载 n_y 可以表示为飞机升力 Y 与飞机重力 G 的比值,即

$$n_y = Y/G \tag{5-5}$$

　　飞机机动性设计要求越高,过载 n_y 就要求越大。高机动性要求的飞机,过载可高达 9 左右,因此要求飞机结构应能够承受相应的载荷。

　　从飞机的运动轨迹看,可分为铅垂面内、水平面内和三维空间的机动飞行。铅垂面内典型的机动飞行动作有平飞加/减速、俯冲、跃升和筋斗;水平面内典型的机动飞行动作是盘旋;空间机动飞行动作主要包括斜筋斗、战斗转弯、横滚、战斗半滚等。随着飞机飞行性能的提高和推力矢量技术的出现,现代先进战斗机还具备过失速机动能力。

（1）平飞加/减速性能

平飞加/减速性能反映飞机改变水平飞行速度的能力。平飞时增加或减小一定速度所需的时间越短，则平飞加/减速性能越好。例如，优秀的战斗机在 9 km 的高度从巡航速度（大约 $0.9Ma$）加速到 $1.6Ma$ 用时不到 1 min，这在追击敌机时是非常有用的。反之，如果有很好的减速特性，利用"急刹车"可以让敌机跑到前面，使自己处于有利的进攻位置。

（2）盘旋飞行

飞机在水平面内做等速圆周飞行，称为盘旋飞行，如图 5 - 45 所示。通常坡度（即飞机倾斜的程度）小于 45°时，称为小坡度盘旋；大于 45°时，称为大坡度盘旋。盘旋和转弯的操纵动作完全相同，只是转弯的角度达不到 360°而已。

盘旋一周所需的时间越短，盘旋半径越小，飞机的方向机动性就越好。在作战时，希望盘旋半径越小越好，这时就要尽量使飞机倾斜加大坡度，以增大使

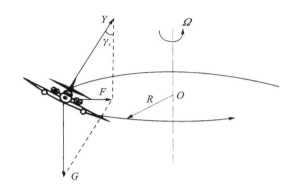

图 5 - 45 飞机盘旋飞行

飞机做曲线运动的向心力。在盘旋中，为了保持在垂直方向上升力与重力的平衡，维持高度不变，当改变坡度时，需要相应地改变升力的大小，坡度越大，则所需的升力也就越大，因此飞机的过载也就越大。表 5 - 1 所列为不同坡度盘旋时飞机对应的过载系数。

表 5 - 1 不同坡度盘旋时飞机对应的过载系数

γ_s	0°	15°	30°	45°	60°	75°	80°
n_y	1	1.04	1.16	1.41	2	3.84	5.76

从表 5 - 1 中可以看出，当飞机以 80°的坡度盘旋时，升力增大到飞机重力的 5.76 倍，此时飞机结构和飞行员所受的力也相应增大。由于载荷系数的限制，飞机速度越大，盘旋半径也将越大。比如，美国的 SR - 71 侦察机飞行速度为 3 529 km/h 时，其盘旋半径可达 193 km。

（3）俯 冲

俯冲是飞机将势能转化为动能，迅速降低高度增大速度的机动飞行（见图 5 - 46）。俯冲过程分为进入、直线和改出俯冲三个阶段。俯冲是战斗机空战时的重要动作。在被敌机追踪时，可以利用俯冲加速逃脱；在占有高度优势时，可以利用俯冲加速扑向敌机。战斗轰炸机和近距空中支援攻击机则经常利用俯冲进行轰炸和扫射，以增加对地攻击的准确性。但俯冲过程是飞机正过载迅速增加的过程，过载系数有时达到 9～10，有可能造成驾驶员晕厥或者机体破坏。

（4）跃 升

跃升是将飞机的动能转化为势能，迅速取得高度优势的一种作战用的机动飞行（见图 5 - 46）。在给定初始高度和速度的情况下，飞机所能获得的高度增量越大，完成跃升所需的时间越短，跃升性能越好。跃升的航迹与俯冲相反，跃升轨迹也可分为进入、直线和改出三个阶段。跃升时通常用发动机的大推力状态（使用发动机加力装置或火箭加速器），以便最大限度地跃升并保持足够的飞行速度。飞机进入跃升时的速度越大，跃升终了时的速度越小，跃

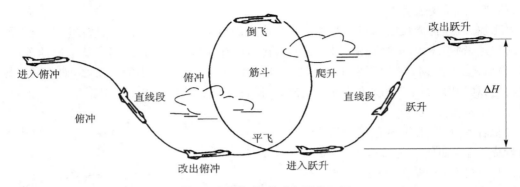

图 5 - 46　俯冲、筋斗和跃升飞行

升高度就越高。但跃升终了速度不能过低,以免发生失速或失去操纵等危险。

(5) 筋　斗

筋斗是指飞机在铅垂平面内做轨迹近似椭圆、航迹方向改变 360° 的机动飞行(见图 5 - 46)。筋斗大致由跃升、倒飞、俯冲等基本动作组成,是驾驶员基本训练的科目之一,也是用来衡量飞机机动性的一种指标。完成一个筋斗所需的时间越短,能做筋斗的起始高度越高,机动性就越好。飞机完成筋斗机动,必须有向心力,向心力靠飞机升力产生。做筋斗机动时,驾驶员首先加大油门使飞机尽可能地加大速度,同时拉操纵杆增加飞机迎角,使飞机向上跃升,达到筋斗顶点,进入倒飞状态,之后向下转入俯冲,最后拉操纵杆转入平飞,完成整个筋斗机动飞行。在作战中,战斗机为了进攻或退出战斗,经常做筋斗飞行。翻筋斗时,过载系数可达到 6。

(6) 战斗转弯

战斗转弯又称为急上升转弯,是飞机改变飞行方向并迅速增加飞行高度的机动飞行动作。空战中为夺取高度优势和占据有利位置以攻击敌机,常采用这种机动动作。驾驶员在做战斗转弯时,首先要加大油门,把飞机速度加到最大,然后操纵方向舵和副翼,使飞机一方面转弯、一方面向转弯的一侧滚转,与此同时还要向后拉杆,使飞机抬头沿螺旋线向上爬升。在上升转弯进行到大约 3/4 的时候,操纵副翼减小飞行坡度,并向前推操纵杆使飞机转入反向平飞状态,如图 5 - 47 所示。在战斗转弯结束时,战斗机的高度可增加 1 500～3 000 m。

(7) 过失速机动

过失速机动就是飞机在超过失速迎角的状态下,仍然有能力对飞机的姿态做出调整,实现快速机头指向,完成可操纵的战术机动。它的主要作用是瞬间使飞机占据有利位置,改变敌我攻守态势。

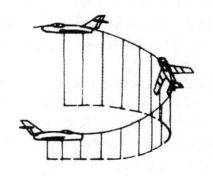

图 5 - 47　战斗转弯

通过对飞机过失速机动的深入研究,现已实现了迎角 50°～70° 情况下飞机横滚、筋斗、急转弯等过失速机动。美国和德国联合研制的 X - 31 就是用于进行过失速机动技术验证的验证机,它已经完成过飞行迎角达 74° 的赫布斯特机动。最著名的过失速机动则是俄罗斯的苏-

27 做出的"眼镜蛇"机动(见图 5 - 48)。1989 年 6 月,在巴黎航展上,苏联著名试飞员普加乔夫第一次表演了"眼镜蛇"机动,震惊全场,因此这一机动动作又被称作"普加乔夫眼镜蛇"机动。"眼镜蛇"机动对战斗机的机动性要求很高,目前俄罗斯的苏 - 27、苏 - 30、苏 - 35、米格 - 29和美国的 F - 22 等均能完成这个动作。

图 5 - 48 飞机的过失速机动

(8) 尾　旋

当飞机处于持续失速状态时,飞机可能会进入尾旋。尾旋是飞机的飞行迎角超过临界迎角后,发生的一种连续的、自动的旋转运动。在尾旋发生过程中,飞机沿着一条小半径的螺旋线航迹一面旋转、一面急剧下降,并同时绕滚转、俯仰、偏航三轴不断旋转,如图 5 - 49(a)所示。尾旋通常是由大迎角下的自转现象引起的,如飞机在接近失速迎角下飞行时,当受到扰动而产生右滚运动时,由于右机翼迎角增加超过了失速迎角,右机翼升力下降,阻力增加,左右机

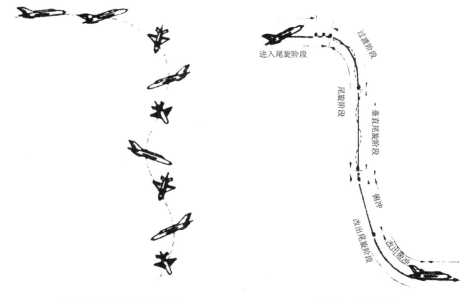

(a) 飞行进入尾旋后的飞行状态   (b) 飞行尾旋过程示意图

图 5 - 49 飞机的尾旋

翼升力差产生的滚转力矩使飞机继续右滚;另外由于机翼的阻力差产生的偏航力矩使飞机自动向右偏航旋转;同时还会由于惯性耦合的作用,飞机将自动上仰使飞机迎角增加,直至进入尾旋。

尾旋的特点是迎角大(20°～70°)、螺旋半径小(甚至只有几米)、旋转角速度高(甚至可达几弧度每秒)、下沉速度大(甚至达百米每秒)。尾旋是一种危险的飞行状态,极易造成飞行事故。但为了训练或研究的目的,有些高机动性飞机(如战斗机、教练机)允许有意进入尾旋并改出。半机动性飞机(如轰炸机、侦察机)和非机动性飞机(如旅客机、运输机)严禁进入尾旋。完整的尾旋运动由三个阶段组成,即进入阶段、尾旋阶段和改出阶段,如图5-49(b)所示。尾旋阶段又可分成尾旋过渡阶段和垂直尾旋阶段,垂直尾旋阶段是研究尾旋的主要阶段。

5.2.2 飞机的稳定性

飞机的稳定性是衡量飞行品质的重要参数,它表示飞机在受到扰动之后是否具有回到初始平衡状态的能力。如果飞机受到扰动(如突风)之后,在飞行员不进行任何操纵的情况下能够回到初始平衡状态,则称飞机是稳定的,反之则称飞机是不稳定的。稳定性可分为静稳定性和动稳定性。

一架飞机除了能产生足够的升力平衡重力、有足够的推力克服阻力以及具有良好飞行性能之外,还必须具有良好的稳定性和操纵性,才能在空中稳定飞行。否则,如果飞机的平衡特性、稳定特性和操纵特性不好,也就是说,在飞行中,飞机总是偏离预定的航向,或者稍受外界偶然的扰动,飞机的平衡即遭破坏而又不能自动恢复,需要飞行员经常花费很大的精力予以纠正,或者在改变飞行状态时,飞行员操纵起来非常吃力,而且飞机反应迟钝,那么这样的飞机就不能算是一架战术/使用性能良好的飞机。驾驶这样的飞机,驾驶员会被搞得精疲力尽,而且不能保证飞行安全和很好地完成预定任务。因此,对于一架战术/使用性能优良的飞机来说,不仅要求它速度大、爬升快、升限高、航程远,而且要求具备良好的平衡性、稳定性和操纵性。

物体受到扰动后具有回到原平衡状态的趋势,称物体是具有静稳定性的。如图5-50(a)所示,当小球偏离其平衡位置后,有恢复原来位置的趋势,称其具有静稳定性。当小球受扰后,既没有倾向性,又在扰动方向上保持平衡,可停留在任何受扰动后的位置,称为存在静中立稳定性,如图5-50(b)所示。当小球受扰后有偏离平衡位置的趋势,称为静态不稳定性,如图5-50(c)所示。飞机也有类似情况,有时它在纵向运动中具有静稳定性,而在横侧向运动中是静不稳定的。

然而,具有静稳定性的飞机不一定能最终恢复到原来的状态,也就是说,不一定具有动稳定性。动稳定性是指飞机在扰动作用下偏离其平衡状态时的基准运动,在扰动作用停止后,飞机的运动特性参数能恢复到它在基准运动中的数值的一种特性。动稳定性考虑扰动运动的全过程,而静稳定性则仅考虑扰动运动停止瞬间的趋势。稳定性又可分为纵向稳定性、航向稳定性和横向稳定性。纵向稳定性,反映飞机在俯仰方向的稳定特性;航向稳定性,反映飞机的方向稳定特性;横向稳定性,反映飞机的滚转稳定特性。

1. 飞机的纵向稳定性

飞机的纵向稳定性是指在飞行中,当飞机受到扰动而偏离原来的纵向平衡状态,并在扰动消失后,不经驾驶员操纵就能自动恢复到原来的平衡状态的特性。

飞机的纵向平衡是指作用于飞机的各俯仰力矩之和为零,迎角不变,如图5-51所示。

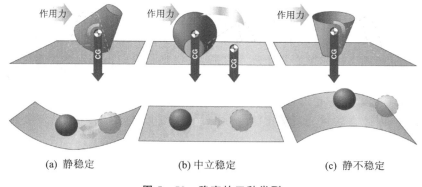

(a) 静稳定   (b) 中立稳定   (c) 静不稳定

图 5 - 50 稳定的三种类型

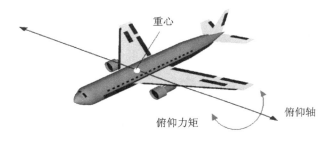

图 5 - 51 飞机各部分的附加升力

在飞行过程中,作用于飞机的俯仰力矩主要是机翼力矩和水平尾翼力矩。当迎角改变时,机翼升力也改变,升力增量的作用点即为机翼的焦点。对目前常用的翼型来说,亚声速时焦点位于离翼型前缘大约 22%～25% 弦长的地方,而在超声速时则增加到 40%～50%。只有焦点的位置在飞机的重心之后飞机才具有俯仰稳定性,如图 5 - 52 所示,焦点距离重心越远,俯仰稳定性越强。

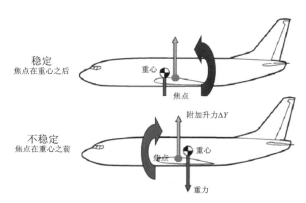

图 5 - 52 飞机重心位置与纵向稳定性之间的关系

同样,当迎角改变时,机身、尾翼等所引起的升力增量也作用在机身和尾翼的焦点上。由于机翼、机身的焦点都在飞机重心之前,因而升力增量对重心形成一个使机头更加上仰的不稳定力矩,但水平尾翼焦点远在重心之后,因此尾翼上的升力增量对重心形成的是使机头下俯的稳定力矩,若后者大于前者,飞机是静稳定的,反之,则是静不稳定的。从这里可以看出,水平尾翼的重要作用之一在于保证飞机具有纵向静稳定性。

飞机的纵向稳定性主要取决于飞机重心的位置,只有当飞机的重心位于焦点前面时,飞机才是纵向稳定的;如果飞机的重心位于焦点之后,飞机则是纵向不稳定的。重心前移可以增加飞机的纵向稳定性,但并不是静稳定性越大越好。若静稳定性过大,升降舵的操纵力矩就难以使飞机抬头。重心前移使稳定性过大,会导致飞机的操纵性变差。重心位置后移时,将削弱飞机的纵向稳定性,因此在配置飞机载重时,应注意妥善安排各项载重位置,不要使飞机重心后移过多。

现代飞机采用主动控制技术,允许飞机纵向静不稳定,即允许飞机重心位于焦点之后。对于不稳定的飞机,随着迎角的增加,平尾靠自动器使上偏量增加,增大低头力矩,使飞机保持纵向稳定。这样,设计飞机时就不一定需要花力气把飞机重心配到焦点之前,尾翼也不需要很大的面积,从而可以大大减轻飞机的重量,提高飞机性能。

2．飞机的方向稳定性

飞机的方向稳定性是指当飞机受扰动失去方向平衡,而在扰动消失后又自动恢复到原来平衡状态的特性。

飞机主要靠垂直尾翼的作用来保证方向稳定性。方向稳定力矩是在侧滑中产生的。飞机的侧滑飞行是一种既向前,又向侧方的运动,此时,飞机的对称面和相对气流方向不一致,如图 5-53 所示。飞机产生侧滑时,空气从飞机侧方吹来,这时相对气流方向和飞机对称面之间有一个侧滑角。相对气流从左前方吹来叫左侧滑;相对气流从右前方吹来叫右侧滑。

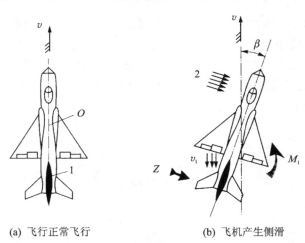

(a) 飞行正常飞行　　　　　　　(b) 飞机产生侧滑

1—垂直尾翼；2—阵风；Z—附加力；M_1—恢复力矩；

O—飞机重心；v_1—相对速度；v—飞行速度

图 5-53　垂直尾翼与方向稳定性

飞机在飞行过程中受到微小扰动,机头右偏,如图 5-53(b)所示,出现左侧滑,气流从飞机的左前方吹来作用在垂直尾翼上,产生向右的附加侧力 Z。此力对飞机重心形成一个方向稳定力矩,力图使机头左偏,消除侧滑,使飞机趋向于恢复方向平衡状态,因此飞机具有方向稳定性。

相反,飞机出现右侧滑时,就形成使飞机向右偏转的方向稳定力矩。由此可见,只要有侧滑,飞机就会产生方向稳定力矩,并使飞机消除侧滑恢复到原来的平衡状态。

随着飞行马赫数的提高,特别是在超过声速之后,立尾的侧力系数迅速减小,产生侧力的能力急速下降,使得飞机的方向静稳定性降低。在设计超声速战斗机时,为了保证在最大平飞马赫数下仍具有足够的方向静稳定性,往往把立尾的面积做得很大,有时候需要选用腹鳍以及采用双立尾来增大方向稳定性。

3. 飞机的横侧向稳定性

飞机受到扰动以致横侧向平衡状态遭到破坏,而在扰动消失后,如飞机自身产生一个恢复力矩,使飞机趋向于恢复原来的平衡状态,就具有横侧向稳定性。反之,就没有横侧向稳定性。在飞行过程中,使飞机自动恢复原来横侧向平衡状态的滚转力矩主要是由机翼上反角、机翼后掠角和垂直尾翼的作用产生的。

如图 5-54 所示,飞机在平飞过程中,当一阵风吹到飞机的左翼上,使飞机的左翼抬起,右翼下沉,飞机受扰动而产生向右的倾斜,使飞机沿着合力的方向沿右下方产生侧滑。此时,空气从左前方吹来,因上反角的作用,右翼有效迎角增大,升力也增大;左翼则相反,有效迎角和升力都减小。左右机翼升力之差形成的滚转力矩力图减小或消除倾斜,进而消除侧滑,使飞机具有自动恢复横侧向平衡状态的趋势。也就是说,飞机具有横侧向稳定性。

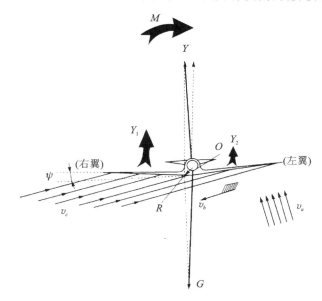

v_a—阵风速度;v_b—侧滑速度;v_c—相对风速;

O—飞机重心;M—恢复力矩;ψ—上反角

图 5-54　机翼上反角与横侧向稳定性

机翼后掠角也使飞机具有横侧向稳定性。如图 5-55(a)所示,当飞机受到外界干扰产生向右的倾斜时,飞机的升力也跟着倾斜,飞机将沿着合力 R 的方向产生侧滑。由于后掠角的作用,飞机右翼的有效速度 v_1 大于左翼的有效速度 v_3,如图 5-55(b)所示,所以,在右翼产生的升力将大于左翼上产生的升力,两边机翼升力之差形成滚转力矩,力图减小或消除倾斜,使飞机具有横侧向稳定性。

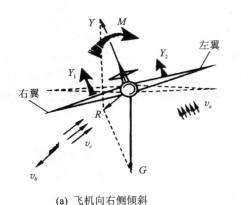 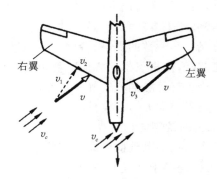

(a) 飞机向右侧倾斜　　　　　　　(b) 后掠角对有效速度的影响

v_a—阵风速度；v_b—侧滑速度；v_c—相对风速；M—恢复力矩

图 5 - 55　机翼后掠角与横侧向稳定性

　　跨声速或超声速飞机,为了减小激波阻力,大都采用了后掠角比较大的机翼,因此,后掠角的横侧向静稳定作用可能过大,以致当飞机倾斜到左边后,在滚转力矩的作用下,又会倾斜到右边来。于是,飞机左右往复摆动,形成飘摆现象。为了克服这种不正常现象,可以采用下反角的外形来削弱后掠机翼的横侧向静稳定性。

　　低、亚声速飞机大都为梯形直机翼,为了保证飞机的横侧向静稳定性要求,几乎都会有几度大小的上反角。此外,如果机翼和机身组合采用上单翼布局形式,也会起到横侧向静稳定作

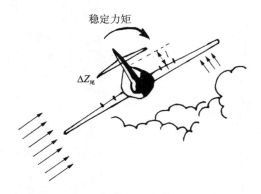

图 5 - 56　垂直尾翼产生的横侧向稳定力矩

用;相反,采用下单翼布局形式,则会起到横侧向静不稳定作用。这一点在选择上反角时也应综合考虑。

　　垂直尾翼也能产生横侧向稳定力矩,这是因为出现倾侧以后,垂直尾翼上产生附加侧力($\Delta Z_{尾}$)的作用点高于飞机重心一段距离 l,如图 5 - 56 所示,此力对飞机重心形成横侧向稳定力矩,力图消除倾侧和侧滑,使飞机恢复横侧向平衡状态。

　　飞机在不稳定气流中飞行时,经常会遇到各种干扰的作用。飞机具有静稳定性,表明该飞机在平衡飞行状态具有抗外界干扰的能力。但为了保证飞机的稳定飞行,不能单纯依靠飞机自身的稳定性,飞行员也要积极地实施操纵,并做及时修正。

5.2.3　飞机的操纵性

　　飞机不仅应有自动保持其原有平衡状态的稳定性,而且还要求具有良好的操纵性。飞机的操纵性又称为飞机的操纵品质,是指飞机对操纵的反应特性。操纵则是飞行员通过驾驶机构改变飞机的飞行状态,操纵主要通过驾驶杆和脚蹬等驾驶机构来实现。驾驶员推拉驾驶杆和踩脚蹬的力量被视为操纵的"输入量",驾驶杆和脚蹬所产生的位移也可以被视为"输入量",而飞机的反应,如迎角、侧滑角、过载、角速度、飞行速度的变化量等则视为操纵的"输出量"。

　　飞机在空中的操纵是通过操纵气动舵面——升降舵、方向舵和副翼来进行的,如图 5-57 所示。驾驶员坐在驾驶舱中,通过驾驶杆和脚蹬或者自动驾驶仪等控制设备偏转这三个主操纵面,使飞机绕其纵轴、横轴和立轴转动,从而改变飞机的飞行姿态。如果驾驶员用适当的力操纵驾驶杆或脚蹬使操纵面偏转,飞机很快做出反应,按照驾驶员的意图改变飞行姿态,那么,这架飞机就具有良好的操纵性。

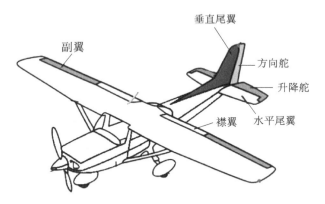

图 5-57　飞机的主要气动舵面

　　各个操纵面控制飞机的原理都是一样的,即通过操纵面的偏转改变升力面上的空气动力,增加或减少的空气动力相对于飞机重心产生一个使飞机按需要改变飞行姿态的附加力矩。
　　与稳定性一样,飞机的操纵性同样可分为纵向操纵性、方向操纵性和横向操纵性。
　　1. 飞机的纵向操纵
　　飞机在飞行过程中,操纵升降舵,飞机就绕着横轴转动,产生俯仰运动。飞行员向后拉驾驶杆,经传动机构传动,升降舵向上偏转,这时,水平尾翼上的向下附加升力就产生使飞机抬头的力矩,使机头上仰,如图 5-58(a)所示;向前推驾驶杆,则升降舵向下偏转,使机头下俯,如图 5-58(b)所示。
　　现代的超声速飞机多以全动式水平尾翼代替了只有升降舵可以活动的水平尾翼。这是因为全动式水平尾翼的操纵效能比升降舵的操纵效能高得多,可以大大改善超声速飞机的纵向操纵性。
　　2. 飞机的横向操纵
　　飞机在飞行过程中操纵副翼,飞机就绕着纵轴转动,产生滚转运动。向右压驾驶杆时,右副翼上偏转,左副翼下偏转,如图 5-59 所示,使右翼升力减小,左翼升力增大,从而产生向右的滚转力矩,飞机向右倾斜或滚转;向左压杆时,情况完全相反,飞机向左倾斜或滚转,如图 5-58(c)所示。
　　3. 飞机的方向操纵
　　飞机在飞行过程中操纵方向舵,飞机则绕着立轴转动,产生偏航运动。飞机的方向操纵依靠位于机身尾部的装在垂直安定面后缘的方向舵来实现。脚蹬通过传动机构与方向舵相连,如图 5-60 所示。飞行员向前蹬左脚蹬,方向舵向左偏转,在垂直尾翼上产生向右的附加侧力,此力使飞机产生向左的偏航力矩,机头向左偏转,如图 5-58(d)所示;向前蹬右脚蹬,飞机产生向右的偏航力矩,机头向右偏转。

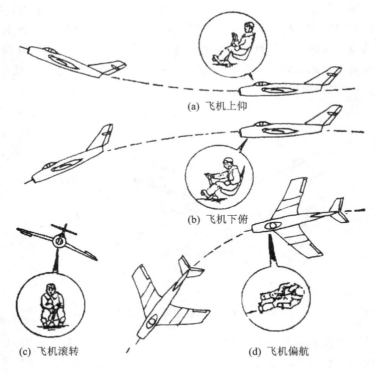

(a) 飞机上仰

(b) 飞机下俯

(c) 飞机滚转

(d) 飞机偏航

图 5-58　飞机操纵动作与飞行姿态示意图

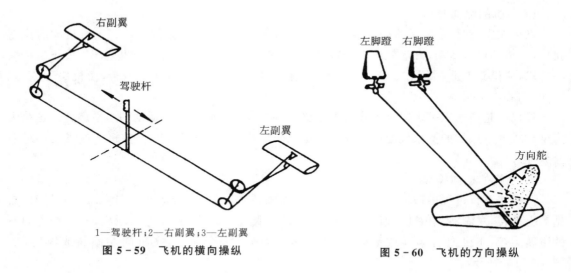

1—驾驶杆；2—右副翼；3—左副翼

图 5-59　飞机的横向操纵　　　　　　**图 5-60　飞机的方向操纵**

　　飞机的稳定性和操纵性必须是驾驶员认为满意的,即在稳定飞行时,驾驶员不必干预而飞机靠自身能力能保持驾驶员所希望的稳定平衡状态;要飞机改变状态时,驾驶员通过驾驶杆和脚蹬,不用花费很大力气,就可以达到所期望的飞行状态变化。各操纵面所需的操纵力(统称为驾驶杆力,简称为杆力)既不能太重,也不能太轻。总之,飞机的稳定性和操纵性的安排原则是要使大多数驾驶员满意。

　　应当指出,飞机的稳定性是飞机本身的一种特性,它与飞机的操纵性有密切的关系,二者需要协调统一。很稳定的飞机,操纵往往不灵敏;操纵很灵敏的飞机,则往往不太稳定。一般来说,对于军用战斗机,操纵应当很灵敏;而对于民用旅客机,则应有较高的稳定性。稳定性与操纵性应综合考虑,以获得最佳的飞机性能。

5.3　直升机的飞行原理

一般认为,直升机技术要比固定翼飞机复杂,其发展也比固定翼飞机慢。但随着对直升机空气动力学、直升机动力学等学科认识的不断深入和先进航空电子技术、新工艺等的应用,直升机在近年来也有了很大的发展。直升机的直线飞行最大速度已超过 400 km/h,是由英国"山猫"直升机于 1986 年 8 月 11 日创造的。除了创纪录飞行,直升机的巡航速度一般为 250~350 km/h,实用升限达 4 000~6 000 m,航程达 400~800 km。与固定翼飞机相比,直升机存在速度慢、航程短、飞行高度低、振动和噪声较大以及由此引起的可靠性较差等问题。

直升机飞行的特点是:能垂直起降,对起降场地没有太多的特殊要求;能在空中悬停;能沿任意方向飞行;飞行速度比较低,航程相对比较短。当前,直升机在民用和军用的各个领域都得到了广泛的应用。特别是在军用方面,武装直升机在现代战争中发挥的作用越来越大。此外,吊运大型装备的起重直升机以及侦察、救护、森林防火、空中摄影、地质勘探等多用途直升机应用也非常广泛。

5.3.1　直升机旋翼的工作原理

旋翼是直升机的关键部件。它由数片(至少两片)桨叶和桨毂构成,形状像细长机翼的桨叶连接在桨毂上。桨毂安装在旋翼轴上,旋翼轴方向接近于铅垂方向,一般由发动机带动旋转。旋转时,桨叶与周围空气相互作用,产生空气动力。

直升机旋翼绕转轴旋转时,每个桨叶的工作原理都与机翼类似。沿旋翼旋转方向在半径 r 处切一刀,其剖面形状是一个翼型,如图 5-61(a)所示。翼型弦线与垂直于桨毂旋转轴的桨毂旋转平面之间的夹角称为桨叶的安装角(或称桨距),以 φ 表示,如图 5-61(b)所示。相对气流 v 与翼弦之间的夹角称为该剖面的迎角 α。因此,沿半径方向每段叶片上产生的空气动力 R 可分解为沿桨轴方向上的分量 F_1 和在旋转平面上的分量 D_1。F_1 将提供悬停时需要的拉力;D_1 产生的阻力将由发动机所提供的功率来克服。

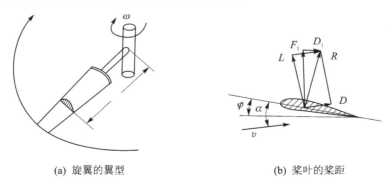

(a) 旋翼的翼型　　　　　　　　　　　　(b) 桨叶的桨距

图 5-61　直升机旋翼的工作原理

旋翼旋转所产生的拉力和阻力的大小不仅取决于旋翼的转速,而且取决于桨叶的桨距。调节旋翼的转速和桨距都可以达到调节拉力大小的目的。但是旋翼转速取决于发动机的主轴转速,而发动机转速有一个最佳的工作范围,因此,拉力的改变主要靠调节桨叶桨距来实现。但是,桨距变化将引起阻力力矩变化,所以,在调节桨距的同时还要调节发动机油门,保持转速尽量接近最有利的工作转速。

5.3.2　直升机的飞行性能

直升机的飞行性能分为垂直飞行性能和前飞性能两类。

1. 垂直飞行性能

垂直飞行性能包括:在定常状态(作用在直升机上的力和力矩都处于平衡的无加速度运动的状态)时不同高度的垂直上升速度;理论静升限,即垂直上升速度为 0 时所对应的极限高度,也称为悬停高度。这个高度是个理论值,也是达不到的。因此,通常把垂直上升速度为 0.5 m/s 所对应的高度称为实用静升限,或实用悬停高度。

2. 前飞性能

直升机前飞性能与固定翼飞机的飞行性能相似,包括:

① 平飞速度范围,是指在不同高度的巡航速度、有利速度和最大速度;

② 爬升性能,是指在不同高度上具有前进速度时的最大爬升率、达到不同高度所需的爬升时间及可能爬升到的最大高度(平飞升限或动升限);

③ 续航性能,包括在不同高度的最大续航时间和最大航程;

④ 自转下滑性能,是指在不同高度的最小下滑率和最小下滑角。

5.3.3　直升机的操纵性和稳定性

1. 直升机的操纵系统和操纵性

直升机的操纵系统是指传递操纵指令,进行总距操纵、变距操纵和脚操纵(或航向操纵)的操纵机构和操纵线路。通过总距操纵来实现直升机的升降运动;通过变距操纵来实现直升机的前后左右运动;通过航向操纵来改变直升机的飞行方向。图 5 - 62 和图 5 - 63 所示为直升机的旋翼操纵机构和尾桨操纵机构。

(1) 总距操纵

总距操纵是用来操纵旋翼的总桨距,使各片桨叶的安装角同时增大或减小,从而改变旋翼拉力的大小。当拉力大于直升机重力时,直升机就上升;反之,直升机则下降,如图 5 - 64(a)所示。总距操纵是通过操纵座舱内驾驶员座椅左侧的油门总距杆来实现的。旋翼总桨距改变时,旋翼的需用功率也随之改变。因此,必须相应地改变发动机的油门,使发动机的输出功率与旋翼的需用功率相匹配以保持旋翼速度不变。为减轻驾驶员负担,发动机油门操纵和总距操纵通常是交联的,改变总距时,油门开度也相应地改变。因此,总距操纵一般又称为总桨距-油门操纵。

(2) 变距操纵

变距操纵是通过驾驶员操纵驾驶杆来实现的。当操纵驾驶杆时,自动倾斜器使桨叶的桨距周期性地改变,也就是说,旋翼每片桨叶的桨距在每一转动周期(即每转一周),先增大到某一数值,然后下降到某一最小数值,周而复始,如图 5 - 64(b)所示,从而使桨叶升力周期改变,并

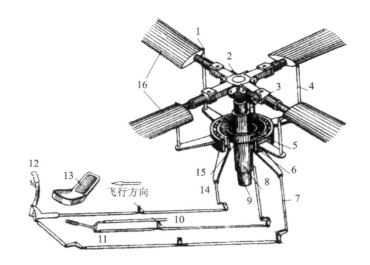

1—桨叶摇臂;2—桨毂;3—拨杆;4—变距拉杆;5—外环;6—旋转环;
7—横向操纵摇臂;8—滑筒;9—导筒;10—与发动机节气门连接;11—油门桨距杆;
12—驾驶杆;13—座椅;14—纵向操纵摇臂;15—内环;16—桨叶

图 5－62　旋翼操纵机构

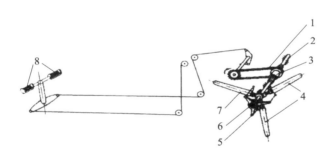

1—链条;2—滑动操纵杆;3—蜗杆套筒;4—桨叶;
5—操纵变距环;6—轴承;7—桨叶;8—脚蹬

图 5－63　尾桨操纵机构

由此引起桨叶周期性的挥舞,最终导致旋翼锥体相对于机体向着驾驶杆运动的方向倾斜。由于拉力基本上垂直于桨盘平面,故拉力也向驾驶杆运动方向倾斜,从而实现纵向(包括俯仰)及横向(包括滚转)运动。例如,当拉力前倾时,产生向前的分力,直升机向前运动,如图 5－64(c)所示;同理,当拉力后倾时,产生向后的分力,直升机向后运动。

(3) 脚操纵

脚操纵是用脚蹬操纵尾桨的总桨距,从而改变尾桨的推力(或拉力)的大小,实现航向操纵。当尾桨的推力(或拉力)改变时,此力对直升机重心的力矩与旋翼的反作用力矩不再平衡,直升机绕立轴转动,使航向发生改变。

直升机的操纵性是指直升机的运动状态对驾驶员操纵动作的反应能力。驾驶员通过操纵驾驶杆的纵向或横向位移,来改变自动倾斜器的倾斜角,以实现纵向和横向力矩操纵。通过操纵脚蹬的位移,来改变尾桨桨距以实现航向力矩操纵。

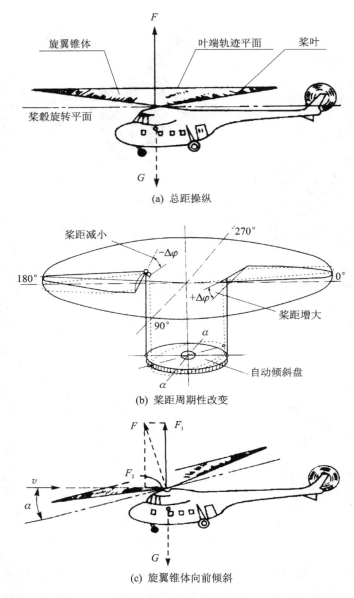

(a) 总距操纵

(b) 桨距周期性改变

(c) 旋翼锥体向前倾斜

图 5 - 64 直升机的操纵

2. 直升机的稳定性

直升机的稳定性是指直升机受到扰动后能够自己恢复其原来状态的能力,通常分为静稳定性和动稳定性。一般情况下,直升机受到扰动后偏离原来的平衡状态,当扰动消失后,直升机的运动状态可能会出现以下 4 种情况:非周期衰减运动——动稳定,非周期发散运动——动不稳定,周期减幅运动——动稳定,周期增幅运动——动不稳定。此外,还可能有非周期中性运动和周期等幅运动。直升机的动稳定性通常不能令人满意,受到扰动后,其纵向运动和横向运动一般表现为周期增幅运动。

思 考 题

1. 什么是翼型？什么是迎角？

2. 试述超声速飞机的外形特点。

3. 试述后掠机翼、三角形机翼、小展弦比机翼、变后掠机翼、边条机翼等的特点。

4. 低速飞机和超声速飞机在外形上有何区别？

5. 升力是如何产生的？它和迎角有何关系？

6. 影响升力的因素有哪些？它们和升力之间有何关系？

7. 简述飞机增升装置的种类和增升原理。

8. 低速飞机在飞行过程中会产生哪些阻力？试说明各种阻力的影响因素及减阻措施。

9. 什么是最小平飞速度、最大平飞速度和巡航速度？

10. 飞机的起飞和着陆性能指标有哪些？如何提高飞机的起飞和着陆性能？

11. 什么是飞机的机动性？

12. 什么是飞机的稳定性？影响飞机纵向稳定性、方向稳定性以及横向稳定性的因素分别有哪些？

13. 飞机的操纵性指的是什么？驾驶员如何实现飞机的俯仰、偏航和滚转动作？

14. 试简述直升机旋翼的工作原理。

15. 直升机是如何操纵来实现上飞、下降、前飞、后飞的？

第6章　航空动力装置

6.1　航空动力装置概述

产生推力推动飞行器前进的装置称为动力装置,也称为推进系统。动力装置由发动机、燃油系统、滑油系统以及保证发动机正常有效工作所必需的导管、附件、仪表和飞行器上的固定装置等组成,如图 6-1 所示。为了方便,通常把动力装置简称为发动机。

图 6-1　航空动力装置组成

航空器是伴随着发动机的发展而发展的,航空发动机的历史可以从 1903 年美国莱特兄弟实现人类历史上首次有动力飞行算起。从 1903 年至今,航空发动机的发展可以分为两个阶段,第一个阶段从 1903 年到第二次世界大战结束,持续 40 年左右,为活塞发动机时期。第二次世界大战结束前后,活塞发动机的功质比(功率/质量)已达到 1 492 W/kg,飞行高度达 15 km,飞行速度从 16 km/h 提高到 800 km/h,已接近螺旋桨飞机的速度极限。由于受到推进原理的限制,采用活塞发动机的飞机速度不能再进一步提高,不可能达到或者接近声速,因此随着涡轮喷气发动机的出现和发展,航空发动机进入到了它的第二个阶段——喷气推进时代。喷气式发动机是一种反作用的推进装置。低速工质(空气和燃料)经过增压、燃烧以后,以高速喷出,从而直接产生反作用力。目前,活塞发动机多用于小型低速飞机,喷气发动机多用于高速飞行器。按照航空发动机产生推力的原理和发动机的工作原理不同将其可分为两大类,如图 6-2 所示。

活塞式发动机是一种把燃料的热能转化为带动螺旋桨或旋翼转动的机械能的发动机。螺旋桨高速旋转时,使空气加速向后流动,空气对螺旋桨产生反作用力,从而推动飞行器前进。因此活塞式发动机并不直接产生使飞行器前进的推力,而是通过带动螺旋桨转动产生推力。活塞式发动机又可以根据气缸冷却方式、供油方式、气缸排列方式、是否增压等再进一步细分。

空气喷气发动机是利用大气层中经过压缩的空气与所携带的燃料燃烧产生高温、高压燃气,燃气在发动机的尾喷管中膨胀,以高速喷出,从而产生反作用推力。流进发动机的空气可以由专门的压气机使其压缩,也可以通过将高速流进发动机的空气(当飞行器以很高的速度飞行时)滞止下来而产生高压,因此,空气喷气发动机可分为无压气机的和有压气机的两类。

在有压气机的空气喷气发动机中,压气机用燃烧室后的燃气涡轮来驱动,因此这类发动机又称为燃气涡轮发动机,是目前应用最广泛的航空发动机。按其出口燃气可用能量的利用方式不同,燃气涡轮发动机又可分为涡轮喷气发动机(简称涡喷发动机)、涡轮风扇发动机(简称涡扇发动机)、涡轮螺桨发动机(简称涡桨发动机)、涡轮桨扇发动机(简称桨扇发动机)和涡轮轴发动机(简称涡轴发动机)等类型。

无压气机的空气喷气发动机可分为冲压式喷气发动机与脉动式喷气发动机两种类型。

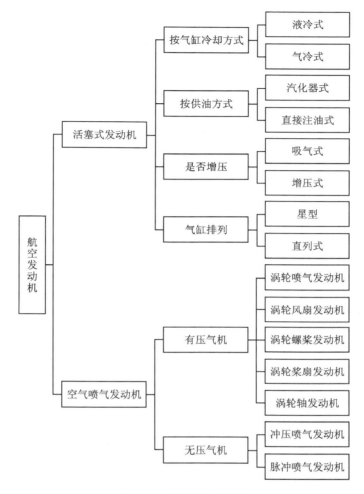

图 6-2 航空发动机分类

6.2 活塞式航空发动机

6.2.1 结构及工作原理

活塞式航空发动机是一种燃烧汽油的往复式内燃机,基本组件包括气缸、活塞、连杆、曲轴、气门机构和机匣等,如图 6-3 所示。发动机工作时,曲轴不断地做旋转运动,活塞在连杆的驱动下,在气缸内做上下移动的直线往复运动。在气缸头上有一个进气活门和排气活门,两个气门内分别装有可上下移动的进气阀和排气阀。当进气阀向下移动时,进气活门打开,空气与汽油的混合物进入气缸;同样,当排气阀向下移动时,排气活门打开,气缸内燃烧过的气体排出气缸外。

气缸是发动机的工作腔,油气混合气体在气缸内燃烧,产生高温高压燃气推动活塞做直线运动,并带动曲轴旋转。

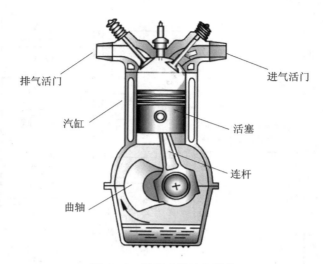

图 6 - 3   活塞式发动机结构

活塞用于承受油气混合气体在燃烧时所产生的燃气压力,并将燃料燃烧后的内能转变为活塞运动的机械能。当曲轴的曲柄转到最下位置时,相应地活塞在气缸中的位置也处于最下端,此时活塞所处的位置称为下死点;当曲轴的曲柄转到最上的位置时,活塞在气缸中也处于最上端,此处称为上死点。

连杆将活塞和曲轴连接在一起,用于传递活塞和曲轴之间的运动。曲轴将活塞的往复运动变成自身的旋转运动,并带动螺旋桨转动,使发动机产生推力。

活塞式发动机一般都用汽油作为燃料,它的每一个工作循环包括 4 个冲程(或行程,即活塞在气缸中上下运动各 2 次),即进气冲程、压缩冲程、膨胀冲程和排气冲程,如图 6 - 4 所示。

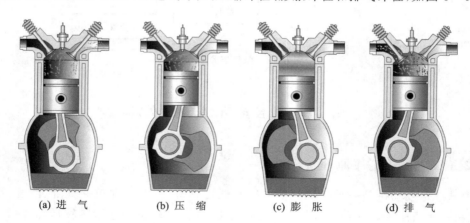

(a) 进 气   (b) 压 缩   (c) 膨 胀   (d) 排 气

图 6 - 4   活塞式发动机的 4 个冲程

在进气冲程中,活塞从上死点运动到下死点,进气活门开放而排气活门关闭,雾化了的汽油和空气的混合气体被下行的活塞吸入气缸内。在压缩冲程中,活塞从下死点运动到上死点,进气活门和排气活门都关闭,混合气体在气缸内被压缩。在上死点附近,由装在气缸头部的火花塞点火。在膨胀冲程中,混合气体点燃后,具有高温高压的燃气开始膨胀,推动活塞从上死点向下死点运动。在此冲程中,燃烧气体所蕴含的内能转变为活塞运动的机械能,并由连杆传给曲轴,成为带动螺旋桨转动的动力,所以膨胀冲程也称为做功冲程。在排气冲程中,活塞从下死点运动到上死点,排气活门开放,燃烧后的废气被活塞排出缸外。当活塞到达上死点后,排气活门关闭,此时就完成了 4 个冲程的循环。

活塞式航空发动机中,曲轴每转两转,活塞在气缸中上下各移动两次,经过进气、压缩、膨胀和排气 4 个冲程,完成发动机的一个热力循环。空气和燃油按一定比例形成混合气,在压缩冲程终了时点火并在定容条件下燃烧,高温高压燃气膨胀,迫使活塞移动并通过连杆推动曲轴旋转做功。

6.2.2　分　类

活塞式发动机具有油耗小、成本低、工作可靠等特点,为了适应不同用途飞机的需要,活塞式航空发动机有多种不同的类型。

按气缸的冷却方式可将发动机分为液(水)冷式和气(空气)冷式两种。早期飞机的飞行速度很低,多采用液冷式发动机。随着飞行速度的提高,可以利用高速气流直接冷却气缸,气冷式发动机得到了广泛应用。

按供油方式不同又可以将发动机分为汽化器式和直接注油式,其中直接注油式应用较为广泛。

按照气体进入气缸前是否增压,又可以将发动机分为吸气式和增压式两种。

按照气缸排列方式又可以将发动机分为星型和直列式。星型发动机的气缸以曲轴为中心沿机匣向外呈辐射状均匀排列,如图 6-5 和图 6-6 所示。最常见的星型发动机有单排和双排两种形式,每排的气缸数少则有 5 缸,多的可达 9 缸。星型发动机多为气冷式。直列式发动机气缸沿机匣前后成行排列,最常见的直列式发动机为水平对置型,如图 6-6 所示的水平对置发动机。此外,还有直列式和 V 形等排列形式。活塞发动机做成不同的气缸排列形式主要是因为涉及两个问题:冷却和提高功率。

(a) 双排星型发动机　　　　　　　(b) 安装螺旋桨的星型发动机

图 6-5　双排星型发动机

活塞式航空发动机一般以汽油为燃料,汽油机的运转速度很高,气缸内每秒钟要点火燃烧几十次,燃气温度高达 2 000 ℃,高温高压的工作条件使气缸壁面温度很高,以致汽油喷入后,活塞还未运行到下死点,油气混合物还未达到设计的最大压缩比,火花塞还未点火,汽油就被高温壁面加热而自燃,出现爆震,形成所谓的"敲缸"现象。这不但会使发动机有效输出功率下降,还会使发动机零部件寿命大大缩短,同时还会使润滑油裂解,破坏气缸的润滑性能,降低气

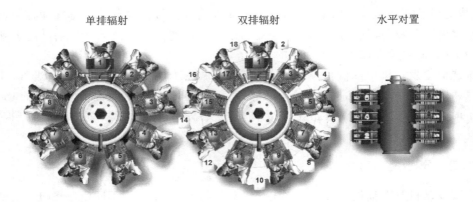

单排辐射　　　　　　　双排辐射　　　　　　　水平对置

图 6 - 6　星型发动机和水平对置发动机

缸寿命。因此活塞式发动机在工作时必须尽量避免"敲缸"现象出现，而解决这一问题的有效途径就是对发动机气缸进行冷却。

要对发动机进行冷却，最传统和最直接的方法就是直接在气缸外壁面加水套，如图 6 - 7 所示，用外部循环水进行冷却，也称液体冷却（简称液冷）。这种冷却方式虽然简单，但由于必须设置一个循环冷却系统，除了水箱、水泵、空气散热器和相应的管路系统外，还必须带上一箱沉甸甸的水，复杂而笨重，对于每一克重量都要斤斤计较的飞机设计师而言，这是难以容忍的。

1909 年 8 月 22 日，在法国兰斯举行了历史上首次世界航空博览会，这就是现在著名的巴黎航展的前身。在这次博览会上，法国人塞甘兄弟发明的旋转气缸式发动机——"土地神"活塞发动机引起了大会的轰动，这是一台五缸星型发动机，功率达 50 马力（37 kW），功质比达到 0.69，这些都是当时的液冷发动机望尘莫及的。"土地神"发动机的气缸可在空气中旋转，因此无论在地面还是空中都能得到有效的冷却。该发动机结构的最大特点就是取消了飞轮和液冷装置，气缸以曲轴为中心，排成星形，因此又称星型发动机。该发动机暖机快、启动快，并且在气缸外壁采用了大量薄壁散热片，外形光洁利落，迎风阻力小。这些特点使得发动机重量轻、阻力小、加速快，特别适合于战斗机使用。该系列发动机有单排的 5 缸、7 缸和 9 缸（见图 6 - 8）以及双排的 14 缸等，功率从 50 马力（37 kW）到 163 马力（120 kW）不等。由于此系列发动机的巨大成功，各国纷纷仿制或研制，出现了多种型号的旋转气缸发动机。

图 6 - 7　V 形液冷式活塞发动机

图 6 - 8　"土地神"活塞发动机

6.2.3　辅助系统

发动机除基本组件外,还需要一些必需的辅助系统才能保证发动机安全、可靠地工作。活塞式航空发动机的辅助系统主要包括燃油系统、滑油系统、点火系统、启动系统和冷却系统。

1. 燃油系统

燃油系统的功用是储存燃油和向发动机连续供油,由燃料泵、化油器或燃料喷射装置等组成。在供油过程中,燃料泵把汽油压入化油器或燃料喷射装置,将燃油雾化并与空气均匀掺混成为新鲜油气混合物之后,供入气缸。由于油气混合物的配置方法不同,故有化油器式和喷油式两种燃油系统。

2. 滑油系统

滑油系统的功用是减轻发动机上各个相对运动机件之间的摩擦,通过滑油的循环带走各机件摩擦产生的金属碎屑、加强发动机内部冷却等。在该系统中,滑油泵不断地将滑油从滑油箱中吸出,使滑油在发动机内部循环后重新返回滑油箱。

3. 点火系统

点火系统由磁电机、分电器和火花塞三部分组成。磁电机是产生高压电的自备电源,通过分电器将高压电依次接通各个气缸的火花塞,使火花塞产生电火花,将气缸中的新鲜混合气点燃。

4. 启动系统

要将发动机发动起来,需借助外来动力。启动系统有气体动力和电动力两种,首先使用启动系统将曲轴转动,使发动机由静止状态过渡到正常运转状态,完成启动。

5. 冷却系统

发动机内燃料燃烧时产生的热量除转化为动能和排出的废气所带走的部分热能外,还有很大一部分传给了气缸壁和其他有关部件,冷却系统的作用就是加强发动机的外部冷却,使发动机工作温度保持在规定的范围内,保证发动机安全可靠地工作。根据冷却介质的不同,冷却系统分为气冷式和液冷式两种。

6.2.4　主要性能指标

活塞式发动机的主要要求是重量轻、功率大、尺寸小和油耗省等,其主要性能指标有以下几个:

1. 做功能力

(1) 指示功率

气体在气缸内经过一个理论循环所做的功称为指示功,发动机的指示功率是指单位时间内整个发动机所做的指示功,即组成发动机的所有气缸的指示功与每秒完成的工作循环数之积。

(2) 机械损失及摩擦功率

机械损失主要包括:摩擦损失;进排气损失,即进排气过程中克服压差所耗的功;辅助系统耗功。以上 3 项机械损失造成的功率损失合称为摩擦功率。

(3) 有效功率

发动机输送给螺旋桨的功率称为有效功率,通常所说的发动机功率指的就是有效功率,活塞式发动机的有效功率等于指示功率减去摩擦功率。

影响有效功率的因素有很多，除发动机转速、进气压力外，还有进气温度、大气压力和温度、油气比、滑油温度、飞行速度等。在使用转速范围内，发动机转速越高则有效功率越大。进气压力增加或进气温度降低，有效功率增大；随飞行高度升高，大气温度和压力均减小，则有效功率逐渐减小。滑油温度保持在要求的温度范围内，有效功率高，否则有效功率低。

2. 经济性

（1）机械效率

发动机的有效功率与指示功率之比称为发动机的机械效率。机械效率越大，有效功率所占指示功率的份额越多，机械损失越小。

（2）有效效率

发动机在每一个工作循环中所做的有效功与该循环中所加燃料的理论发热量之比称为发动机的有效效率。有效效率计入了燃料的理论发热量转换为有效功过程中的热损失和机械损失的总损失。

吸气式发动机的有效效率为 20%～30%；增压式发动机的有效效率为 16%～28%。

（3）单位燃油消耗率

在实际的使用中，通常用单位燃油消耗率来表述发动机的经济性指标。每小时内产生单位功率所消耗的燃料质量称为单位燃油消耗率。燃油消耗率是描述活塞式航空发动机经济性的重要参数之一。单位燃油消耗率越小，则发动机的经济性越好。

从 1903 年第一架飞机上天到 20 世纪 40 年代末，活塞式发动机获得了飞速发展，主要表现为：单机功率由 9 kW 提高到 1 800～3 500 kW；功质比由 0.12 kW/kg 提高到 1.85 kW/kg；巡航耗油率由 0.46～0.48 kg/(kW·h)降至 0.26～0.28 kg/(kW·h)；寿命从数小时发展到上千小时；年产量达到数十万台，装备了上百万架飞机。

然而，由于发动机的功率与飞机飞行速度的三次方成正比，随着飞行速度的进一步提高，发动机功率进一步增大，活塞式发动机的重量也迅速增大，已经不能满足高速飞行的要求；另一方面，螺旋桨的效率在飞行速度大于 700 km/h 后开始明显下降，这是由于当飞机以接近声速飞行时，螺旋桨桨叶叶尖上的速度会很大，以至于超过声速，甚至大部分桨叶处于超声速范围内，这样就产生了激波和波阻，发动机的大部分功率必须用来克服波阻，从而使螺旋桨的效率很快降低。以上两方面均限制了飞行速度的提高。因此，二战后，随着新型航空发动机的出现和发展，活塞式发动机逐渐退出了大中型飞机领域。

尽管活塞式发动机的以上缺点限制了它在高速飞行中的应用，但是对低速飞机而言，它具有喷气式发动机无可比拟的优点，即效率高、耗油率低、结构简单和价格低廉等。另外，由于燃烧较完全，对环境的污染相对较小，噪声也比喷气发动机小，因此，目前活塞式发动机在初级教练机、超轻型飞机、小型直升机、小型无人驾驶的靶机以及农、林用小型飞机上仍被广泛采用。

6.3 空气喷气式航空发动机

空气喷气式航空发动机可分为无压气机的和有压气机的两类，有压气机的空气喷气发动机又称为燃气涡轮发动机。与活塞式航空发动机相比，两者的工作原理具有明显的差别。活塞式发动机工作时,空气间断地进入气缸中,气体的压缩、燃烧和膨胀过程发生在同一个气缸中,一个工作循环中的 4 个冲程只有一个膨胀过程是对外输出功的。而燃气涡轮发动机工作时,空气是连续不断地被吸入,气体的压缩、燃烧和膨胀过程分别在压气机、燃烧室、涡轮和尾喷管等不同部件中进行,空气在压气机中被压缩后,进入燃烧室,与喷入的燃油混合燃烧,生成高温高压燃气。燃气在膨胀过程中驱动涡轮做高速旋转,将部分能量转变为涡轮的机械能。涡轮带动压气机不断吸进空气并进行压缩,使发动机能连续做功。另外,活塞式发动机是靠大尺寸的螺旋桨推动飞机前进的,而随着飞行速度的增加,特别是接近声速时,飞机的阻力急剧增大,在飞行速度达到 800 km/h 时,螺旋桨的效率急剧下降,使其产生的推力下降,无法满足进一步提高飞行速度的要求,这也正是使用活塞式发动机的飞机不能突破声障的原因。而空气喷气式发动机的推力是随着飞行速度的提高而增加的,这样使飞机的飞行速度不但突破了声障,而且可以超过声速 3 倍以上。

　　航空燃气涡轮发动机在结构上非常简单,它只是将转动的压气机和涡轮连接在同一根轴上,两者之间装有热源(燃烧室)。气流经过压气机后压强增大,经过燃烧室后温度升高,至涡轮前时形成高温高压气体,高温高压气体在涡轮部分膨胀并对涡轮做功,涡轮带动压气机继续对流入的空气进行增压,做过功的气体被加速后排出发动机,同时对发动机形成一股反作用力,推动发动机向前运动。正是由于这种简单性,曾经吸引着发明家专注于此近一个世纪,但由于当时空气动力学和材料技术还没有充分发展,部件的效率太低,涡轮前燃气温度受到涡轮材料的限制,而无法制造出有用的发动机。1939 年,法国的装有涡喷发动机的 He-178 飞机第一次飞行成功,其发动机是德国发明制造的 HeS-3B,推力约为 4 900 N,如图 6-9 所示。

(a) He-178飞机　　　　　　　　　　(b) HeS-3B涡喷发动机

图 6-9　He-178 飞机和第一台涡喷发动机 HeS-3B

小知识——喷气发动机产生推力的原理

　　空气喷气发动机的推力是作用在发动机内外表面上作用力的合力,它是作用和反作用原理在喷气发动机工作中的一种应用,在其他事物上也经常表现出来。如常见的一种玩具——气球,把气球吹足了气,用手捏紧吹气口,这个时候气球内部的气体跑不出来,气球内各个方向上的力都是平衡的,这时它静止不动。如果一放手,气球内部的力失去了平衡,气体便膨胀加速从吹气口向外排出,相当于气球给气体一个向后的力,使气体加速向后面排出,同时流出的气体也就有了一个大小相等、方向相反的力作用在气球上,使气球向相反的方向飞去,如图 6-10 所示。

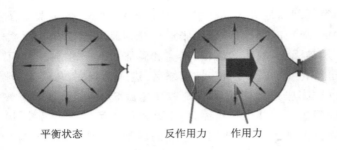

平衡状态　　　　　　反作用力　　作用力

图 6 - 10　气球中的作用力与反作用力

6.3.1　核心机及性能参数

1. 核心机

带有压气机的空气喷气发动机都有一个共同的结构——核心机。核心机由发动机的压气机、燃烧室和涡轮组成,对于双转子或者多转子的发动机来说,核心机由高压压气机、燃烧室和高压涡轮组成。如图 6 - 11 所示的核心机段,由于能够不断地输出具有一定可用能量的燃气,因此又称为燃气发生器。如果说航空发动机是飞机的心脏,那么核心机就是发动机的心脏。这是因为利用核心机能够缩短新机研制周期、提高可靠性或者发展各种类型的燃气涡轮发动机。一款成熟的核心机可以改进为战斗机的涡扇发动机或涡喷发动机、运输机的涡扇发动机,甚至是民航飞机的大涵道比涡扇发动机。

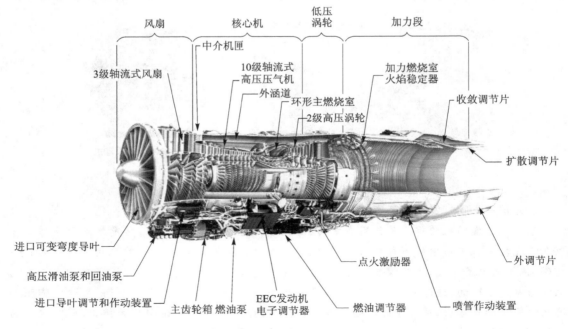

图 6 - 11　F110 发动机及核心机

图 6 - 11 所示为美国通用公司(简称 GE)的 F110 发动机,核心机为 GE9。GE 公司在 GE9 核心机的基础上先是衍生出了 B - 1B 战略轰炸机的 F101 加力式发动机,随后又衍生出 F110 发动机应用于 F - 14 战斗机。随着这两款发动机的成功,GE 公司还以 GE9 核心机为基

础研制了 F404 涡扇发动机(见图 6 - 12(a),用于 F - 18)、F414(用于 F - 18E/F)、F108(用于 B - 2)、F402(用于 A - 12)等,还以 GE9 核心机发展了美国军舰的燃气轮机 LM2500。在 1972 年,GE 公司与法国赛峰公司以 GE9 核心机为基础研制出了世界上最畅销的 10 t 级大涵道比涡扇发动机 CFM56(见图 6 - 12(b)),应用在波音 737、A340 上。

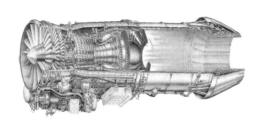

(a) F404发动机　　　　　　　　(b) CFM56发动机

图 6 - 12　基于 GE9 核心机的发动机

由以上例子可以得知,同一种核心机可以演变出不同类型的发动机,只是根据不同的应用方向在核心机基础上增加不同的低压压气机、低压涡轮和不同直径的风扇,从而演变出不同类型或者型号的发动机。

2. 发动机的性能参数

空气喷气发动机的主要性能参数包括如下几个方面:

① 推力:发动机的推力是作用在发动机内外表面上压力的合力,其单位为 N。现代涡喷发动机的推力有几千牛到几百千牛。

② 单位推力:每单位流量的空气(单位为 kg/s)进入发动机所产生的推力称为单位推力,它是衡量发动机性能的重要指标。推力的大小与发动机的尺寸和进入发动机的空气流量有关,大的推力可以靠增大发动机尺寸或加大空气流量来获得,但这样势必会大大增加发动机的重量。因此单凭推力的大小不足以评定一个发动机性能的优劣。

③ 推重比:发动机推力(地面最大工作状态下)和其结构重量之比,它也是衡量发动机性能的一个重要指标。推重比大将有利于提高飞行器的飞行性能。目前先进的空气喷气发动机的推重比已达 8~10。

④ 单位耗油率:产生单位推力(1 N)每小时所消耗的燃油量,其单位为 kg/(N·h)。单位耗油率是发动机经济性的重要指标。目前大型涡扇发动机单位耗油率为 0.04~0.05 kg/(N·h)。

6.3.2　涡轮喷气发动机

涡轮喷气发动机按照压气机类型的不同,可分为离心式涡轮喷气发动机和轴流式涡轮喷气发动机。按发动机转子结构不同,又可分为单转子和双转子涡轮喷气发动机。单转子发动机的结构是在核心机的压气机前面增加了进气道,在涡轮后面增加了尾喷管,如图 6 - 13 所示。双转子发动机则是在单转子发动机基础上增加了低压压气机和低压涡轮,军用发动机还会在涡轮后面增加加力燃烧室。

涡喷发动机主要由进气道、压气机、燃烧室、涡轮、加力燃烧室、尾喷管等组成。

1. 进气道

进气道又称进气扩压器,它将飞机远前方自由流空气引入发动机并将气流减速增压(当飞

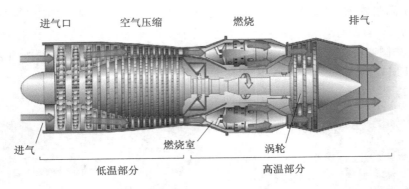

图 6 - 13　单转子涡喷发动机的组成

机飞行速度较大时),是飞机的一个重要部件。进气道是发动机的进气通道,它的主要作用是整理进入发动机的气流,消除旋涡,保证在各种工作状态下都能供给发动机所需要的空气量。为保证在整个飞行范围内发动机高性能而可靠地工作,要求进气道在各工作状态下应具有小的流动损失和低的阻力系统,并满足发动机所需的空气流量以及稳定均匀的进口流场(包括速度场、温度场和压力场)要求;在结构上应简单可靠,重量轻,维护方便。作战飞机还要求进气道有隐身的能力。

　　进气道按来流马赫数范围可分为亚声速、超声速和高超声速进气道;按在飞行器上的布局位置不同可分为头部、两侧、腹部和背置进气道,如图 6 - 14 所示;按调节方式不同可分为几何可调和不可调进气道。由于进气道与机体的气动布局和结构与发动机的工作性能和稳定性密

(a) 头部进气

(b) 两侧进气

(c) 腹部进气

(d) 背置进气

图 6 - 14　进气道在飞机上不同的布局形式

不可分,因此,现代飞机的设计中必须考虑对机体、进气道、发动机进行一体化设计。

由于进气道位于发动机最前端,流入发动机的空气中如含有水分且温度适宜时,就会在进气道内结冰。为保证发动机进气道的畅通,防止因结冰而导致发动机性能变坏以及冰块脱落而打伤发动机,应对进气道采取防冰措施。通常采用从压气机后部引来热空气,流入整流罩和支板的夹层中,对与空气流相接触的表面进行加温;有些发动机的进气道中还铺设有电加温的防冰层。

2. 压气机

压气机的主要作用是将进入发动机的空气压力提高,为燃烧室提供高压空气,以提高发动机热力循环的效率。根据气流在压气机中的流动方向可将压气机分为离心式压气机和轴流式压气机。空气由轴向流入而沿离心方向流出的称为离心式压气机;空气由轴向流入、轴向流出压气机的称为轴流式压气机;由轴流式压气机与离心式压气机组合起来的称为混合式或组合式压气机。按气流流动速度,压气机又可分为亚声速、跨声速和超声速压气机。

离心式压气机主要由离心叶轮、扩散器、导流器和导气管组成,如图 6 - 15 所示。其中离心叶轮与涡轮轴相连,由涡轮带动做高速转动。由于叶轮高速旋转,由导流器进入叶轮中心部位的空气在离心力作用下被甩至出口处,此时空气已有较大的压力和速度。然后再经过扩散器,进一步将速度动能转变为压力能。当气流到达导气管出口处时,空气已具有较高压力,增压后的空气随后流入燃烧室进行燃烧。离心式压气机的增压比(出口压力与进口压力之比)较低,一般小于 10,且离心叶轮直径较大,仅适用于小功率发动机。

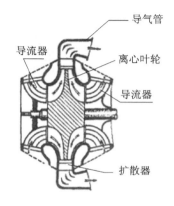

图 6 - 15 离心式压气机的组成

采用离心式压气机的涡喷发动机称为离心式涡喷发动机,如图 6 - 16 所示。离心式压气机结构简单,制造方便,坚固耐用,工作稳定性好,单级增压比大,早期的涡喷发动机都是采用离心式的。但随着飞机飞行的速度越来越高,对压气机的增压比要求也越来越大,而离心式压气机单位迎风面积大,效率、增压比和流通能力不如轴流式压气机,推力受到限制,因此 20 世纪 50 年代以后,只有小型涡轮螺桨发动机和涡轮轴发动机才采用离心式或轴流加离心组合式压气机。

现代航空发动机多采用轴流式压气机。轴流式压气机主要由不旋转的静子和高速旋转的转子两部分组成,如图 6 - 17 所示。静子又称整流器或导向器,由机匣与装在它上面的一排排的静子叶片排组成。转子又称工作轮,由多个轮盘、长轴或前、后轴颈与装在轮盘上的转动叶片组成。压气机转子与涡轮轴相连,在涡轮的带动下高速旋转,叶片在高速转动中对空气做功使气体增压、减速。

通常将转动叶片称为转子叶片或工作叶片,将静子叶片称为整流叶片或导器,一排工作叶片后紧跟一排整流叶片,气流在整流叶片中将速度降低以进一步提高压力,同时按一定的方向流入下一排工作叶片。一排工作叶片与其后的整流叶片是轴流压气机工作的基本单元,称为压气机的一级。由于单级增压比受到限制,发动机上实用的常是多级轴流压气机。目前轴流压气机有 5~17 级,多的可达 24 级以上。

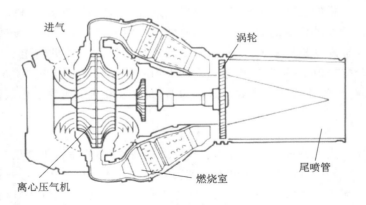

图 6 - 16　离心式涡喷发动机

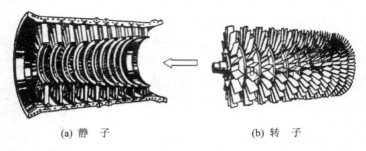

(a) 静　子　　　　　　　　　(b) 转　子

图 6 - 17　轴流式压气机的组成

　　在气流流过压气机的某一流线上,将叶片剖开,其剖面的型面与飞机机翼剖面的型面相似,如图 6 - 18 所示。工作叶片与整流叶片的叶身就是由多个这种型面按一定规律叠加而成的;两个叶片间形成的通道是扩张形,即入口处面积比出口面积小,气流在扩张通道中流过时,速度降低、压力升高。

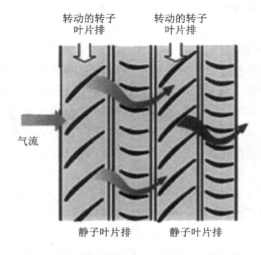

图 6 - 18　轴流式压气机二级叶片剖面图

　　轴流式压气机工作时,工作叶片以很高的速度旋转,对空气做功,不仅使空气受到压缩、压强提高,而且使空气加速,以较大的速度向后排出。气流离开工作叶片后进入整流叶片中,整流叶片不仅按一定角度排列,而且叶片间的通道做成扩张形状。空气流在扩张形的整流叶片通道中流速降低,相应地压力升高,空气在整流叶片中得到进一步增压,增压后的空气以一定角度流出整流叶片进入下一级工作叶片。

空气在压气机的一级中受到压缩的程度(或压力提高的程度)称为一级的增压比。在燃气涡轮发动机中,早期一级的增压比不大,约为 1.1,满足不了发动机所需的高增压比,因此轴流压气机均由多级组成。由于空气在压气机中一级级逐渐被压缩,空气体积逐渐减小,故压气机由前向后的流道截面面积也随之逐渐减小,呈收敛形。因此压气机的第 1 级叶片最长,末级叶片最短。

进入发动机的空气在压气机中压强的提高称为增压比,即压气机出口气流的压强与其进口气流的压强之比。有些发动机由一个、两个或三个压气机组一次串联,构成发动机的增压系统,此系统出口气流的压强与其进口气流的压强之比称为发动机的总增压比。

总增压比的高低对发动机单位推力和耗油率有较大的影响。一般来说,总增压比越高,发动机性能就越好。早期发动机的总增压比为 3~5,目前,先进军用涡喷发动机的总增压比为 8~12,军用涡扇发动机的总增压比约为 25~30,先进民用发动机的总增压比已高达 45,更高总增压比(50~100)的压气机正在研究之中。

小知识——"喘振"

压气机的气流通道是按照一定的工作条件来确定的,它工作的特点是压力逐级升高,越往后压力越高。当叶片旋转时工作叶片推动空气由低压区向高压区流动,这个过程就像人们骑自行车从平地向坡度陡的山地前进,在骑车爬坡过程中要付出较大能量,稍不留神就有翻车的危险。因此压气机工作时有最佳状态,这种状态也叫设计状态或者接近设计状态,此时压气机工作稳定,效率较高,气流能够顺畅地吸进去,又顺畅地向后排出去。但是当转速降低时,增压比跟着降低,而且效率也降低,如果进气压强不变,前面几级的压强降低还不显著,后面几级的压强降低就比较多了。压强降低,气体体积就变大,压气机后面几级的气流通道就显得"太小"了,流通不畅,气流被堵住而不能全部排出去,叶片的工作也就不正常,于是气体压强便发生脉动式的忽高忽低的变化。当进入压气机前几级的气流向后流动时,如果后面通道被堵塞而不能全部流过,则气流会向前倒流;倒流使后面的气流通道被疏通,空气气流又被吸入压气机,向后流时又被堵塞,又向前倒流,如此反复变化,气流在压气机里来回窜动,并以忽大忽小、不稳定的压强和速度从出口流出去。这种不正常的现象称作"喘振"。"喘振"时常伴有涡轮前燃气温度突升和"放炮声",造成发动机熄火停车,涡轮等热端部件和压气机出口几级叶片超温,甚至因机械振动而造成发动机损坏。

3. 燃烧室

燃烧室是将从压气机出来的高压空气与燃料混合并进行燃烧的装置。在燃烧室里,燃料(如航空煤油)中的化学能经燃烧转变为热能,使气体温度大大升高。由燃烧室流出的高温、高压(基本与压气机出口压强相同)燃气具有很高的能量(包括热能与势能),用以在燃烧室后的涡轮和尾喷管中膨胀做功。

燃烧室主要由扩压器、燃油喷嘴、涡流器、火焰筒和燃烧室外套(或称机匣)等组成,如图 6-19 所示。扩压器使压气机出口的气流流速降低、压强升高,便于组织燃烧。火焰筒是空气与燃油混合燃烧的地方,火焰筒头部装有喷入燃油的喷嘴和火焰稳定装置。燃油喷嘴的主要作用是提高燃料的雾化质量,以便使燃料与空气充分混合。涡流器的作用是使空气产生旋涡,以便与燃料均匀混合,并在适当部位形成点火源。燃烧室中气流速度很高,要完成在高速中可靠点火,需要依靠涡流器使气流流速进一步降低并形成回流区,以保持火焰的稳定。

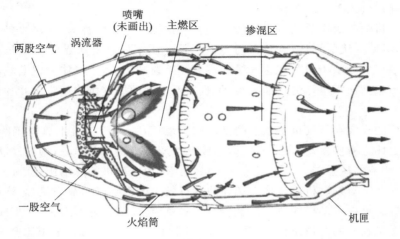

图 6 - 19　燃烧室的组成和工作原理

由压气机出来的高压空气在燃烧室进口处分为两股:一股(约占总空气量的 25%)气流进入火焰筒头部及其小孔,与燃料混合进行燃烧;另一股气流在由火焰筒与燃烧室外套间形成的环形通道中向后流动,以冷却火焰筒,最后由后部的孔进入火焰筒内,与燃烧区的第一股燃烧后的高温气流掺混,将燃烧室出口的燃气温度降低到涡轮能承受的温度,并使燃烧室出口温度场均匀,然后再流向涡轮。

燃烧室按其结构特点可分为单管、环管和环形燃烧室,它们在结构上有所不同,但其基本原理是相同的。按其气流流动方向可分为直流式和回流式;按燃油喷入方式可分为气动雾化喷嘴式、蒸发管式和预混蒸发式。

单管燃烧室(见图 6 - 20)又称为分管燃烧室,多用于早期的发动机中。火焰筒装在一个围绕其外的燃烧室外套中,为方便拆装,外套由前、后两段组成。一台发动机上一般装

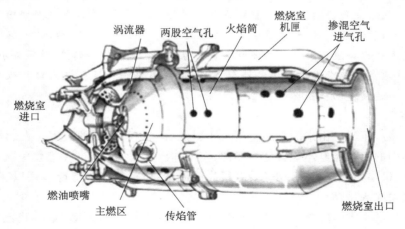

图 6 - 20　单管燃烧室

8～10 个单管燃烧室,均匀地安排在发动机机匣外围,位于压气机与涡轮之间。各燃烧室间有传焰管连通,以便将在几个(一般两个)燃烧室中点燃的火焰传导至其他火焰筒中,点燃所有的燃烧室,同时也起到均衡各燃烧室压力的作用。

单管燃烧室的优点是燃油与空气容易匹配、研制和试验费用低、刚性好、强度大。主要缺点是燃烧性能差、出口温度场不均匀度大、高空点火性能差、迎风面积大、结构笨重等。目前单管燃烧室已很少在发动机中使用。

环形燃烧室(见图 6-21)是现代涡扇发动机中应用最广泛的燃烧室。它的火焰筒由两个围绕发动机轴线的同心圆壳体组成,形成一个环形腔道,内、外壳体分别称为火焰筒内、外壳。在火焰筒外壳外面围绕一个环形的外机匣,在火焰筒内壳里面装有一个环形的内机匣,因此,整个燃烧室是由 4 个同心圆环组成的。在火焰筒前端也装有喷嘴与涡流器。

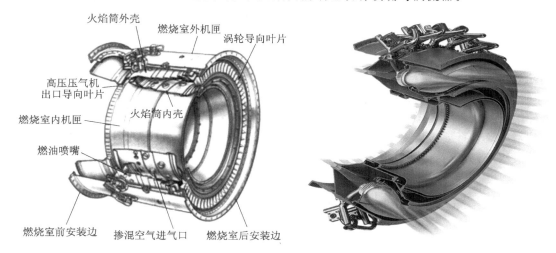

图 6-21　环形燃烧室

环形燃烧室具有燃气温度高、迎风面积小、流动损失小、高空点火性好、出口温度场均匀以及长度短、重量轻等优点。不足之处是研制难度大、调试费用高、结构强度和刚性较差。但随着现代设计和材料、制造工艺水平的不断提高,这些都是可以得到解决的。

环管燃烧室(见图 6-22)又称联管燃烧室,它是介于单管燃烧室和环形燃烧室之间的一种燃烧室。在围绕发动机轴线的两个同心圆机匣(即燃烧室内、外机匣)中,装有 10 个左右的火焰筒。它的火焰筒类似单管燃烧室的火焰筒,各火焰筒间也用传焰管相互连通。

单管燃烧室主要用于早期的涡喷发动机中,20 世纪 50 年代末期,环管燃烧室逐步取代了单管燃烧室,70 年代以后发展的大型发动机多采用环形燃烧室。如今,在地面用的燃气涡轮发动机上仍有采用环管燃烧室的。

4. 涡　轮

涡轮的主要功用是将燃烧室出口的高温、高压燃气的大部分能量转变为机械能,使涡轮高速旋转并产生较大的功率,由涡轮轴输出。涡轮输出的机械能可用来驱动压气机、风扇、螺旋桨、桨扇、直升机的旋翼及其他附件。在航空燃气涡轮发动机中,涡轮部件所承受的热负荷、气动负荷和机械负荷都是最大的。

和压气机类似,涡轮也是由不动的静子与转动的转子组成的,如图 6-23 所示。静子(又

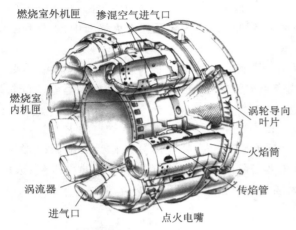

图 6 - 22　环管燃烧室

称涡轮导向器)由导向器与固定它的机匣组成,转子(又称涡轮转子)由工作叶片、轮盘与轴组成。导向器和工作叶轮在径向都装有很多叶片,导向器叶片装在两个同心环之间,工作叶片装在叶轮的四周。为了使燃气按一定角度冲击到涡轮的工作叶片上,需要在工作叶片之前用导向叶片对气流进行导向。一个导向器和一个涡轮转子组合成一个涡轮级。涡轮可由一个或几个涡轮级组成,分别称作单级涡轮或多级涡轮。

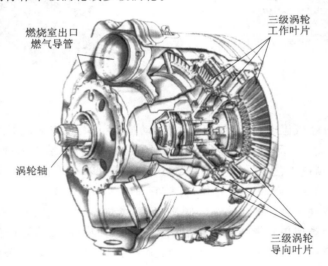

图 6 - 23　涡轮导向器与工作叶轮

　　图 6 - 24 所示为燃气在涡轮导向叶片及工作叶片中的流动情况。高温、高压燃气首先流入涡轮导向叶片,由于导向叶片通道的进口流道面积大于出口流道面积,即收敛通道,故燃气是加速流过导向叶片通道的,其压强和温度都降低,在导向叶片出口处流速可达到当地声速,并按叶片出口型面的角度流向工作叶片。工作叶片型面若做成如图 6 - 24(a)所示的进、出口流道面积相等时,燃气流在工作叶片中的流动速度不变,只是方向变化,工作叶片在燃气的冲击下带着装叶片的轮盘高速旋转,这种工作方式的涡轮称为冲击式涡轮。若工作叶片型面做成如图 6 - 24(b)所示的收敛形,燃气流过工作叶片时,不仅方向变化,而且继续膨胀,速度增

加而压强及温度降低。这时,涡轮工作叶片不仅受到高温燃气的高速冲击力,同时燃气在叶片通道中流动时,还向后上方加速流出,这相当于工作叶片对燃气流作用一个向上的力,相应地,这股燃气对工作叶片有一个向下作用的反作用力,工作叶片在这两种力的作用下带着装工作叶片的轮盘高速旋转,这种工作方式的涡轮称为反力式涡轮。显然,它的工作能力比冲击式涡轮大很多。一般来说,水力涡轮、蒸汽涡轮均是冲击式涡轮,而在航空燃气涡轮发动机中,全部采用反力式涡轮。

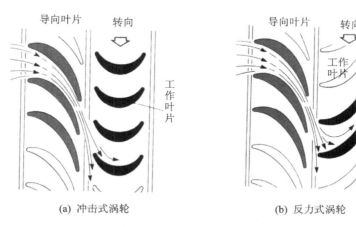

图 6 - 24   燃气在涡轮导向叶片、工作叶片中的流动情况

涡轮发出的功率大小与涡轮进口(即燃烧室出口)的燃气温度及涡轮前后压力之比(又称落压比)成正比,燃气温度和落压比越大,涡轮发出的功率也越大,发动机总体性能也就越好。因此,涡轮前燃气温度的高低是影响发动机性能好坏的一个重要循环参数。

为了得到大的功率,要求涡轮进口的燃气温度尽可能高,但是涡轮叶片长期处于高温燃气冲击和侵蚀之下,尤其工作叶片本身还要承受很大的离心力,涡轮叶片会难以承受,从而影响发动机性能的提高。为了提高发动机的性能,通常采取两种措施:一是提高涡轮叶片的冷却效果,二是提高涡轮叶片材料的耐高温性能,并且必须两种措施同时采用才能满足需求。对涡轮叶片的冷却,通常采用气冷方式,即从高压压气机引入高压空气对涡轮叶片进行冷却,图 6 - 25 所示为涡轮工作叶片的冷却空气流路图。早期的涡轮冷却方式采用的是简单的冷却结构,即通过单通道,从下面的孔引入,再由上方的孔排出,从而带走热量,这种简单的冷却方式冷却效果约为 100 ℃,远不能满足发动机发展的需要。因此,近 20～30 年间,对涡轮叶片的冷却结构做了大量改进,冷却方式也趋于多样化,有单通道、多路内部冷却及气膜冷却,也有多通道、多路内部冷却及气膜冷却。叶片冷却结构也更为复杂,图 6 - 26 所示为典型的涡轮叶片的铸造型芯实物。

在材料方面,除了改进高温合金中的合金成分,将镍的成分增多并适当添加微量稀有元素以进一步提高材料本身的耐高温性能之外,在叶片的熔炼工艺方面也进行了大量的研究和改进工作。在 20 世纪 60 年代,涡轮叶片毛坯的制造方法已由锻造改为真空条件下的精密铸造,20 世纪 70～80 年代,又由铸造的多晶结构发展为定向结晶结构,现在已实现能将整个叶片铸成一个晶体,即单晶叶片,这种改进不仅可以提高叶片的耐高温性能,还能延长叶片在高温条件下的工作寿命。

 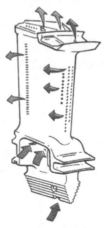 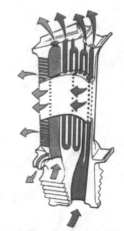

■ 低压冷却空气　　　■ 高压冷却空气

单通道、内部冷却　　　单通道、多路内部　　　多通道、多路内部冷却及
　　　　　　　　　　　冷却及气膜冷却　　　　气膜冷却

图 6-25　涡轮冷却方式的变化

　　涡轮叶片由于工作在高温高压环境下,虽然涡轮工作叶片在材料、冷却结构等方面做了很大努力,并已取得突出的成就,但仍不能满足发动机日益提高的要求。相信在不远的将来,随着陶瓷等新材料、新技术的发展,新的性能更好的涡轮叶片装备起来的航空发动机有望投入使用,到那时,军、民用飞机的性能必将有大幅度的提升。

图 6-26　涡轮工作叶片铸造型芯实物

5. 加力燃烧室

　　发动机推力的大小与涡轮前燃气的温度有关,涡轮前燃气的温度越高,发动机产生的推力也越大。但由于受到涡轮叶片材料耐热性的限制,涡轮前燃气温度最高也就在 1 200 ℃左右。由于在经过涡轮后的高温燃气中仍然含有部分未来得及消耗的氧气,在这样的燃气中继续注入航空煤油仍然能够继续燃烧,产生额外的推力,所以某些高性能战机的发动机在涡轮后增加了一个加力燃烧室(或称后燃器),以达到在短时间里大幅度提高发动机推力的目的。一般而言,加力燃烧能在短时间内将最大推力提高50%,由于加力燃烧室中没有转动部件,所以允许温度进一步提高,一般可达到 1 700 ℃左右。采用加力燃烧室至今仍是使飞机突破声速的主要手段,但是由于油耗惊人,一般仅用于起飞或应付激烈的空中缠斗,不能用于长时间的超声速巡航。

　　图 6-27 所示为涡轮风扇发动机的加力燃烧室简图。加力燃烧室通常由扩散器、掺混器(对涡扇发动机而言)、喷油装置、火焰稳定器、点火器、隔热防震屏和加力筒体等组成。

　　按加力燃烧室内气流流动的形式,加力燃烧室可分为直流式加力和旋流式加力;按涡扇发动机两股气流加力的方式,又可分为外涵道加力、核心流加力、平行流加力和混合流加力。

　　现代超声速战斗机用发动机一般均带有加力燃烧室,以使飞机在起飞、爬升、加速和机动

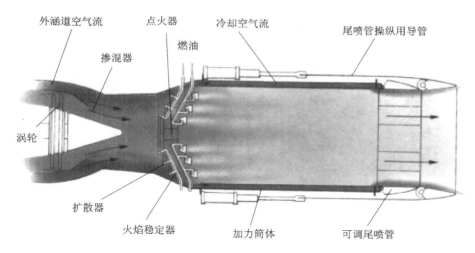

图 6-27　涡扇发动机的加力燃烧室简图

飞行时短时内获得很大的推力。在大幅增加推力的同时,发动机的耗油率也随之大幅度增加。因此,一般民用客机的发动机是不带加力燃烧室的。由于加力耗油率高、热负荷大,故一般加力状态的使用时间都受到限制,一次连续工作的时间约在 20 min 以内,比如,在"协和"号上专门设计的加力燃烧室最多也只能连续工作 30 min。美国的第四代战斗机 F-22 和 F-35,要求不开加力就可以实现超声速巡航,这就要求增加发动机不开加力时的推力,目前主要采用小涵道比和提高涡轮前燃气温度的方法来实现。用于 F-22 和 F-35 的 F119 发动机的涡轮前燃气温度为 1 477~1 577 ℃,将来若能使涡轮前燃气温度提高到 1 827~1 927 ℃,也许就不再需要加力燃烧室了。

带加力燃烧室的发动机中,开加力时的推力与不开加力时的最大推力之比称为加力比。不开加力时的最大推力定义为中间推力。加力比大,意味着装这种发动机的战斗机机动性能好,它是评定加力燃气涡轮发动机及其加力燃烧室的主要性能指标之一。在涡喷发动机中,加力比一般为 1.4~1.6;在涡扇发动机中,加力比较大,一般为 1.6~1.8,高的几乎可达 2.0。例如,俄罗斯的米格-31 中使用的 D-30F6 涡扇发动机的加力比为 1.997,是现在加力比最大的发动机。

中国技术——沙丘驻涡火焰稳定器

喷气发动机是 1939 年试制成功的。为了增加发动机的推力,就在喷气发动机的后面加了一个燃烧室。但高空风速很高,后燃烧室内火焰不稳定,极易熄灭。1942 年德国人与苏联人制成了一种 V 形火焰稳定器,如图 6-28(a)所示。尽管它对火焰有一定的稳定作用,但是阻力大、稳定性差,还容易产生发动机旋涡脱落。而后续的改进也只是着眼于 V 形槽的开口角度、开口的多少、前后位置等,一直都没有决定性的突破。北京航空航天大学年仅 33 岁的博士研究生高歌在他的导师宁榥教授的指导帮助下,发明了沙丘驻涡火焰稳定器,如图 6-28(b)所示,解决了喷气发动机问世 40 多年来燃烧火焰不稳定这个关键技术问题。从理论和实践上填补了国际航空界长期未能解决的空白,在国际上居领先地位。被评价为是一个很大的技术突破,是一个很有价值的、重大的发明,并因此获得了 1984 年"国家一等发明奖"。

6. 尾喷管

尾喷管又称排气喷管,简称喷管,其主要作用是将由涡轮流出的仍具有一定能量的燃气膨

(a) V型火焰稳定器　　　　　　　(b) 沙丘驻涡火焰稳定器

图 6 - 28　火焰稳定器

胀加速,以较大的速度(一般为 550～600 m/s)排出发动机,用以产生推力。

　　不同的燃气涡轮发动机,尾喷管的设计也有所不同。尾喷管一般由中介管和喷口组成,如图 6 - 29 所示。中介管在涡轮后由整流锥和整流支板组成,起整流的作用,若无中介管,则燃气会在涡轮后产生强烈涡流,影响推力。

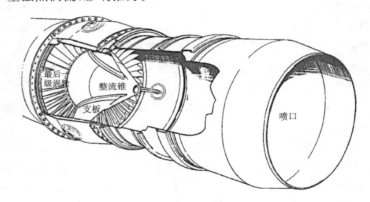

图 6 - 29　尾喷管的组成

　　尾喷管的分类方法很多,按其流道型面可分为简单收敛形与收敛-扩张形;按其出口面积是否可调分为固定喷管和可调喷管;按其流道横截面形状,可分为轴对称形和非轴对称形;按推力方向,可分为常规推力型、转向型、反推力型和推力矢量型;按排气组织可分为引射喷管、分流喷管和整体喷管;按隐身功能又分为隐身型和非隐身型等。

　　收敛形喷管是指流道面积沿流向逐渐缩小的喷管。燃气在喷管中膨胀加速,出口处的流速最大只能达到当地声速。这种喷管结构简单、重量轻、工作可靠、调节方便。喷口面积有可调和不可调两种,常用于亚声速飞机、短时超声速和低超声速飞机。喷口面积可调的收敛形喷管常用在带加力燃烧室的军用飞机上。

　　收敛-扩张形喷管是指流道面积沿流向先收敛、后扩张的喷管,又称拉瓦尔喷管或超声速喷管。在这种喷管中,由收敛形转为扩张形处的流通面积小,称为喉道,燃气流到喉道时,流速达到当地声速,再流过扩张形通道时,流速超过当地声速,当燃气流出喷口时,燃气的压强基本与发动机周围空气的压强相等,即燃气在尾喷管中做到了完全膨胀,排气速度可以大于当地声速。超声速飞机所用的带加力燃烧室的燃气涡轮发动机一般都采用收敛-扩张形喷管,其喉道和出口面积一般是可调的,以适应发动机工作状态的变化,并使燃气在喷管中完全膨胀或接近完全膨胀。

反推力喷管是能使发动机排气向前折转、使推力反向的装置,通常又称为反推力装置。反推力装置多用在旅客机的发动机中,以缩短飞机降落时在跑道上的滑跑距离,起到辅助刹车的作用。

矢量喷管是一种能够改变排气方向、进行推力矢量控制的喷管。实际上,矢量喷管是利用改变由喷口喷出的燃气方向,即改变喷口轴线与发动机中心线间的夹角来实现推力方向的改变,其矢量角一般为 $0° \sim 20°$。只在垂直面中改变喷气流方向的矢量喷管称为二维或二元矢量喷管。转向喷管是指喷口可向上、下转动 $90°$ 或以上的喷管,它是矢量喷管中的一种特殊情况。

目前,可在 $360°$ 范围内任意改变推力方向的轴对称矢量喷管是发展重点。当飞机装上轴对称矢量喷管后,飞机向上、向下或左转、右转均可直接通过矢量喷管来改变推力的方向。因而今后飞机甚至可以不要水平尾翼和垂直尾翼,成为"无尾翼战斗机"。

在军用战斗机和民用飞机上,单转子涡喷发动机仅仅在喷气式发动机发展的早期曾经使用过,后来很快就被双转子涡喷发动机和涡扇发动机所替代。但是,单转子涡喷发动机的核心机是其他各类型航空燃气轮机的核心机,因此理解单转子涡喷发动机的结构和工作原理是分析其他类型发动机的基础。

涡轮喷气发动机克服了带螺旋桨的活塞式航空发动机的主要缺点,使战斗机顺利地突破了声障,而且为飞机高空飞行提供了条件,使飞机从亚声速进入到了超声速飞行的新时代。涡轮喷气发动机为飞机的快速发展立下了不可磨灭的功勋。

但是,由于涡喷发动机在获得推力的同时,有大量仍具有一定热能、动能的高温燃气高速排出发动机,大量的能量白白损失掉了,未能最大限度地将燃油燃烧所产生的热能转变成有效功。因此,涡喷发动机的使用经济性差,这是制约其继续发展的致命弱点。特别是当使用加力燃烧室时,虽然发动机推力可大幅度增加,但由尾喷管排出的燃气温度、速度均比不使用加力燃烧室的大很多,使能量损失大增,经济性更差。因此,人们又研制出了一种既能产生大的推力、又具有低耗油率的发动机——涡轮风扇发动机,它是一种既保持了涡喷发动机所具有的活塞式发动机无法比拟的特点,又明显地提高了其经济性的发动机。

6.3.3　涡轮风扇发动机

涡轮风扇发动机自 20 世纪 60 年代初问世以来,相比于涡喷发动机,具有推力大、燃油消耗率低和噪声小等优点,目前已成为超声速战机、高亚声速旅客机和运输机的主要动力装置。

如果在涡喷发动机的涡轮后面再加装一套涡轮(一级或多级),让燃气在后一涡轮中膨胀,驱动此涡轮高速旋转并发出一定功率,将此涡轮的前轴从原来的涡轮、压气机转子轴中穿过,带动一个直径比压气机大的风扇,这样就变成了涡轮风扇发动机。因此涡扇发动机的结构和涡喷发动机的结构很相似,所不同的是在此基础上增加了风扇和驱动风扇的低压涡轮,如图 6-30 所示,风扇可以有 $1 \sim 5$ 级。涡轮分为高压涡轮和低压涡轮,高压涡轮带动压气机转动,低压涡轮带动风扇转动。涡扇发动机中,空气在风扇中增压后,由风扇出口流出时分为两股向后流:一股流入核心机和带动风扇的低压涡轮,最后由尾喷管流出,这股气流称为内涵气流(其流经的通道称为内涵道);另一股则由围绕核心机机匣与外涵机匣间的环形通道中流过,称为外涵气流(其流经的通道称为外涵道)。如图6-30所示,由于涡扇发动机中有内、外两个涵道,所以涡扇发动机有时又称为内外涵发动机。可以看出,风扇实际上可看作是直径较大、叶片较长的轴流压气机。

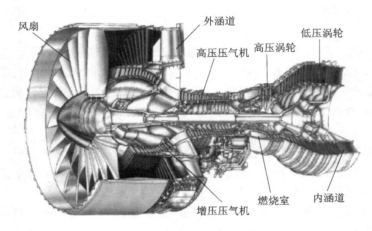

图6-30 涡扇发动机结构示意图

涡扇发动机中内、外涵气流可以分别排出,也可在排气系统内混合排出。图6-31所示为民用航空常用的V2500涡扇发动机,风扇直径较大,且外涵道的气流流经风扇后直接排出,内外涵气体在发动机内部互不掺混,这种排气方式称为平行排气。

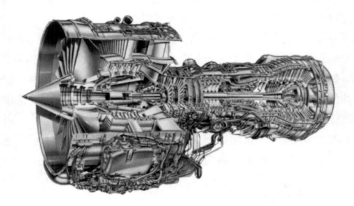

图6-31 V2500涡扇发动机

还有一种涡扇发动机,如图6-32所示的F100,其风扇叶片直径较小,且外涵气流通过风扇后并没有直接排入大气中,而是在外涵机匣和核心机机匣组成的圆环中继续向后流动,通过掺混器进入内涵道燃气流中,与内涵气流混合后由尾喷管排出。

1. 涵道比

由上述分析可知,流经涡扇发动机的气流分为了两股,分别为外涵气流和内涵气流,外涵与内涵空气流量之比称为涵道比,又称流量比,它是影响涡扇发动机性能好坏的一个重要循环参数。涵道比小于2~3的称为低涵道比涡扇发动机,图6-32所示就是典型的低涵道比涡扇发动机;高于4~5的称为高(大)涵道比涡扇发动机,如图6-31所示。高涵道比涡扇发动机排气速度低、推进效率高、经济性好,适用于大型远程旅客机和运输机。其涵道比为4~9,增

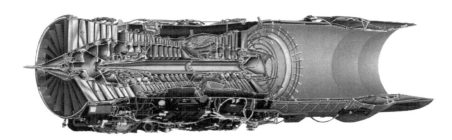

图 6 - 32　F100 涡扇发动机

压比为 30～45。这种发动机的涵道比和增压比还有进一步增大的趋势。高涵道比涡扇发动机的迎风面积大,不宜于做超声速飞行,故一般战斗机用的加力式涡扇发动机的涵道比通常小于 1.0,甚至在 0.3 以下。只有要求在空中做较长时间巡航的战斗机所用的发动机,其涵道比选为 1.0 左右。

从广义上来看,涡扇发动机的涵道比减小到零时即成为涡喷发动机,而涡桨发动机和桨扇发动机则可看作除去外涵机匣的涵道比极大(一般来说大于 25)的涡扇发动机。

2. 总增压比

流进涡轮风扇发动机的空气先在风扇中增压,然后再在高压压气机中进一步增压,因此,涡扇发动机有一个重要的循环参数——总增压比,简称总压比,它相当于涡喷发动机的增压比。

多转子涡扇发动机中最后一个压气机的出口压强与第一个压气机(风扇)的进口压强之比就是总增压比,它也是涡扇发动机的一个重要设计参数,对发动机的耗油率和单位推力都有显著影响。目前,加力式涡扇发动机的总增压比为 25～35,高涵道比涡扇发动机的总增压比已高达 35～45,未来高涵道比涡扇发动机的总增压比可能要提高到 50～100。

3. 多转子涡轮风扇发动机

在双转子涡轮风扇发动机中,由于风扇后的压气机进口空气压强为风扇出口的压强,比大气压强高许多,因此称该压气机为高压压气机。在燃烧室后驱动高压压气机的涡轮称为高压涡轮,高压压气机转子与高压涡轮转子组成了高压转子;位于高压涡轮后驱动风扇的涡轮称为低压涡轮,风扇转子与低压涡轮转子组成了低压转子。目前,世界上绝大部分涡扇发动机均采用这种结构形式。法国的 M53 是目前世界上唯一还在服役的单转子涡扇发动机。

三转子涡扇发动机是指有三个只有气动联系且具有同心轴转子的涡扇发动机。其工作原理和结构特点与双转子涡扇发动机基本相同,只是将高压压气机又分为中压、高压两个转子,分别由中压、高压两个涡轮转子带动。图 6 - 33 所示为三转子涡扇发动机的转子示意图,由图可以看出,在发动机中部,连接高压压气机和高压涡轮的轴直径很大,以便中、低压涡轮轴能从中穿过,最后形成三个转子的轴套在一起,结构比较复杂,但采用三转子结构的涡扇发动机性能较好,零件数目少,重量也轻。目前,世界上只有少数几种涡扇发动机采用这种结构形式。

英国的罗尔斯・罗伊斯航空发动机公司(简称罗罗公司,在拆分之前它还有自己的汽车公司,就是大家所熟知的劳斯莱斯)一直致力于三转子发动机的研制。第一种实用的三转子发动机是 RB211 民用高涵道比涡扇发动机,如图 6 - 34 所示,后来在此基础上又发展了遄达系列

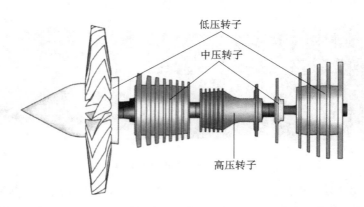

图6-33　三转子涡扇发动机

发动机,如遄达900、遄达1000。其中遄达900发动机(见图6-35)为空客A380飞机提供动力,是A380所采用动力装置中最轻、最环保的发动机。该发动机是世界上最清洁的大推力发动机,也是A380飞机采用的最安静的发动机。此外,该发动机还是罗罗公司迄今制造的最大的发动机,其直径将近10英尺(3.048 m)。

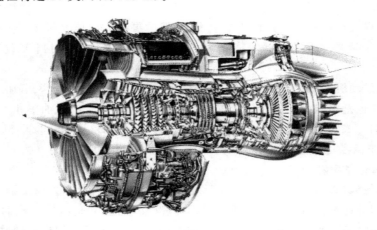

图6-34　RB211高涵道比涡扇发动机

4. 涡扇发动机的应用与发展

　　涡扇发动机排出的燃气速度比较低,燃气射流的动能损失较小,因此,在亚声速飞行时有较好的经济性。由于涡扇发动机的风扇可以吸入大量的空气,使进入发动机的空气量增加,虽然燃气喷出速度下降,但燃气流量与速度的乘积得以大大提高,也就是说,在燃油量一定的情况下,推力却有所增加,因此发动机的效率有所提高。另外由于涡扇发动机的排气速度较小,对降低噪声有利,所以非常适合于民航机使用。目前民用涡扇发动机的涵道比已提高到8～10,涵道比的提高可以充分发挥风扇的效能。因此,为了进一步提高发动机的性能,民用涡扇发动机有向高涵道比、高涡轮前温度和高增压比发展的趋势。

　　不过,随着涵道比的增加,不可避免地使发动机的排气速度和单位推力下降,发动机的迎风面积增大,推重比降低。这些问题对于民用飞机来说不是主要问题,但对于超声速飞行的战斗机却是无法接受的。为了提高涡扇发动机的使用性能,目前战斗机上采用的是小涵道比的

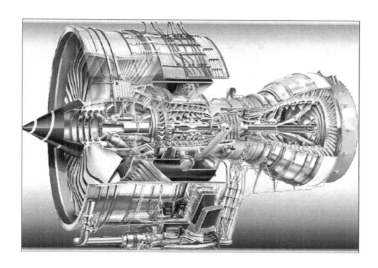

图 6 - 35　遄达 900 涡扇发动机

加力风扇发动机。对于内外涵分开排气的加力风扇发动机,可以只在内涵道涡轮后喷油燃烧,也可以同时在外涵道喷油燃烧;对于内外涵混合排气的加力风扇发动机,则在内外两股气流混合后喷油燃烧,其加力燃烧室的构造与涡喷发动机相似,所不同的是其混合气体含氧量较高,可以产生更大的推力。

加力式涡扇发动机与涡喷发动机相比,有两个突出的优点:首先,加力比大,地面静止时加力比可达 1.7,超声速飞行时由于受到冲压的影响,加力比可达 3 以上。这可以大大改善飞机的加速性能,有利于满足战斗机的作战要求。其次,经济性能好,无论飞机以超声速飞行还是亚声速巡航,耗油率都比较低。但由于涡扇发动机迎风面积较大,在低亚声速(小于 700 km/h)时,耗油率比涡桨发动机高。

6.3.4　涡轮螺桨发动机

涡轮喷气发动机的速度高、推力大,适用于高速飞行的飞机,在较低的亚声速飞行时,发动机的推进效率低,耗油率高,很不经济。而活塞式发动机虽然比较适合于低速飞行,但由于其功率小、重量大、振动大等缺点,其使用范围受到很大限制,目前一般只用在飞行速度较低的小型飞机上。对于飞行速度在 500～700 km/h 的中小型飞机,为了进一步改善发动机的经济性,现在普遍采用涡轮螺桨发动机。

涡轮螺桨发动机既有涡喷发动机功率大、体积小的优点,又有活塞式发动机经济性好的特点。在 20 世纪 40 年代后期,随着涡喷发动机的崛起,涡桨发动机也随之诞生了。图 6 - 36 所示是一个典型的螺旋桨飞机,其涡桨发动机安装在飞机的机翼上。

涡轮螺桨发动机的核心机结构与涡喷发动机相同,只是在核心机后加装一套涡轮,并在进气道前方加装了一个螺旋桨,由涡轮对螺旋桨进行驱动,就组成了涡桨发动机,如图 6 - 37 所示。需要指出的是,由于涡轮转速较快,不能直接对螺旋桨进行驱动,因此需要在动力输出轴和螺旋桨之间加装一个减速器。

涡桨发动机的主要特点是将燃气发生器产生的大部分可用能量由动力涡轮吸收并从动力

图 6 - 36　螺旋桨飞机

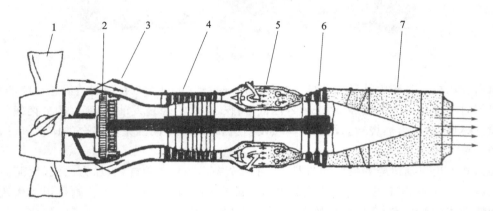

1—螺旋桨;2—减速齿轮;3—进气道;4—压气机;5—燃烧室;6—涡轮;7—尾喷管

图 6 - 37　涡桨发动机简图

轴上输出,用于带动飞机的螺旋桨旋转;螺旋桨旋转时把空气排向后方,由此产生相反的拉力使飞机向前飞行。涡轮出口的燃气在尾喷管中膨胀加速并喷出,产生反作用推力。由于燃气的温度和速度极低,所产生的反作用推力一般比较少,这个推力转化为推进效率时,仅约占涡桨发动机的 10%,正因为排出发动机的能量大大降低了,因此,涡桨发动机的经济性较好。

涡桨发动机有定轴式、自由涡轮式两种,其中,定轴式涡桨发动机由燃气发生器、减速器和尾喷管、附属系统及附件传动机匣等部件组成;而自由涡轮式涡桨发动机除上述部件外,还包括一组自由涡轮。

由于涡桨发动机的核心机、动力涡轮、尾喷管等与涡喷发动机的一样,这里就不再赘述,下面主要介绍一下涡桨发动机的螺旋桨及减速器部件。

1. 螺旋桨

螺旋桨是将航空发动机(活塞式或燃气涡轮式)的轴功率转化为航空器拉力或推力的叶片推进装置,又称空气螺旋桨,如图 6 - 38 所示。螺旋桨由桨叶、桨毂、操纵机构等构成,它可将所得到的功率转变成推进飞机前进的拉力。螺旋桨桨叶旋转时将前方空气吸入,然后作用于气流一个向后的力,使气流加速排向后方,与此同时,气流作用于桨叶一个反作用力,这个反作用力就是螺旋桨的拉力。涡桨发动机中,螺旋桨通常为单排四片桨叶,在大功率(10 000　kW

左右)的涡桨发动机中,为了能使桨叶有较高的效率,需将螺旋桨做成转向相反的双排,每排四片桨叶。

图 6 - 38　新舟 60 四桨叶发动机

2. 减速器

减速器是使发动机输出轴转速降低到飞机推进器或附件所需转速和转向的齿轮装置(推进器可以是飞机的螺旋桨,也可以是直升机的旋翼),图 6 - 39 所示为普惠公司研制的高速减速器。涡桨发动机的减速器均采用齿轮传动,要求减速器在高负荷、高转速下工作可靠、效率高。

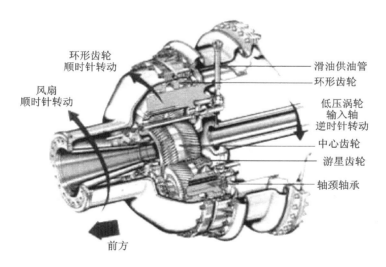

图 6 - 39　普惠公司研制的高速减速器

涡轮螺桨发动机的减速器由于用途和结构特点不同,可分为机内和机外减速器及双桨式减速器。减速器与发动机置于一体,成为发动机的一部分,称为机内减速器,涡桨发动机均为机内减速器。当发动机安装在重型飞机的机翼上或安装在飞机的机身内,距离螺旋桨较远时,一般采用机外减速器,它主要用于直升机中,又称主减速器。当涡桨发动机的功率超过 10 000

马力(7 350 kW)时,单一螺旋桨不能吸收这么大的功率,必须使用转向相反的两个螺旋桨。传动双螺旋桨的减速器更为复杂,它的输入轴为一个,即自由涡轮的传动轴,而输出轴为套在一起(共轴心)但旋转方向相反的两个轴。

与活塞式航空发动机相比,涡桨发动机具有重量轻、振动小等优点,特别是随着飞行高度的增加,其性能更为优越;与涡喷和涡扇发动机相比,它又具有耗油率低和起飞推力大的优点。但因螺旋桨特性的限制,装涡桨发动机的飞机的飞行速度一般不超过 800 km/h。因此,在大型远程旅客机和运输机上,涡桨发动机已被高涵道比涡扇发动机所取代,而在中小型运输机和通用飞机上仍有广泛应用。

6.3.5　涡轮桨扇发动机

虽然涡桨发动机在低速飞行时有较低的耗油率、经济性好,但随着飞行速度的增加,螺旋桨效率变低,耗油率增加。在 20 世纪 70 年代后期,航空界开始大力研制新型的称为桨扇的发动机。涡轮桨扇发动机是可用于 800 km/h 以上速度飞机飞行的一种燃气涡轮螺旋桨风扇发动机,简称桨扇发动机。这种发动机界于涡轮风扇和涡轮螺桨发动机之间,它是一种既具有涡桨发动机耗油率低、又具有涡扇发动机适于高速飞行特点的发动机。产生推力的装置是桨扇,桨扇无外罩壳,故又称开式风扇,如图 6-40 所示。由于桨扇外部不像高涵道比涡扇发动机有一个外涵机匣,因此又称涡轮桨扇发动机为无涵道风扇(UDF)发动机。

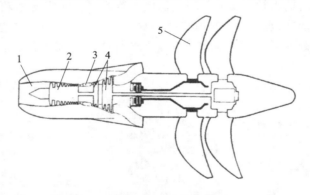

1—进气道;2—压气机;3—燃烧室;4—涡轮;5—桨扇
图 6-40　涡轮桨扇发动机

桨扇一般有 6~8 片桨叶,桨叶的剖面形状为超临界翼型,桨叶薄而后掠,桨盘直径仅为普通螺旋桨的 40%~50%,质量减轻到原来的 50%~60%,这对于提高桨扇的转速较为有利。桨扇的桨叶数目较多,可以弥补桨叶短和后掠角带来的缺点。

安-70 是苏联于 1988 年开始研制的采用桨扇发动机为动力的中程军用运输机,如图 6-41 所示。这种桨扇发动机集涡桨发动机的高经济性和以前只有涡扇发动机才能达到的高速度性能等优点于一体。安-70 所装的 4 台 D-27 桨扇发动机单台功率为 10 400 kW,发动机的燃油消耗率极低,在巡航状态下只有 0.174 kg/(kW·h),以最大速度飞行时,其油耗比现代运输机上使用的涡喷发动机还要低 20%~30%。由于采用耗油率较低的桨扇发动机,安-70 使用经济性特别好,省油和航程远是它的显著特点。因此,这类桨扇发动机将在新一代亚声速运输机上得到广泛应用。

　　由于桨扇发动机噪声、振动及减速器性能差,特别是没有外涵机匣,使用安全性没有保证等问题未能得到很好的解决,加之世界燃油价格一直处于比较稳定的状态,因而在西方国家一直未将其投入使用。如图 6 - 42 所示为 GE36 桨扇发动机,它是美国通用电气公司与法国国营航空发动机研究制造公司共同投资 10 亿美元研制的,但后来也不得不放弃而束之高阁。

图 6 - 41　安 - 70 运输机

图 6 - 42　美国通用公司的 GE36 桨扇发动机

6.3.6　涡轮轴发动机

　　直升机自 1936 年诞生以来,由于具有能垂直起降和悬停、不受场地限制、使用方便等优点,在军民领域得到了广泛应用。驱动直升机旋翼产生升力和推进力的动力装置主要有活塞式发动机和涡轮轴发动机。20 世纪 50 年代中期前,直升机的动力装置都是活塞式发动机,自 20 世纪 50 年代中期后,涡轮轴发动机开始用作直升机的动力。与活塞式发动机相比,涡轮轴发动机具有重量轻、体积小、功率大、振动小、易于起动、便于维修和操纵等优点,因此得到迅速发展和广泛应用。到 20 世纪 60 年代以后,新研制的直升机几乎全部采用涡轮轴发动机作为动力。

　　涡轮轴发动机是航空燃气涡轮发动机的一种,在核心机或燃气发生器后加装一套涡轮,燃气在这后一涡轮(通常称为动力涡轮或低压涡轮)中膨胀,驱动它高速旋转并发出一定功率,动力涡轮的前轴(称为动力轴)穿过核心机转子,通过压气机前的减速器减速后由输出轴输出功率,这就组成了涡轮轴发动机,如图 6 - 43 所示。在涡轮轴发动机中,燃气发生器产生的可用能量基本上全被动力涡轮吸收并从动力轴输出,通过直升机上的减速器减速后驱动直升机的旋翼和尾桨;由尾喷管中喷射出的燃气的温度和速度极低,基本不产生推力。由此可知,涡轮轴发动机的组成部分和工作过程与涡桨发动机很相似,所不同的是燃气的可用能量几乎全部转变成涡轮的轴功率,燃气并不提供推力。大多数涡轮轴发动机的动力涡轮与核心机的涡轮是分开的,且以不同的转速工作。由于动力涡轮与核心机没有机械地连在一起,因此也称为自由涡轮。

　　涡轮轴发动机作为直升机的动力装置,与活塞式发动机相比,有着非常突出的优点。但涡轮轴发动机也存在一些缺点,与活塞发动机相比较,小功率的涡轮轴发动机经济性不高;在制造成本方面,小型涡轮轴发动机也比较昂贵。但涡轮轴发动机由于在性能上的明显优势,已占据直升机动力装置的统治地位,此外,也可作为舰船、机车、坦克等的动力装置,因此,涡轮轴发动机的发展前景广阔。

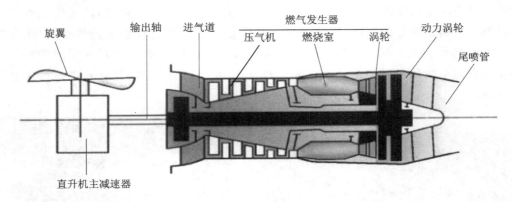

图 6 - 43　涡轮轴发动机结构示意图

6.3.7　无压气机式空气喷气发动机

1. 冲压式喷气发动机

冲压式喷气发动机与燃气涡轮发动机不同，它没有专门的压气机，是靠飞行器高速飞行时的相对气流进入发动机进气道后减速，将动能转变成压力能，使空气静压提高的一种空气喷气发动机。它通常由进气道（扩压器）、燃烧室和尾喷管组成，如图 6 - 44 所示。它利用飞行器高速飞行时迎面气流进入发动机后减速增压并达到一定数值，直接进入燃烧室喷油燃烧，从燃烧室出来的高温高压燃气直接进入尾喷管膨胀加速，向后喷出，产生反作用推力。

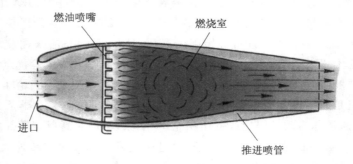

图 6 - 44　冲压式喷气发动机示意图

冲压发动机的工作原理和涡轮喷气发动机大体相似，但由于没有压气机，其压缩空气的方法是在进气道中将高速气流经过一系列激波后，将速度滞止下来，并将气流的流动动能转变成压力能，从而提高空气的压力（例如，当 $Ma=2$ 时，如果没有能量损失，速度滞止为零时，其压力可提高 7 倍左右；当 $Ma=3$ 时，其压力可提高 37 倍；当 $Ma=5$ 时，其压力可提高 53 倍）。

现代冲压发动机按飞行速度可分为亚声速冲压发动机、超声速冲压发动机和高超声速冲压发动机。亚声速冲压发动机使用扩张形进气道和收敛形尾喷管，以航空煤油为燃料，飞行时增压比不超过 1.89，当 $Ma<0.5$ 时一般不能正常工作，此类发动机常用于亚声速航空器上，如亚声速靶机。超声速冲压发动机采用超声速进气道和收敛形或收敛扩张形尾喷管，以航空煤油或烃类为燃料，其适应的飞行速度为 1~6 倍声速，常用于超声速靶机和地对空导弹。高超声速冲压发动机使用碳氢燃料或液氢燃料，飞行马赫数可达 5~16。

　　冲压发动机产生的推力与进气速度有关。飞行速度越大,冲压越大,因而产生的推力也就越大,所以冲压发动机较适合于高速飞行。在低速飞行时冲压作用小,压力低,经济性差(耗油率高)。由于冲压发动机在静止时不能产生推力,因此要靠其他动力装置将其加速,达到一定速度后才能正常工作,所以冲压发动机通常要和其他发动机组合使用,形成组合式动力装置。如果冲压发动机作为飞行器的动力装置单独使用,则这种飞行器必须由其他飞行器将其携带至空中并具有一定速度时,才能将冲压发动机起动并投放。

　　冲压发动机与涡喷发动机相比,构造简单,质量轻,推重比大,成本低,高速飞行状态下($Ma > 2$)经济性好、耗油率低。但由于低速时推力小、耗油率高,静止时根本不能产生推力,因此不能自行起飞,必须要有助推器助飞。另外,冲压发动机对飞行状况的变化敏感。例如,飞行速度、飞行高度、飞行迎角(迎角大,进气受到影响,能量损失大)等参数变化都直接影响发动机的工作,其工作范围较窄。目前冲压发动机的适用范围为 $Ma = 0.5 \sim 6$,飞行高度为 $0 \sim 40$ km,推重比可达 10 以上。常用于靶机和飞航式战术导弹,也可用作高超声速飞行器的动力装置。

2. 脉动式喷气发动机

　　脉动式喷气发动机的结构组成和工作原理如图 6 - 45 所示,它是空气和燃料间歇地供入燃烧室的无压气机喷气发动机。当一股空气顶开进气活门进入燃烧室后,进气活门在弹簧作用下关闭,此时喷进燃油并点火燃烧,燃烧后的高温燃气由尾喷管高速喷出,产生推力,并吸开进气活门,空气又进入发动机燃烧室,并重复上述过程,因此燃烧与喷气是断续的。

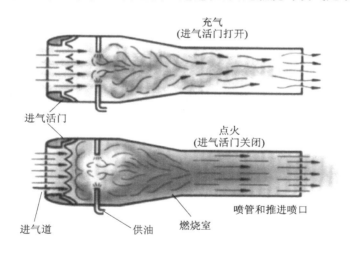

图 6 - 45　脉动式喷气发动机示意图

　　脉动式喷气发动机的特点是在速度为零(静止)时也能产生推力。因为在燃烧室内空气与喷入的燃料点燃后,燃气压力提高,产生压力波将活门关闭;由于喷管做得很长,燃气不能迅速排出,近似等容积燃烧过程;但随后高压燃气便以较高速度向后排出,产生推力,使飞行器向前飞行。这种发动机的优点是可以自身起动,结构简单、重量轻、成本低,但它只适用于低速飞行,飞行高度有限,当发动机持续工作时,振动较大、单向活门寿命短、耗油率高,仅用在第二次世界大战中德国的 V - 1 导弹上,目前除用于航空模型飞机和某些低速靶机外,尚无其他飞行器使用该类型发动机。

6.4 其他类型航空发动机

6.4.1 组合发动机

各类发动机中,不同类型的发动机有不同的飞行范围(高度和速度)和不同的性能特点。要获得较好的综合性能,可将不同类型的发动机组合起来,取长补短,达到改善其性能、拓宽其工作范围和满足不同飞行需要的目的。目前用于组合的航空发动机主要有冲压发动机和燃气涡轮发动机(涡喷、涡扇)。

图 6 - 46 所示为涡轮喷气发动机与冲压发动机所形成的组合发动机示意图。由于冲压发动机在速度为零时不能工作,因此涡喷发动机首先起动。当涡喷发动机工作到一定飞行马赫数($Ma = 3 \sim 3.5$)后,涡喷发动机停车,随后冲压发动机开始工作。

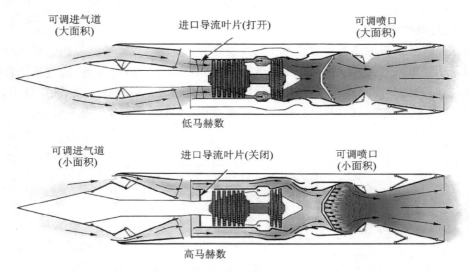

图 6 - 46 涡轮-冲压发动机

6.4.2 新型航空发动机

1. 垂直起降发动机

飞机的起飞一般靠飞机达到一定的起飞速度,由机翼产生足够的升力,使飞机升空。为了缩短飞机起飞和着陆滑跑距离,就必须降低飞机的起飞速度和着陆速度,但这又会影响机翼升力的产生。如果飞机在起飞和着陆时,发动机能够产生垂直方向的推力,就可以大大缩短起飞和着陆时的滑跑距离,降低飞机对机场跑道长度的要求,这对军用飞机来说,将极大地增加机动作战的能力。

图 6 - 47 所示为一种可转喷口的涡扇发动机,它既可用于垂直起降,也可用于水平飞行。发动机装有 4 个可转喷口和阀门机构,能改变发动机的推力方向。在垂直起降过程中,喷口逐渐旋转向下,燃气向下喷出,产生向上的推力使飞机起飞;巡航飞行时可使喷口转向后方,产生向前的推力。

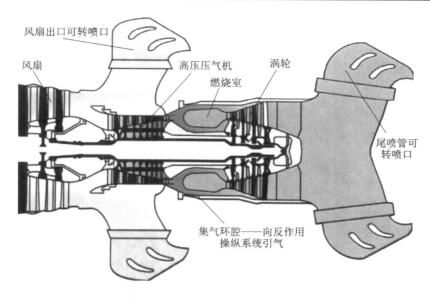

图 6 - 47 可转喷口的涡扇发动机

这种动力装置的优点是单台发动机即可满足产生升力和推力的要求,发动机利用率高,使用维护也方便,其缺点是起飞升力较小。为了在起飞阶段产生更大的升力,在发动机上也可使用加力燃烧室来提高喷射速度,加大垂直起飞时的升力。英国罗罗公司研制的"飞马"发动机即属此类发动机,这种发动机已装备在英国的"鹞"式攻击机和美国的 AV - 8B 飞机上。

另外一种可用于垂直起降的发动机是升力风扇发动机,它是在涡喷或涡扇发动机上加装了一个升力风扇。图 6 - 48 所示为美国的 F - 35 短距起飞/垂直降落型的动力系统结构图,F - 35 采用 F119 发动机的推力增大型 F119 - PW - 611 作为其主动力,并命名为 F135。由图可知,整套动力装置采用了升力风扇和带转向矢量喷管的加力式涡扇发动机,升力风扇垂直装于座舱后的机身中,由主发动机风扇前伸的传动轴通过一套离合器及一对锥形齿轮驱动。装升力风扇的机身上下设有可开关的窗口,当飞机起飞或着陆时,窗口打开,空气被风扇从上窗口吸入,经风扇加速后由下窗口高速喷出,在飞机起降时为机身前部提供升力;正常飞行时,上下窗口关闭。主发动机 F135 安装于飞机机身后部,其转向矢量喷管伸出机尾,飞机起飞着陆时,转向矢量喷口转向下方,为飞机后部提供举力。

2. 超燃冲压发动机

超燃冲压发动机是指燃料在超声速气流中进行燃烧的冲压发动机。目前所有航空发动机的燃料都是在亚声速气流中进行燃烧,也称为亚燃燃烧。使用超声速燃烧能减少气流压缩和膨胀损失,降低气流温度和压力,减轻发动机结构负荷。采用液氢或碳氢燃料,可在马赫数6~25 的范围内工作,并可将飞行高度延伸到大气层边缘(50~60 km)。与火箭发动机相比,这种发动机无需自带氧化剂,使有效载荷大大增加,可作为高超声速巡航导弹、高超声速飞机、跨大气层飞行器、可重复使用的空间发射器和单级入轨的空天飞机等的动力装置。

超燃冲压发动机按燃烧形式分为扩散燃烧(燃料和氧化剂边混合边燃烧)和爆震燃烧(燃料和氧化剂预先混合后再燃烧);按流动方式分为内部燃烧和外部燃烧。超燃冲压发动机的典型形式有亚燃/超燃双模态冲压发动机、亚燃/超燃双燃烧室冲压发动机、与飞行器机体一体化的超燃冲压发动机、组合式超燃冲压发动机等。

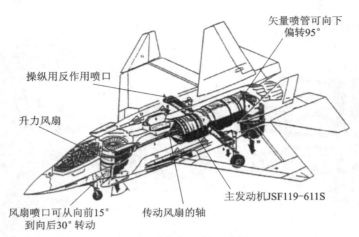

(a) F-35动力装置系统示意图

(b) F135发动机及升力风扇

图 6 - 48　F - 35 飞机及其动力装置系统

3. 脉冲爆震发动机

　　脉冲爆震发动机是一种利用脉冲式爆震波产生推力的新概念发动机,包括吸气式脉冲爆震发动机(PDE)和脉冲爆震火箭发动机(PDRE)两种类型。脉冲爆震发动机没有旋转部件,其工作过程包括进气(吸气)、喷油、点火、爆燃、排气等。爆震燃烧是燃料化学能在短时间内快速、高效转变为机械能的非稳态化学反应过程。爆震燃烧产生的爆震波的传播速度极快(达几千米每秒),使可爆燃料的压力、温度迅速升高(可高达 100 个大气压和 2 800 ℃)。因此,基于爆震燃烧的发动机可以不用传统的压气机和涡轮部件就能达到对气体进行压缩的目的。

　　脉冲爆震发动机有多种用途,除独立用作动力装置外,还可利用爆震燃烧构成外涵 PDE 涡扇发动机、PDE 加力燃烧室、基于 PDE 的混合循环和组合循环发动机,广泛应用于无人机、靶机、战斗机、高超声速隐身侦察机、战略轰炸机、远程导弹等,对 21 世纪空间和大气飞行器将产生深刻的影响。

6.4.3　无人机动力装置

　　无人机动力装置就是无人机的发动机以及保证发动机正常工作所必需的系统和附件的总

称。无人机能源类型有燃油和动力电池两种,对应的动力装置分别是发动机和电动机,因而无人机使用的动力装置主要有活塞式发动机、涡喷发动机、涡扇发动机、涡桨发动机、涡轴发动机、冲压发动机、火箭发动机、电动机等。目前主流的民用无人机所采用的动力系统通常为活塞式发动机和电动机两种。除这两种动力装置之外,目前还有新型的混合动力的无人机发动机,采用的是电机和燃油喷射系统。

1. 发动机动力装置

使用燃油作为能源的无人机动力装置与载人飞机的动力装置区别不大,还有很多无人机是在有人机的基础上改的,并在原有动力装置的基础上增加飞控系统和导航控制系统。专用于无人机的发动机也只是在功率和控制方式上与有人机存在区别,工作原理与结构并无不同,因此,这里就不再赘述。

2. 电动动力装置

无人机电动动力装置主要由动力电源、调速系统和动力电机组成。

(1) 动力电源

动力电源通常采用化学电池,主要包括镍氢电池、镍铬电池和锂聚合物等。化学电池的主要参数是电压、容量和放电能力。目前无人机的电池主要采用锂聚合物电池。锂聚合物电池的标称电压是 3.7 V,满电电压是 4.2 V,保存电压是 3.8 V,保护电压是 3.6 V。电池串联后的总电压等于各单体电压之和;并联后的总电压仍然等于单体电压。串联用“S”表示,并联用“P”表示。例如,6S2P 表示先将 6 个单体电池串联,再将 2 组 6S 电池并联。

一般来说,电池的体积越大,它能储存的电量就越多,重量也越重。电池并联后,其总电流等于各单体电流之和,其总容量等于各单体电池的容量之和。容量的单位是 mAh。毫安(mA)是电流的单位,1 A=1 000 mA。如 16 000 mAh 的电池,表示持续用 16 000 mA 的电流能放电 1 h。容量还可以用瓦时(Wh)表示,瓦是功率单位,1 W=1 VA。如 6S 16 000 mAh 的电池,其满电时瓦时容量=(6×4.2 V)×(16 Ah)=403.2 Wh。

电池的放电能力用放电倍率 C 表示,C 值越大表示电池放电能力越强。C 值与电池容量的乘积代表该电池的最大放电电流。如 16 000 mAh 25C 的电池,其最大放电电流为 16 A× 25=400 A。

充电过程对电池的寿命有相当大的影响,大电流充电会破坏电池的性能。一般厂家要求用 0.1C 的电流充电。而锂聚合物电池因为性能优越,在保证冷却通风的条件下,可以用 1C 的电流充电。

(2) 电　调

电调,全称为电子调速器。它根据控制信号调节电机的转速。电调分为有刷电调和无刷电调,分别用于有刷电机和无刷电机。无刷电调一般有 7 或 8 根线,如图 6-49 所示。电调的电源线(一红一黑,代表正负极)用来连接电池,输出线(3 根)用来连接电机,信号线(有 BEC 功能的 3 根,无 BEC 功能的 2 根)用来连接飞控或接收机。

所谓 BEC(battery elimination circuit)功能是指电调的信号线能输出 5 V 左右的电压,可以为接收机供电,接收机再给舵机供电;或者用来连接飞控,给飞控供电。

(3) 电　机

电机分为有刷电机和无刷电机。有刷电机是内含电刷装置的将电能转换成机械能的电动机。有刷电机是所有电机的基础,具有启动快、制动及时、可在大范围内平滑地调速、控制电路

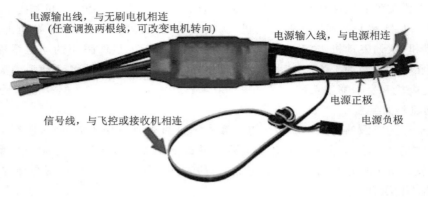

电源输出线,与无刷电机相连
(任意调换两根线,可改变电机转向)

电源输入线,与电源相连

电源正极

电源负极

信号线,与飞控或接收机相连

图 6-49 无刷电调

相对简单等特点。但有刷电机的效率较低,目前在无人机领域已逐渐不再使用。

无刷电机由电动机主体和驱动器组成,是一种典型的机电一体化产品,如图 6-50 所示。无刷电机的参数主要有 kV 值和尺寸。kV 值是指每伏电压能使该电机达到的转速,一般高 kV 值电机配小桨,低 kV 值电机配大桨。

3. 混合动力装置

混合动力装置通常由电驱动(太阳能或蓄电池)和常规发动机(喷气或螺旋桨发动机)两种动力系统构成,能够实现良好的起飞、爬升性能和静音、超长续航的结合。德国天空动力公司推出用于无人机的 SP-55 FI TS 混合动力发动机如图 6-51 所示。该发动机有两个火花塞,配有燃油喷射系统和用于发电的无刷直流电机,在 50 V 直流电压下最大功率可达 2 kW,可延长飞行时间,并确保重物的运输。该发动机还装配了 SGC 352 轻量级启动控制装置和 HKZ215 点火系统,具有更高的点火性能,废气排放水平也得以改善。此外,天空动力公司还开发了发动机和发电机的集成冷却系统,位于发动机和发电机上方,以提供新鲜空气并去除热空气。

图 6-50 无刷电机

图 6-51 SP-55 FI TS 混合动力发动机

6.5 航空燃油和滑油系统

如果说航空发动机是飞机的"心脏",那么航空燃油和滑油系统就是维系"心脏"正常运行的"血液",能够为"心脏"提供能量并改善其工作环境。燃油系统能够为航空发动机提供工作所需燃油,滑油系统则能够为航空发动机提供润滑、冷却和清洁的作用。

6.5.1　航空燃油系统

航空发动机燃油系统的功用是在发动机的各种工作状态下,将增压的、计量好的燃油输送到燃烧室。燃油流量必须是在安全限制范围之内,在发动机整个工作过程中,避免出现超温、超转、喘振和熄火等。燃油系统还能控制发动机空气系统的工作和冷却发动机滑油。燃油系统主要分成两个子系统:燃油分配系统和燃油控制系统。

1. 燃油分配系统

燃油分配系统的作用是向发动机燃烧室内的喷嘴提供经过过滤和增压的燃油,其主要系统附件包括发动机驱动燃油泵、燃油滤、伺服燃油加温器、燃油/滑油热交换器、燃油总管和燃油喷嘴、燃油管路等。

如图 6-52 所示,来自飞机燃油箱的燃油输送到燃油泵组件,从低压燃油泵→燃油/滑油热交换器→燃油滤→高压燃油泵→自洗油滤→主发动机控制器(MEC)内的燃油计量活门→增压活门→流出 MEC 至燃油流量传感器→燃油总管→燃油喷嘴。

在高压燃油泵出口管路经自洗油滤过滤后的燃油继续流过伺服燃油加温器,加温器加温燃油,保证清洁和无冰的燃油流到 MEC,作为 MEC 内部伺服控制燃油。

当燃油泵供油量高于燃油和控制系统的需求时,在 MEC 内部燃油被分成计量燃油和旁通燃油。计量燃油通过增压活门、燃油流量传感器、燃油总管和燃油喷嘴到达燃烧室。多余的燃油经过旁通活门返回到燃油/滑油热交换器的进口管路,即高压泵的上游管路。

2. 燃油控制系统

燃油控制系统在我国通常称为燃油调节器,早期的都是液压机械式控制器。MEC 在所有发动机工作状态下通过计量到燃油喷嘴的燃油流量控制发动机的高压转子转速。驾驶舱操纵油门杆的机械信号通过传动机构输送到 MEC 的功率杆,MEC 根据功率杆的位置,确定对应的核心机需求转速,核心机的需求转速也会根据进气道进口压力和温度进行修正。MEC 自动调节燃油流量,以保持核心机转速等于需求转速,还要确保在任何工作条件下的燃油安全限制。如果工作条件发生变化,设定的加速和减速供油计划的燃油限制也相应发生变化。

如今燃油控制系统又称为发动机控制系统,即全权限数字式发动机控制器(简称 FA-DEC)。现在发动机控制器功能越来越强,燃油调节也越来越精细,还能够自己评估各部件的性能、振动情况、燃滑油成分等,无线与地面服务基站联络,甚至是自己预测自身衰减程度、给出服务建议等,也就是除了发动机控制,还集成了健康管理。虽然功能复杂了许多,但发动机控制的主要功能还是通过调节燃油供给量实现的。

6.5.2　航空滑油系统

滑油系统是航空发动机的一个重要附件系统,主要为发动机提供润滑,并起到冷却和清洁的作用。每一台发动机都有一个独立的滑油系统,通过供油、回油和通气 3 个过程,实现对发动机的轴承和附件齿轮箱提供润滑、冷却和清洁。

1. 供　油

如图 6-53 所示,滑油箱内的滑油经过供油管路,由供压泵增压后供到压力管路,即滑油箱内的滑油→压力油滤→附件齿轮箱、转换齿轮箱等。

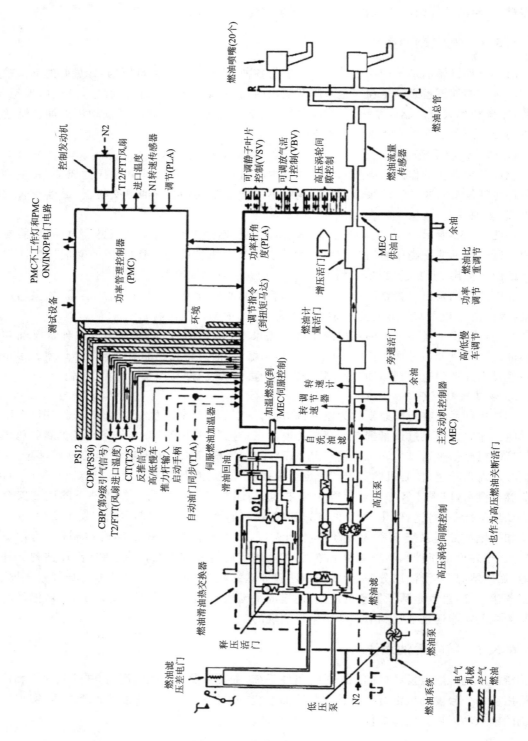

图 6-52　发动机燃油系统

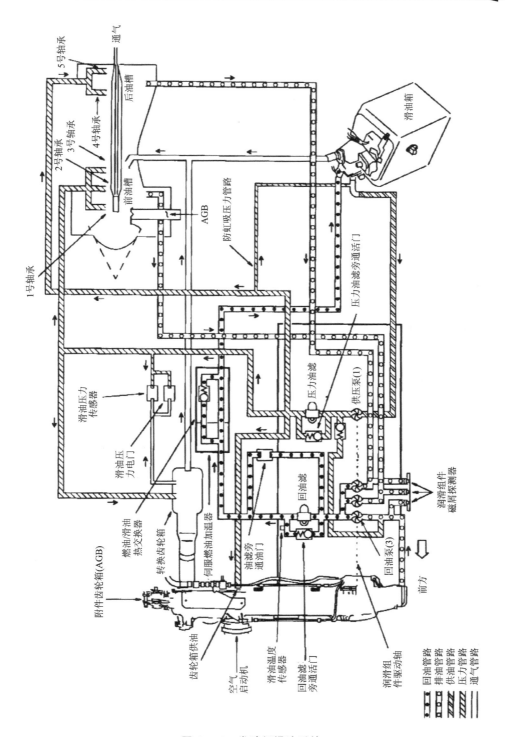

图 6 - 53　发动机滑油系统

2. 回　油

附件齿轮箱油槽、前油槽和后油槽收集的滑油经排油管路、回油泵和回油管路回到滑油箱。即三个油槽收集的滑油→磁屑探测器→回油泵→回油滤→伺服燃油加温器→燃油/滑油热交换器→回到滑油箱。其中磁屑探测器可以检测滑油中的金属碎屑,从而对滑油的品质进行监控。

3. 通　气

如图 6-53 所示,轴承油槽和齿轮箱由通气管路互连,在进入油气分离器和通气之前收集滑油蒸气。滑油箱和齿轮箱油槽通过通气管连接到前油槽,前、后油槽的滑油蒸气流过滑油分离器进入中心通气管,随发动机排气排出,油气分离器分离出的滑油返回到发动机前、后油槽。

思考题

1. 航空动力装置由哪些部分组成?
2. 活塞式航空发动机由哪几个部分组成?
3. 试述活塞式航空发动机的 4 个行程和每一行程的过程。
4. 衡量活塞式航空发动机性能的指标有哪些?
5. 衡量喷气发动机的主要性能参数是哪些?
6. 核心机由哪几个部分组成?
7. 试述涡轮喷气发动机的主要组成部分及其各部分的功用。
8. 涡轮风扇发动机的结构有何特点? 什么是涵道比?
9. 涡轮螺桨发动机的结构有何特点?
10. 桨扇发动机有何特点?
11. 涡轮轴发动机用在什么航空器上? 有何特点?
12. 试比较说明涡轮喷气发动机、涡轮螺桨发动机、涡轮风扇发动机、涡轮桨扇发动机和涡轮轴发动机的结构特点。
13. 试述冲压发动机的工作原理。它为何不能单独使用?
14. 试述无人机动力装置的主要组成部分及各部分功用。
15. 试述电动无人机动力装置的主要组成部分及功用。
16. 试述航空燃油系统的组成及功用。
17. 试述航空滑油系统的工作过程及主要作用。

第 7 章 航空器的基本构造

航空器有靠静浮力升空飞行的,如气球和飞艇,有靠与空气相对运动产生的空气动力升空飞行的,如飞机和直升机。本章将介绍这两大类航空器的基本机体结构,即航空器各受力部件和支撑构件,但不包括动力装置和机载设备。

7.1 航空器的结构要求和结构材料

7.1.1 航空器的结构要求

不同类型的航空器虽然在结构上存在较大的差别,但结构的基本功能大体是相同的。它们的机体结构就像房子的骨架一样,一方面起到支撑作用,另一方面又将各个部分连成一个整体。结构要承受内部载重、动力装置和外部空气动力引起的载荷,装载人员和设备,并为内部人员和设备提供必要的工作空间。

由于不同类型的航空器各部分的功用存在差异,因此对每个部分的要求也不同,其结构上也有各自的特点,但它们又都是某一整体的组成部分,也有着许多共同的地方。因此,航空器的结构应满足以下共同的基本要求。

1. 空气动力要求

航空器结构应满足飞行性能所要求的气动外形和表面质量。航空器的气动外形主要是根据飞行性能要求和飞行品质要求决定的。如果航空器结构达不到必要的空气动力要求,将会导致飞行阻力增加、升力减小、飞行品质就会变差。比如,作为结构设计输入参数之一的气动载荷,一旦航空器的气动外形无法保障,势必会造成设计输入的气动载荷与实际使用过程中的气动载荷之间存在一定的差异,甚至这个差异会非常巨大,最终导致结构无法满足气动载荷的需求。

2. 强度、刚度、寿命、可靠性和质量要求

结构应在满足强度、刚度、寿命和可靠性的前提下,结构重量尽可能轻。这一要求又简称为最小质量要求,或质量要求。

强度是指结构承受载荷时抵抗破坏的能力,强度不够就会引起结构破坏。刚度是指结构在载荷作用下抵抗变形的能力,刚度不足就会造成结构的变形,从而破坏气动外形的准确性,还会在一定速度条件下发生危险的气动弹性问题,比如颤振、扭转扩大、舵面失效或反效等。寿命是指从开始使用到报废的时间。可靠性指的是在一定时间内、在一定条件下无故障地执行指定功能的能力。

增加强度、刚度、寿命以及可靠性都会不同程度地增加结构重量,在总重量不变的情况下,结构重量的增加就意味着有效载重的减少,或飞行性能的下降。比如,某航空器的总重量为10 t,结构重量如果由原来的 4 t 变成了 5 t,则有效载重便减小了 1 t,可能会导致航空器的某些功能无法实现,同时还会影响到结构的寿命和可靠性。

3．使用维护要求

航空器结构要求使用方便,便于检查、维护和修理,使用过程中要安全可靠,易于运输、储存和保管。

由于航空器可重复使用的特性,航空器的各部分需要按照规定的周期进行检查、维护和修理。良好的维修性可以提高航空器在使用过程中的安全可靠性和保障性,并可以有效地降低保障使用成本。为了保障航空器良好的维修性,在结构上通常需要布置合理的分离面和各种开口,同时在结构的内部需要安排必要的检查、维修通道,以增加结构的开敞性和可达性。

4．工艺性要求

在一定的生产条件下,要求工艺简单、制造方便、生产周期短。这些需要结合机种、产量、需要迫切性和加工条件等综合考虑。

5．经济性要求

经济性要求又称为成本要求,过去主要是指生产和使用成本,近年来提出了全寿命周期费用(LCC)概念,即全寿命成本。全寿命周期费用主要是指航空器的概念设计、方案论证、全面研制、生产、使用与保障 5 个阶段直至退役或报废期间所付出的一切费用之和,即包含设计成本、生产成本和运营成本在内的一切费用。其中,生产费用与使用、保障费用约占全寿命周期费用的 85%。而减少生产费用的根本是结构设计的合理性,影响使用和保障费用的关键是可靠性和维护性,这些与结构的设计是直接相关的。

以上关于结构的各项基本要求,相互之间的关系是相辅相成、相互联系、相互制约、相互矛盾的。比如,为满足航空器的使用维护要求,需要在机体结构上布置合理的分离面和各种开口,这些会破坏掉原有机体结构的传力路径,最终导致结构的强度和刚度的下降;为保障结构应有的结构强度和刚度,需要对这些区域进行结构加强,而这会导致整体结构重量的增加,这又是与质量要求相违背的。再有,飞机上为使驾驶员有良好的视野,通常会让驾驶员座舱向上凸起,会增加飞机的气动阻力,而这又与空气动力要求相违背。因此,在进行航空器的结构设计及铺排时,需要对这些基本要求进行综合权衡,以得到结构性能最佳、最适合的结构。

7.1.2　常用的航空器结构材料

航空器在设计过程中为了减轻结构重量,除了采用合理的结构形式之外,非常有效的方法是选用强度、刚度大而重量轻的材料。通常用相对参数来表示材料的强度和刚度的大小,即比强度和比刚度。

$$比强度 = 抗拉强度(\sigma_b)/密度(\rho)$$
$$比刚度 = 弹性模量(E)/密度(\rho)$$

在选用结构材料时,应尽量采用比强度和比刚度大的材料。其次,根据不同的飞行和环境条件,要求材料具有一定的耐高温和耐低温性能,要具有良好的抗老化和耐腐蚀能力,要具有足够的断裂韧性和良好的抗疲劳性能。另外,材料还要具有良好的加工性能,资源丰富,价格低廉。常用于航空领域的结构材料有如下几类。

1．木　材

在航空发展的早期,受限于成本、工艺、重量等因素的制约,航空器的主体材料使用的是木材,比如英国的"蚊"式战斗机,如图 7 - 1 所示。

木材具有较好的承压特性,而且价格便宜、加工简单,在小载荷的低速飞机上有良好的适

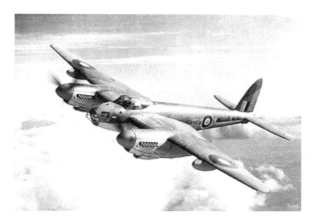

图 7 - 1　木质结构的"蚊"式战斗机

用空间。但木材的强度和刚度较差、易潮、易燃、易腐蚀、各向异性突出,而且不同批次的木材性能可能差别很大。因此,现如今除了在一些小型飞机的螺旋桨以及受载较小的结构处使用,大部分航空器的结构选用的是金属材料或复合材料。

2. 铝合金

有色金属中的铝合金在航空中应用最为广泛。铝合金主要是铝与铜、镁、锌的合金,其密度约为 2.8 g/cm^3(约为钢的 1/3),具有高的比刚度、断裂韧性和疲劳强度,具有高的耐腐蚀性,有较为良好的低温性能,且价格低廉,一般适用于在 120 ℃以下长期工作;而耐热硬铝可在 250～300 ℃的条件下正常工作。

3. 镁合金

镁合金密度很小,大约为 1.75～1.9 g/cm^3,其比强度和比刚度与铝合金和合金钢大致相同。由于所做元件的壁厚大,因此十分适宜于制造刚性好的零件。镁合金的机械加工性能优良,但耐腐蚀性较差,必须经过相应的防腐处理后才能长期可靠地工作。镁合金主要用于制造低承力的零件,一般适用于在 120 ℃以下长期工作;而耐热铸造镁合金则可以在 250～350 ℃的范围内长期工作。

4. 合金钢

合金钢主要包括高强度的结构钢和耐高温耐腐蚀的不锈钢。高强度合金钢具有较高的比强度,工艺简单、性能稳定、价格低廉,适合制造承受大载荷的接头、起落架和机翼主梁等构件。耐高温的不锈钢也是制造发动机的主要材料。由于不锈钢中合金含量较高,因此价格也比结构钢高得多。此外,合金钢的比重较大,一般不在机体结构上大面积使用。

5. 钛合金

钛合金的密度较小,其强度接近于合金钢,具有较高的比强度。钛合金具有较高的耐热性,工作温度可达 400～550 ℃,在该温度下的比强度明显优于耐热不锈钢。另外,它在潮湿的大气中的耐腐蚀性也优于不锈钢。钛合金的主要问题是加工成型困难,而且价格比较昂贵。

6. 复合材料

复合材料是由两种或多种材料复合而成的多相材料。复合材料中起增强作用的材料称为增强体,起黏接作用的材料称为基体。一般增强体为高强度、高模量的纤维材料,主要有玻璃纤维、芳纶纤维、硼纤维、碳纤维和石墨纤维等。基体材料则是具有一定韧性的树脂,主要有环氧树脂、聚酰亚胺树脂以及铝合金和钛合金等。复合材料的密度低，比强度、比刚度很高，抗疲劳性能、减振性能和工艺成型性能都很好。

现在复合材料的应用量和应用部位已经成为衡量飞机结构先进性的重要指标之一。纵观飞机材料发展，复合材料无论是在民用飞机还是在军用飞机上的用量都呈增长趋势。飞机上最初采用复合材料的部位有舱门、整流罩、安定面等次承力结构，目前已广泛应用于机翼、机身等部位，向主承力结构过渡。例如，在空客 A380 上采用碳纤维复合材料的大型构件主要有中央翼盒、翼肋、机身上蒙皮壁板、机身后段、机身尾段、地板梁、后承压框、垂尾等，大量的主承力结构都采用了复合材料。波音 787 复合材料的应用则更让世人瞩目，其机身和机翼部位采用碳纤维增强层合板结构代替铝合金；发动机短舱、水平尾翼和垂直尾翼、舵面、翼尖等部位采用碳纤维增强夹芯板结构；机身与机翼衔接处的整流蒙皮采用玻璃纤维增强复合材料。波音 787 比 A380 的用量更大，主承载部位的应用更加广泛，是目前世界上采用复合材料最多的大型商用喷气客机。

飞机上大量采用复合材料的主要目的之一就是减重。而复合材料构件的共固化、整体成型技术能够成型大型整体部件，可以明显减少零件、紧固件和模具的数量。减少装配是复合材料结构减重的重要措施，也是降低成本的有效方法。因此，复合材料在飞机上的应用越来越广泛了。

7.2　气球和飞艇的基本构造

7.2.1　气球的基本构造

气球根据气囊内所充的气体不同可分为热气球、氢气球和氦气球。它们的构造基本相似，主体为气囊，气囊下面通常有吊篮或吊舱。不同的气球在结构上略有差别，下面分别进行介绍。

1. 热气球

热气球是利用位于气囊下方开口处的加热器对空气加热，使气囊内的空气密度减小，从而产生静浮力升空。因此它是由球囊、吊篮和燃烧器三部分构成的，如图 7-2 所示。

球囊部分的材料通常是由高强度尼龙绸制成，有的也采用涤纶材料制成，要求质量很轻，结实不透气，并且熔点较高，大多数球囊部分都是制成水滴形状，也可以做出各式各样的异球形。

吊篮用来承载飞行员、乘员、气瓶以及设备，一般采用藤条编制而成，结实、柔韧且相对较轻，在着陆时能够轻微弯曲，吸收一部分能量，从而起到缓和冲击的作用。

燃烧器是热气球的"心脏"，它把气瓶内的液体汽化后与空气混合形成可燃气体，充分燃烧后，将高速气流射进球囊，使其内部空气迅速加热升温，

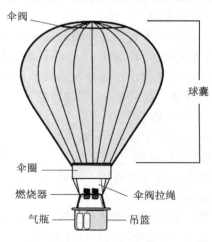

图 7-2　热气球结构图

以产生升力。要保持气球上升,就需要不断地加热空气。燃料一般采用丙烷或液化气,经过压缩后储存在气瓶内,而气瓶固定在吊篮内。

　　热气球是利用热空气比空气轻的原理,在大气层中产生浮力飞行的。而热空气是通过燃烧器点火来加热的。热气球的下部是敞开的,燃烧器打开,空气被加热,使气球内平均温度升高,气球上升。球内相对冷却的空气和燃烧的废气由下部排出。气球的顶部有放气口,可以由在吊篮中的操纵人员拉动伞阀拉绳打开伞阀,放出热气,使热气球下降。由于气球要向外散热,因此要维持飞行高度,就要使燃烧器间歇式加热,通过燃烧器点火和熄火的间隔时间长短可以调整球囊内温度来控制热气球的上升和下降。可利用不同高度层的风向来控制和调整热气球的前进方向,总的飞行方向是顺风飞行,而且热气球的飞行速度和风速是相同的。

2. 氢气球和氦气球

　　氢气球和氦气球的球面材料都是由塑料薄膜制成,下面连有吊篮,用于装载探测设备和仪器,如图 7-3 所示,吊篮内有压舱物,作为控制气球升降之用,气球底部有放气装置。

　　氢气和氦气密度小,比空气轻,因此氢气球和氦气球的气囊下方都是封闭的,不需要进行加热。在地面时由于大气压力作用,气球体积不能太大,随着高度的升高,大气压力逐渐降低,气球的体积会逐渐增大,当气球内的气体膨胀到超过球体体积时,可以从下部的放气口溢出,以保证气球不会破裂,并可维持在所需的高度,这种气球称为零压差式气球。在某一高度上浮力和重力达到平衡,则气球维持高度不变,并利用高空大气环流飞行,可通过放出氢气或抛掉压舱物使气球下降或上升。

　　氢气球一般有橡胶氢气球、塑料膜氢气球和布料涂层氢气球等几种,较小的氢气球当前多用于儿童玩具或喜庆放飞用。较大的氢气球用于飘浮广告条幅,也叫空飘氢气球。气象上可用氢气球探测高空,军事上可用氢气球架设通信天线或发放传单。

图 7-3　氢气球(氦气球)结构图

　　氢气与氦气都是比空气轻的气体,但氦气是惰性气球,而氢气具有易燃性,易爆炸,因此现在氦气球用得更多一些。

7.2.2　飞艇的基本构造

　　飞艇也是一种轻于空气的航空器,它与气球最大的区别在于它具有推进装置,并可进行可控飞行。

　　如图 7-4 所示,飞艇由巨大的流线型艇体、位于艇体下面的吊舱、起稳定控制作用的尾面和推进装置组成。艇体的气囊由涤纶、聚酯纤维、麦拉等人造材料织成,可有效防止气体的泄漏,并具有很长的使用时间。气囊内充以密度比空气小的浮升气体如氢或氦,借以产生浮力使飞艇升空,现代飞艇一般都使用安全性更好的氦气来提供升力。另外,气囊内还有一个小的辅助性气囊,里面充的是空气,它可通过在飞行中的充气和放气来控制和保持飞艇的形状和浮力。吊舱是位于飞艇下方的舱室,包括驾驶舱、发动机和人员舱。尾面用来控制和保持航向、俯仰的稳定。推进装置为飞艇的起飞、降落和空中悬停提供动力。

从结构上看,飞艇可分为三种类型:硬式飞艇、软式飞艇和半硬式飞艇,其差别主要体现在气囊的构造上。

1. 硬式飞艇

硬式飞艇是由其内部骨架(金属或木材等制成)保持形状和刚性的飞艇,外表覆盖着蒙皮,骨架内部则装有许多为飞艇提供升力的充满气体的独立气囊,如图 7-5 所示。整个艇体不密封,主要起维持流线型和连接

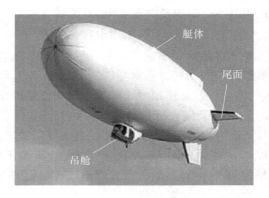

图 7-4　飞艇结构图

各部分的作用。艇体内部由隔框分割成许多小气室,每个小气室内放有密封的小气囊,里面充有比空气轻的气体,如氦气。在地面时,小气囊没有完全胀满气室。随着飞行高度增加,外界大气压强降低,囊内气体随之膨胀,在达到规定高度时,气囊恰好胀满气室。众多小气囊可提高飞艇的抗损坏性和安全性。部分小气囊受损,整个飞艇的浮力不会完全丧失。这种飞艇飞行速度较高,气囊重量大、体积大。

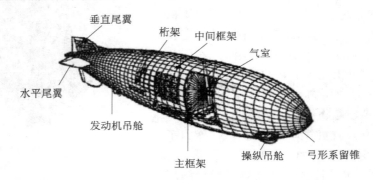

图 7-5　硬式飞艇结构图

2. 软式飞艇

软式飞艇艇体没有金属骨架,全部用织物制成气囊,用绳索连接吊舱,如图 7-6 所示。气囊由主气囊和前后副气囊组成,气囊不仅要求密封,还要求有相当强度能承受一定的压强。气囊上装有安全活门,压强超过规定值时能自动放气保证气囊不被胀破。主气囊内充浮升气体,如氦气,副气囊内充空气。副气囊的作用是在不排放主气囊内气体的条件下,保持主气囊内外压强差为定值。当飞艇爬高,外界大气压强降低时,副气囊放气使主气囊增大容积,从而保持主气囊原来的内外压强差。当外界大气压强增大时,向副气囊内充气使它膨胀,从而压缩主气囊的容积,使主气囊的压强仍能保持略高于外界大气压强。设置前后副气囊还可调节浮力中心的位置。仅向后副气囊充气时,重心后移,飞艇产生抬头力矩;反之,产生低头力矩。这种形式的飞艇一般体积较小,大多作为广告载体来使用。

3. 半硬式飞艇

半硬式飞艇介于硬式和软式之间,它的气囊构造与软式飞艇相似,但在气囊下部增加刚性的龙骨架,组成半硬式飞艇的艇体,如图 7-7 所示。半硬式飞艇要保持其形状主要是通过气

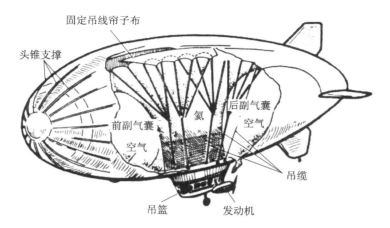

图 7 - 6　软式飞艇结构图

囊中的气体压力,另外部分也要依靠刚性骨架。

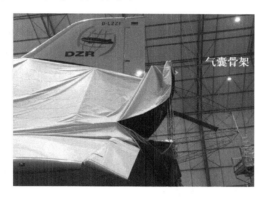

图 7 - 7　半硬式飞艇结构图(气囊骨架)

20 世纪 40 年代飞艇逐渐被飞机所取代,其主要原因有两个:一个是高昂的造价,虽然飞艇的使用费用十分低廉;另一个是过低的速度。不过,跟飞机相比,飞艇也有很多优点,它噪声小,耗油低,对空气污染小,运载量大,能垂直起降和悬浮空中。因此,飞艇在勘探、运输、救灾、海洋研究、通信广播中仍有广阔的应用前景。

7.3　飞机的基本构造

7.3.1　飞机结构的基本组成

飞机是飞行器中数量和种类最多的一种航空器。飞机通常由机身、机翼、尾翼、起落架、动力装置 5 大部分组成,通过机载设备、燃油系统、电气系统、操纵系统等构成飞机的全部,如图 7 - 8 所示。

机身处于飞机的中央,主要用于容纳人员、货物或其他载重和设备,此外,作为其他部件的连接基础,用于承载其他部件传递的载荷,并将其他部件有机地形成一个整体的结构。

机翼是飞机产生升力的部分。通常在机翼上有用于横向操纵的副翼和扰流片,机翼前后

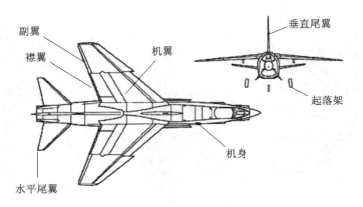

图7-8　飞机结构组成示意图

缘部分还设有各种形式的襟翼和缝翼,用于起飞和着陆阶段增加升力或改变机翼升力的分布。

尾翼通常在飞机尾部,起稳定和操纵作用,常分为水平尾翼和垂直尾翼。水平尾翼一般由水平安定面和升降舵组成,垂直尾翼一般由垂直安定面和方向舵组成。

起落架是飞机起飞、着陆滑跑和在地面(或水面)停放、滑行中支持飞机的装置,一般由承力支柱、减振器、带刹车的机轮和收放机构组成。

动力装置包括产生推力的发动机和保证发动机正常工作所需的附件和系统,其中包括发动机的启动、操纵、固定、燃油、滑油、散热、防火、灭火、进气和排气等装置或系统。

7.3.2　机翼、尾翼的基本构造

1. 机翼的基本构造

机翼是飞机的重要部件之一,安装在机身上,一般分为左右两个翼面。其最主要作用是产生升力,同时也可以在机翼内布置弹药仓和油箱,在飞行中可以收藏起落架。另外,在机翼上还安装有改善起飞和着陆性能的襟翼和用于飞机横向操纵的副翼,如图7-8所示,有的还在机翼前缘装有缝翼等增升装置。

飞机诞生之初,机翼的形状千奇百怪,有的像鸟的翅膀,有的像蝙蝠的黑翼,有的像昆虫的翅膀;有的是单机翼,有的是双机翼。从机翼的俯视形状来看,通常有平直翼、后掠翼、三角翼等。机翼前后缘都保持基本平直的称为平直翼,机翼前缘和后缘都向后掠的称为后掠翼,机翼平面形状呈三角形的称为三角翼。平直翼适用于低速飞机,后两种适用于高速飞机。近些年,先进飞机还采用了边条机翼、前掠机翼等平面形状。

左右机翼后缘各设有一个副翼,飞行员可以利用副翼进行滚转操纵。为了降低起飞离地速度和着陆接地速度,缩短起飞和着陆滑跑距离,左右机翼后缘还装有襟翼。襟翼平时处于收起位置,起飞着陆时放下来增加升力。

(1) 作用在机翼上的外载荷

飞机在飞行过程中,作用在机翼上的外载荷有很多种,这些外载荷可分为两类,即分布载荷和集中载荷,如图7-9所示。分布载荷主要包括空气动力载荷和重力载荷。集中载荷是由其他部件通过接头传给机翼结构的,因其一般集中作用在个别的连接点上而称为集中载荷。所有这些载荷综合起来作用在机翼上使机翼结构承受弯矩 M、剪力 Q 和扭矩 T 三种形式的内力。

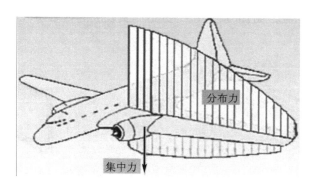

图 7 - 9　机翼上的外载荷

（2）机翼结构的主要受力构件

因为飞机的各个组成部分要求在能够满足结构强度和刚度的情况下尽可能轻，再加上机翼是产生升力的主要部件，而且大多数飞机的发动机也安装在机翼上或机翼下，因此机翼所承受的载荷更大，这就需要机翼有很好的结构强度以承受这巨大的载荷，也要有很大的刚度保证机翼在巨大载荷的作用下不会变形过大。机翼上的主要受力构件包括纵向骨架、横向骨架和蒙皮。

① 纵向骨架。

纵向骨架是沿翼展方向布置的骨架结构，包括翼梁、前纵墙、后纵墙和桁条，如图 7 - 10 所示。

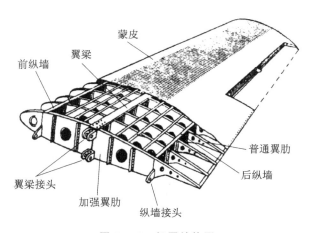

图 7 - 10　机翼结构图

翼梁是最主要的纵向构件，它承受全部或大部分弯矩和剪力。在机翼根部与机身用固定连接接头连接。如图 7 - 11 所示，翼梁是一个组合式工字形形状，它由上下凸缘、腹板和支柱构成。凸缘通常由锻造铝合金或高强度合金钢制成，主要承受弯矩；腹板用硬铝合金板材制成，与上下凸缘用螺钉或铆钉相连接，用来承受垂直于梁的剪力。为了提高承受载荷的能力，用立柱来加强腹板。

纵墙与翼梁十分相似，如图 7 - 12 所示。两者的区别在于纵墙的凸缘很弱，或没有凸缘，只有腹板，并且不与机身相连，其长度有时仅为翼展的一部分。纵墙通常布置在机翼的前后缘部分,与上、下蒙皮相连,形成封闭盒段,承受扭矩。靠后缘的纵墙还可以悬挂襟翼和副翼。

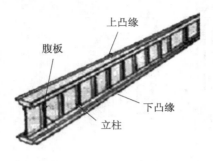

图 7 - 11　翼梁结构

1—腹板;2—很弱的缘条

图 7 - 12　纵墙结构

　　桁条是用铝合金挤压或板材弯制而成,如图 7 - 13 所示,铆接在蒙皮内表面,支持蒙皮以提高其承载能力,并共同将气动力分布载荷传给翼肋。此外,当桁条多且较强时,可用于承受部分弯矩。

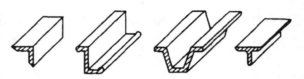

图 7 - 13　桁条结构

　　② 横向骨架。

　　横向是指垂直于翼展的方向,横向骨架主要是指翼肋,它们的安装方向一般都垂直于机翼前缘,有普通翼肋和加强翼肋两种,其构造上的功用是维持机翼剖面所需的形状。为了减轻重量和让内部零件通过,翼肋上还开有减轻孔。为了与蒙皮连接及自身受力,翼肋上下还有类似翼梁的凸缘的缘条,如图 7 - 14 所示。

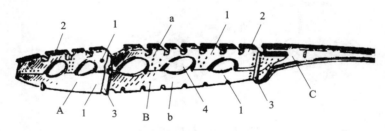

1—腹板;2—周缘弯边;3—与翼梁腹板连接的弯边;4—减轻孔;

A—前段;B—中段;C—后段;a—上部分;b—下部分

图 7 - 14　翼肋结构

　　普通翼肋的作用是将纵向骨架和蒙皮连成一体,把由蒙皮和桁条传来的空气动力载荷传递给翼梁,并保持翼剖面的形状。

　　加强翼肋是承受有集中载荷的翼肋。在有集中载荷的地方对普通翼肋加强就获得加强翼肋,它除了具备普通翼肋的作用之外,主要用来承受集中载荷。

③ 蒙皮。

蒙皮是包围在机翼骨架外的受力构件,用黏接剂或铆钉固定在骨架上,形成机翼的气动外形,其直接功用就是形成流线形的机翼外表面,如图 7-15 所示。

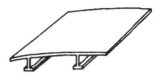

图 7-15　蒙皮结构

蒙皮除了形成和维持机翼的气动外形之外,还能够承受局部的气动载荷。早期低速飞机的蒙皮是布质的,现代飞机的蒙皮多是用硬铝板材制成的金属蒙皮。为了使机翼的阻力尽量小,蒙皮应力求光滑,减小在飞行中的凹、凸变形。从受力看,气动载荷直接作用在蒙皮上,因此蒙皮还承受垂直于其表面的局部气动载荷。同时,蒙皮可与纵墙、翼梁的腹板、翼肋的腹板共同构成盒状空间用以承受总体的扭矩载荷。此外,随着蒙皮厚度的增大,蒙皮还可以参与承载弯矩引起的轴向力载荷。

(3) 机翼结构的典型构造形式

机翼结构的典型构造形式又称为机翼结构的典型受力形式,是指机翼结构中起主要受力作用的元件的组成形式,不同的受力形式表征机翼结构不同的总体受力特点。

机翼结构的典型构造形式有很多,其发展是随着飞行速度的提高而变化的,主要有梁式、单块式、多腹板式及混合式等。

① 梁式机翼。

梁式机翼的构造特点在于:纵向有很强的翼梁(单梁、双梁或多梁);蒙皮较薄,长桁较少且比较弱,梁缘条与长桁相比要大得多;有时还需要布置纵墙。图 7-16 所示为典型的单梁式机翼结构示意图。

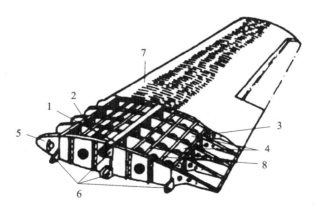

1—翼梁;2—前纵墙;3—后纵墙;4—普通翼肋;5—加强翼肋;
6—对接接头;7—硬铝蒙皮;8—长桁

图 7-16　梁式机翼

在梁式机翼中,大部分弯矩由翼梁承受,梁腹板承受剪力,蒙皮和腹板组成的盒段承受扭矩，蒙皮也参与翼梁缘条的承弯作用。梁式机翼的不足之处是蒙皮较薄，桁条较少，因此，机翼蒙皮的承弯作用不大。根据翼梁的数量不同，还可以进一步将梁式机翼分为单梁式、双梁式和多梁式机翼。

梁式机翼一般不做成整体，而是分成左右两个机翼，即在机身两侧各自有分离面，借助翼梁和纵墙根部传递集中载荷的对接接头与机身连接。

② 单块式机翼。

单块式机翼的构造特点在于：长桁较多且比较强，蒙皮较厚，长桁和蒙皮组成可受轴向力的壁板；当有翼梁时，一般梁缘条的剖面面积与长桁接近或略大，有时只需布置纵墙。图 7 - 17 所示为典型的单块式机翼结构示意图。

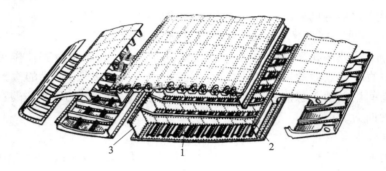

1—长桁；2—翼肋；3—墙或梁的腹板
图 7 - 17　单块式机翼

单块式机翼一般左右机翼连接成整体贯穿机身。但有时为了使用维护方便，在展向设置有分离面，采用沿翼箱周缘分散连接的形式将机翼连接成整体，如图 7 - 18 所示。

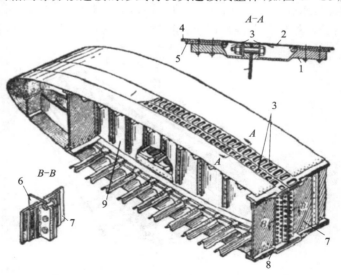

1—对接接头；2—可拆盖板；3—孔；4—蒙皮；5—垫片；6—翼肋腹板；
7—翼梁腹板；8—翼梁的对接角材；9—加强翼肋
图 7 - 18　展向设置分离面的单块式机翼

③ 多腹板式机翼。

多腹板式机翼的构造特点在于：布置较多的纵墙(一般多于 5 个)；蒙皮厚(几毫米～几十毫米)；无长桁；翼肋很少，但结合受集中载荷的需要，至少每侧机翼上要布置 3～5 个加强翼肋。图 7-19 所示为多腹板式机翼的构造示意图。

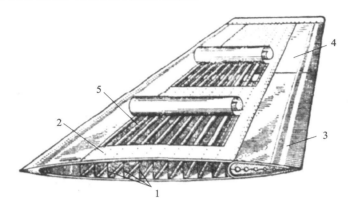

1—纵墙；2—蒙皮；3—襟翼；4—副翼；5—纵墙的缘条

图 7-19　多腹板式机翼

当多腹板式机翼的左右机翼连接成整体时，与机身的连接和单块式机翼类似；但有的和梁式机翼类似，分成左右两个机翼，在机身侧边相连，此时往往由多腹板式向多梁式过渡，用少于腹板数的几个梁的根部集中对接接头与机身连接。

④ 混合式机翼。

通常情况下，梁式机翼一般用在低速或小型飞机上；高速飞机多采用带 2～3 根梁的单块式翼盒结构或多梁厚蒙皮式结构。在实际应用中，为了更好地优化机翼的结构重量，常常会采用混合式的机翼结构，即梁式、单块式、多腹板式 3 种构造形式的混合结构。这种机翼结构虽然增加了设计及制造的复杂性，但在控制结构重量、优化机翼性能方面十分有利。图 7-20 给出的是一种多腹板式和梁式的混合机翼结构，外段机翼采用的是多腹板式，共有 13 个腹板。在机翼根部位置附近，为了避免与机身结构对接时产生过多的对接接头以及机身加强框，因此将 13 个腹板逐步过渡为 5 个翼梁。

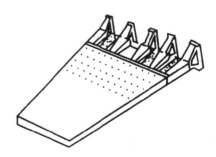

图 7-20　混合式机翼

2. 尾翼的基本构造

尾翼又称为安定面，包括垂直尾翼和水平尾翼两部分。它的作用是使飞机具有适当的静稳定性。当飞机在空中做近似匀速直线飞行时，常常会受到各种上升气流或侧向风的影响，此时飞机的飞行姿态就会发生改变，飞机会围绕质心左右(偏航)、上下(俯仰)以及滚转。如果飞机是静不稳定的，就无法自动恢复到原来的飞行姿态。例如，如果飞机受到风的扰动而抬头，那么飞机就会持续抬头，而且当这股扰动气流消失以后，飞机就会保持抬头姿态，而无法恢复到原来的姿态。

　　尾翼的内部结构与机翼十分相似,通常都是由骨架和蒙皮构成,但它们的表面尺寸一般较小,厚度较薄,在构造形式上有一些特点。

　　垂直尾翼简称垂尾,也称立尾,它垂直安装在机身尾部,主要功能是保持飞机的方向平衡和操纵。垂直尾翼由固定的垂直安定面和可偏转的方向舵组成。垂直安定面是垂直尾翼中的固定翼面部分。当飞机沿直线做近似匀速直线飞行时,垂直安定面不会对飞机产生额外的力矩,但当飞机受到气流的扰动,机头偏向左或右时,此时作用在垂直安定面上的气动力就会产生一个与偏转方向相反的力矩,使飞机恢复到原来的飞行姿态。方向舵是垂直尾翼中可操纵的翼面部分,其作用是对飞机进行偏航操纵。当需要控制飞机的航向时,飞行员就可以操纵垂直尾翼中的方向舵达到偏航的目的。当飞机需要左转飞行时,驾驶员就会操纵方向舵向左偏转,此时方向舵所受到的气动力就会产生一个使机头向左偏转的力矩,飞机的航向也随之改变。某些高速飞机没有独立的方向舵,进行航向操纵时,整个垂尾会随着脚蹬操纵而整体偏转,称为全动垂尾。

　　水平尾翼简称平尾,安装在机身尾部,主要功能是保持俯仰平衡和俯仰操纵。一般来说,水平尾翼由固定的水平安定面和可偏转的升降舵组成。低速飞机水平尾翼前段为水平安定面,是不可操纵的,其后缘设有升降舵,飞行员利用升降舵进行俯仰操纵。其操作原理与方向舵类似。

　　超声速飞机采用全动平尾,即将水平安定面与升降舵合为一体,通过转轴与机身结合,飞行员可以控制整个平尾偏转,这使得飞机的操纵性能大大提高。飞行员推拉杆时整个水平尾翼都随之偏转,飞行员用全动平尾来进行俯仰操纵。某些高速飞机为了提高滚转性能,在左、右压杆时,左、右平尾反向偏转,以产生附加的滚转力矩,这种平尾称为差动平尾。

　　有些飞机的水平尾翼放在机翼前边,这种飞机称为鸭式飞机,这时放在机翼前面的水平尾翼称为鸭翼或前翼。也有一部分飞机没有水平尾翼,这种飞机称为无尾式飞机。现在有些飞机还采用了三翼面的布局方法,也就是说既有机翼前面的前翼,也有机翼后面的水平尾翼,如我国的歼-15舰载战斗机(见图3-11)。

7.3.3　机身的基本构造

　　机身的主要功能是装载乘员、旅客、武器、货物和各种设备,还可将飞机的其他部件如尾翼、机翼及发动机等连接成一个整体。

　　飞机机身的形式一般有机身型、船身型和短舱型3种类型。机身型是陆上飞机的机体,水上飞机机体一般采用船身型,而短舱型则是没有尾翼的机体,它包括双机身和双尾撑。另外,二战中还有一种侦察机 BV-141,介于双机身和双尾撑形式之间,它的一侧机身有座舱,另一侧机身则连接尾翼,这种不对称布局在飞机上很少见。机身的外形和发动机的类型、数目及安装位置有关。比如装载活塞发动机的螺旋桨飞机的机身就与喷气式飞机的机身有所不同。

　　现代超声速战斗机根据跨声速飞行的阻力特点,采用了跨声速面积律,即安装机翼部位的机身截面适当缩小,形成蜂腰机身;其次,机头往往做得很尖,或者在头部用空速管作为激波杆,远远地伸出在迎面气流之中。这也有助于削弱激波的强度,减小波阻。随着速度的不断增大,飞机机身的长细比(机身长度与机身剖面的最大直径之比)不断增大,即用细而长的旋转体作机身。现代超声速飞机机身的长细比已超过10。这一比值越大,则机身越细长。而且随着速度的提高,飞机机身相对机翼尺寸也越来越大。

常用的机身剖面形状有圆形、椭圆形、方形和梯形等,这些形状适用于不同用途及速度范围的飞机。例如:低速飞机可用方形;具有气密座舱的高亚声速大型客机则多用圆形或椭圆形;而喷气式战斗机一般采用不规则的形状。随着现代航空技术的进步以及新的飞行动力理论的应用,飞机机身的外形也呈现千姿百态,如隐身战斗机所使用的机翼和机身融为一体的翼身融合体,没有机身和尾翼的飞翼,以汽车作为机身的汽车飞机等。

1. 作用在机身上的外载荷

(1) 空气动力载荷

机身基本上是对称流线体,除局部区域外,气动载荷都较小,只有头部和一些曲度较大的突出部位局部气动载荷较大,如图 7-21 所示。机身分布气动载荷对机身的总体载荷基本无影响。

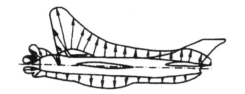

图 7-21　机身上的空气动力载荷

(2) 重力载荷

机身的内部装载和机身结构本身都会产生重力,尤以各种装载的重力影响较大。沿轴线各点上的过载大小和方向不一定完全相同,也会影响重力的大小和方向。

重力有的是集中载荷,如装载通过集中接头与机身结构连接等;有的是分布载荷,如客舱、货舱内载重的重力等。

(3) 其他部件传递的集中载荷

这部分载荷主要指在飞行或起飞着陆滑跑中由机翼、尾翼、起落架上传来的载荷。若发动机安装在机身上,则还有发动机推力和陀螺效应产生的集中载荷。

(4) 增压载荷

飞机要通过机身增压来满足乘坐飞机的舒适性要求。机身增压时,机身蒙皮结构类似于内部充气的薄壁物体,如氢气球。机身内外的压力差(ΔP)在机身结构产生纵向和环向拉伸载荷,如图 7-22 所示。机身内部增压导致的纵向和环向拉伸载荷在机身蒙皮壁板、隔框以及机身前后的球形端框内部形成平衡力系。

2. 机身结构的主要受力构件

现代飞机的机身结构主要由纵向元件(沿机身纵轴方向)——长桁、桁梁和垂直于机身纵轴的横向元件——隔框,以及蒙皮组合而成。各元件的功能与机翼结构中的长桁、翼肋和蒙皮的功用基本相同。

(1) 隔　框

与机翼结构中的翼肋类似,机身的隔框也分为普通隔框和加强隔框两大类。其中,普通隔框用以维持机身的截面形状,一般沿机身周边空气压力对称分布,空气动力在框上可自身平衡。普通框一般设计成环形框,当机身为圆截面时,普通框的内力为环向拉应力;当机身截面

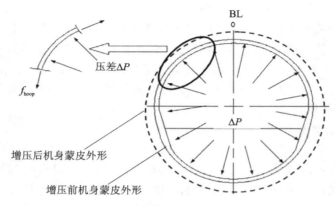

图 7 - 22　机身内的增压载荷

有局部接近平直段时,则普通框内会产生弯曲内力。此外,普通框还会受到因机身弯曲变形引起的分布压力(可自身平衡),如图 7 - 23 所示。此外,普通框还可对蒙皮和长桁起支撑作用,隔框间距会对长桁的总体稳定性产生影响。

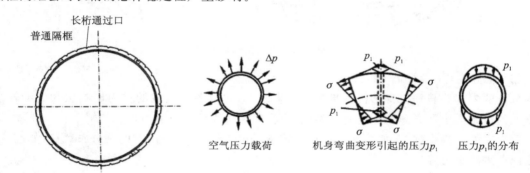

图 7 - 23　机身隔框及其受力情况

　　加强框除了起到普通框的作用之外,其主要功用是将装载的质量力和其他部件上的载荷经接头传到机身结构上的集中载荷加以扩散,然后以剪流的形式传递给蒙皮。从承力特性上看,机身的加强隔框和机翼的加强翼肋大体相当。

　　(2)长桁与桁梁
　　长桁作为机身结构的纵向构件,在桁条式机身中主要用以承受机身弯曲时产生的轴力。另外,长桁对蒙皮有支撑作用,提高蒙皮的受压、受剪失稳临界应力;其次可承受部分作用在蒙皮上的气动载荷并传给隔框,与机翼结构中长桁的作用类似。
　　桁梁的作用与长桁类似,只是截面面积较大,如图 7 - 24 所示。

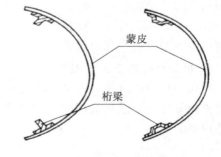

图 7 - 24　机身桁梁及蒙皮

　　(3)蒙　皮
　　机身蒙皮构造上的作用是构成机身的气动外形,并保持表面光滑,承受局部气动载荷。蒙皮在机身总体受载中起着很重要的作用,可承受两个平面内的剪力和扭矩,同时和长桁可组成壁板承载两个平面内弯矩引起的轴力。

3. 机身结构的典型构造形式

与机翼结构的构造形式类似,机身结构的构造也是随着飞行速度的提升而不断发展的,是为了满足一定条件下的载荷需求而设置的承载系统。根据机身结构内部起主要受力作用的元件组成形式的不同,机身结构的典型构造形式主要有桁梁式、桁条式、硬壳式以及混合式,如图 7 - 25 所示。

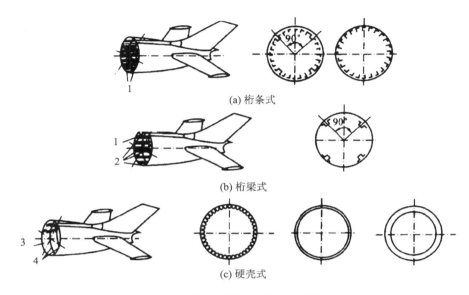

(a) 桁条式

(b) 桁梁式

(c) 硬壳式

1—长桁;2—桁梁;3—蒙皮;4—隔框

图 7 - 25　机身结构的典型构造形式

(1) 桁梁式

桁梁式机身的结构特点是有几根横截面积较大的桁梁。在这类机身结构上长桁的数量少且比较弱,甚至长桁可以不连续;蒙皮较薄。

桁梁式机身弯曲引起的轴力主要由桁梁承受,蒙皮和长桁只承受很小部分的轴力;剪力全部由蒙皮承受。从受力特点可知,在桁梁之间布置大开口,不会显著降低机身的抗弯强度和刚度。虽然大开口会减小结构的抗剪强度与刚度,且必须要补强,但桁梁式机身的补强引起的重量增加相对较少。

(2) 桁条式

桁条式机身的结构特点是长桁较密、较强,蒙皮较厚。此时弯曲引起的轴力由桁条与较厚的蒙皮组成的壁板来承受;剪力仍全部由蒙皮承受。

从受力特点可知,蒙皮上不宜大开口,但与桁梁式相比,弯、扭刚度较大。由于蒙皮较厚,在气动力作用下,蒙皮的局部变形较小,有利于改善性能。

桁条式与桁梁式统称为半硬壳式。现代飞机绝大部分采用的都是半硬壳式结构。基于桁条式的优点,只要没有很大的开口,机身多数采用桁条式结构。

(3) 硬壳式

硬壳式机身结构由蒙皮与少数隔框组成。其特点是没有纵向构件,蒙皮厚。由厚蒙皮承受由机身总体弯、剪、扭载荷形成的全部轴力和剪力。隔框用以维持机身截面形状，支持蒙皮和承受、扩散框平面内的集中力。由于蒙皮厚，局部刚度大，所以隔框数量少。

由于材料都布置在结构最大高度上，硬壳式有较大的弯曲、扭转刚度。但实际中此种形式应用很少，原因是机身载荷相对较小，且机身不可避免要有大开口，从而蒙皮材料的利用率不高，开口补强增重较大。因此只在直径较小的机身上或机身结构要求蒙皮局部刚度较大的部位（如头部、机头罩、尾锥等处）才有采用。

（4）混合式

与机翼结构类似，为了优化机体结构的重量，机身结构通常也多采用混合式的构造形式，即桁梁式、桁条式、硬壳式的相互结合，各种形式发挥各自的特长及优势，最大程度上优化机体的综合性能。如图 7 - 26 所示的某款战斗机，其前机身因内部布置的需要（驾驶员座舱、起落架舱、设备舱等），常设计成上、下都有大开口的桁梁式结构；中后段机身由于没有大开口，因此采用了承力性能更好的桁条式机身。

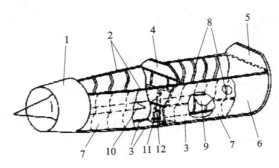

1—进气道唇口；2—上桁梁；3—下桁梁；4—6 号加强框；5—11 号加强框；6—进气道外蒙皮；7—进气道内蒙皮；
8—进气道内蒙皮加强筋；9—座舱地板；10—设备舱底板；11—转轴轴承座及纵向加强件；12—挡块

图 7 - 26　某款战斗机的机身构造形式

7.3.4　起落装置

飞机起落装置是供飞机在地面或水面上起飞、降落、滑跑和停放时使用的一种机构，起着吸收着陆撞击、减小撞击载荷、改善滑行性能的作用。

起落架是陆地飞机和舰载机广泛使用的一种起落装置，起落架的设计除了应当满足质量轻、工艺性好等一般要求外，对其还有特殊的要求：起落架必须保证飞机能在地面（或航母甲板）自由滑行，要能平稳地吸收飞机着陆时的碰撞能量，同时要求起落架在飞行过程中阻力尽可能小。

1. 起落架的组成

典型的起落架由减振器、支柱、机轮、刹车装置以及收放机构等部件组成，如图 7 - 27 所示。减振器的作用是吸收着陆和滑跑时的撞击能量，减小撞击载荷。支柱用来承受地面各个方向的载荷，并作为安装机轮的支撑部件。为了充分利用构件以便于减轻重量，减振器和支柱可以合二

收放机构
支柱、减振器
机轮、刹车

图 7 - 27　起落架的组成

为一,形成减振支柱。机轮用于满足地面运动,并具有一定的缓振作用。刹车装置安装在机轮上,以减小着陆滑跑距离,同时利用左右机轮不同的刹车力,可以使飞机在地面转弯,提高地面机动性。现代大型飞机的起飞质量可达 300 t 以上,为了减小机轮对跑道的压力,同时也为了减小收藏起落架的空间,通常在一个起落架上安装两个以上的机轮,超大型飞机甚至采用 4~8 个机轮。收放机构用于起落架的收起和放下,飞行时收起起落架以减小阻力,着陆前放下起落架,收放机构同时用于固定支柱,使支柱与机体成为一个整体受力的构件。

2. 起落架的布置形式

起落架通常由三组机轮构成,两组主轮和一组可以在飞机后或前的辅助轮。使用后面安装第三组机轮的起落架称为传统式起落架。传统式起落架的飞机有时候是指后三点式飞机。当第三组机轮位于飞机头部位置时称为前三点式飞机,相应的这种设计称为三轮车式起落架。可操控的前轮或者尾轮允许在地面上对飞机进行控制。

起落架的布置形式是指飞机起落架支柱的数目和其相对于飞机重心的布置特点。目前,飞机上通常采用 4 种起落架形式:后三点式、前三点式、自行车式和多支柱式。

(1)后三点式

此类起落架在飞机重心前并排安置两个主轮,飞机尾部安置一个较小的尾轮,如图 7-28 所示。此种形式只能用于活塞式飞机,特别是单发活塞式发动机飞机。

图 7-28 后三点式起落架

(2)前三点式

此类起落架在飞机重心之后并排安置两个主轮,飞机前部安置一个前轮,如图 7-29 所示。这是目前喷气式飞机用得最多的一种形式,大型螺旋桨飞机也多采用此种起落架形式。

图 7-29 前三点式起落架

(3) 自行车式

此类起落架的两个主轮分别布置在机身下的重心前后,为防止地面停放时倾斜,另有两个辅助小轮对称安装在机翼下面,如图 7 - 30 所示,主要用于不宜布置三点式起落架的飞机上(如高速飞机,由于机翼很薄,机轮不容易收藏在机翼内,而机身空间较大)。

(4) 多支柱式

这种起落架的布置形式与前三点式起落架类似,飞机的重心在主起落架之前,但它有多个主起落架支柱,一般用于大型及重型飞机上,如图 7 - 31 所示。采用多支柱、多机轮可以减小起落架对跑道的压力,增加起飞着陆的安全性。

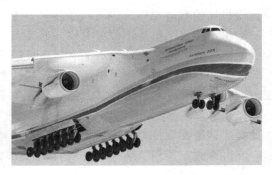

图 7 - 30　自行车式起落架　　　　图 7 - 31　多支柱式起落架

在这 4 种布置形式中,前三种是最基本的起落架形式,多支柱式可以看作是前三点式的改进形式。目前,在现代飞机中应用最为广泛的起落架布置形式就是前三点式。

3. 起落架的构造形式

现代飞机的起落架多是可收放的,因为在飞行中起落架暴露在气流中会引起很大的阻力,高速飞行时起落架的阻力可达到飞机总体阻力的一半,这在飞机设计中是不能容忍的。因此,收放式起落架就逐渐得到了推广,现在已成为飞机起落装置的主要形式了。

虽然收放式起落架构造复杂、重量大、成本高,但在提升飞行速度和经济性方面能获得极大的好处,优点大于缺点。

(1) 张臂支柱式

主要由减振支柱、扭力臂、机轮以及收放作动筒组成,如图 7 - 32 所示。减振支柱的用途是吸收和消耗飞机着陆时的撞击能量,并承受撞击载荷;扭力臂是不让机轮和支柱内筒一起相对于支柱外筒转动;机轮上装有灵活的具有防抱死功能的刹车装置,以便缩短着陆滑跑距离,增加飞机在地面上的机动性;收放作动筒用于控制对起落架的回收及释放。

这类起落架的构造形式多用于小型飞机,将减振器和起落架支柱做成一体,成为减振支柱,相当于一根悬臂梁。

(2) 撑杆支柱式

与张臂支柱式不同的是多了一个或几个撑杆,这种形式多用于中等飞机上,此时的支柱相当于一根双支点外伸梁,如图 7 - 33 所示。

以上两种支柱式起落架体积小、易收放;缺点是减振支柱不能很好地起减振作用,另外飞机着陆滑行时,起落架上的载荷往往不通过支柱轴线,会使活塞和外筒接触处产生很大的径向力,不仅密封装置易受磨损,而且还削弱其减振作用。

（3）摇臂式

此种形式的起落架支柱和减振器是分开的两个部分,起落架的着陆冲击经过摇臂绕 A 点转动传给减振器,如图 7-34 所示。

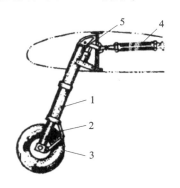

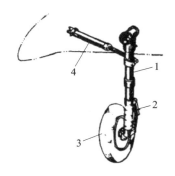

1—减震支柱;2—扭力臂;3—机轮;
4—收放作动筒;5—翼梁

图 7-32　张臂支柱式起落架

1—减震支柱;2—扭力臂;3—机轮;
4—斜撑杆（兼作收放作动筒）

图 7-33　撑杆支柱式起落架

摇臂式起落架的主要特点是机轮通过可转动的摇臂与减振器的活塞杆相连,减振器也可兼作承力支柱。这种形式的活塞只承受轴向力,不承受弯矩,因而密封性能好,可增大减振器的初始压力以减小减振器尺寸,克服了支柱式的缺点,在现代飞机上得到广泛应用。

摇臂式起落架的缺点是构造较复杂,接头受力较大,因此它在使用过程中的磨损也较大。

（4）小车式

这是广泛应用于重型飞机上的起落架结构形式,如图 7-35 所示,这种起落架降低了机轮对跑道的压力。其轮架与支柱的链接必须采用铰接而不能采用固接,而且轮架后部也应能绕支柱转动。

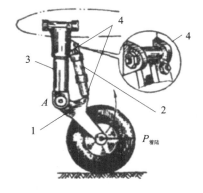

1—摇臂;2—减震器;3—支柱;4—万向接头

图 7-34　摇臂式起落架

图 7-35　小车式起落架

4. 起落架的收放形式

早期由于飞机的飞行速度低,对飞机气动外形的要求不十分严格,陆上飞机起落装置比较简单,只有三个起落架,而且在空中不能收起,飞行阻力大。随着飞机飞行速度的不断提高,飞机很快就跨越了声速的障碍,由于飞行的阻力随着飞行速度的提高而急剧增加,这时,暴露在外的起落架就严重影响了飞机的气动性能,阻碍了飞行速度的进一步提高。因此,人们便设计出了可收放的起落架,当飞机在空中飞行时就将起落架收到机翼或机身之内,以获得良好的气动性能,飞机着陆时再将其放下。

(1) 收放形式

① 沿翼弦方向收放。

此种方式多用于大型多发动机飞机上,因为此时可将起落架收藏在发动机机舱内或专用轮舱内,如图 7-36 所示。这种方式的优点是不增加飞机正面的迎风面积,对飞机减阻有利。

(a) 沿翼弦向前收入发动机矩舱内　　　(b) 沿翼弦向后收入并旋转90°

图 7-36　沿翼弦方向收放起落架

② 沿翼展方向收放。

由于翼根部分空间较大,一般都是向内收放,但也有向外收放的情况,如图 7-37 所示。

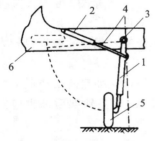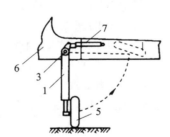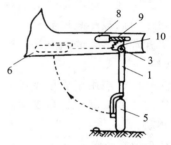

(a) 用液压系统向内收　　(b) 用冷气系统向外收　　(c) 用电动系统向内收

1—减振支柱;2—液压收放作动筒;3—转轴;4—液压作动筒活塞杆;5—机轮;6—翼根;

7—气动收放作动筒;8—电动机;9—螺杆;10—扇形齿轮

图 7-37　沿翼展方向收放起落架

(2) 起落架收放的动力形式

起落架收放时,所采用的动力形式主要有以下 4 种:

① 机械式。靠人力通过摇摆臂等机械机构来直接驱动。缺点是消耗人力太大且动作太慢,已很少使用。

② 液压式。用高压油通入液压收放作动筒内,推动起落架支柱绕转轴旋转达到收放的目的,应用非常广泛。

③ 气压式。和液压式相似,只是用压缩空气代替高压油。在小飞机上用得较多,大型飞机上也常用作起落架的应急收放系统。

④ 电动式。用电机来驱动,使起落架绕一个轴转动而收起和放下,广泛用于通航飞机、无人机和轻型飞机上。

5. 起落架的减振机构

起落架的减振机构主要由减振器和轮胎组成,其中的主体是减振器,用于消耗撞击过程中产生的撞击能量。

(1) 油气式减振器

此类减振器主要依靠压缩空气(冷气)受压时的变形来吸收撞击动能,并利用油液高速流过小孔产生的摩擦发热来消耗动能。吸收能量大而反跳小。主要由外筒、活塞、活塞杆、限制活门、密封装置等部件组成,如图 7 - 38 所示。

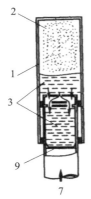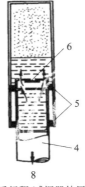

(a) 正行程(减振器压缩)　　(b) 反行程(减振器伸展)

1—外筒(上接飞机骨架);2—冷气;3—油液;
4—活塞杆(下接机轮);5—密封装置;6—制动活门

图 7 - 38　油气式减振器

当飞机着陆与地面发生撞击时,飞机继续下沉而压缩减振器使活塞杆上移(正行程)。活塞上面,外筒中的油液冲开制动活门向下高速流过小孔,所产生的热量经过活塞杆和外筒而消散。同时,外筒中的油液被压缩而升高,使得冷气体积减小,气压增大,吸收了撞击动能。

当冷气被压缩到最小体积,活塞上升到顶点时,飞机停止下沉而向上运动。冷气开始膨胀,活塞杆下移(反行程或伸展行程)。此时活塞中的油液将制动活门关闭,油液以更高速度通过小孔上流,摩擦生热,消耗了更多的动能。

一正一反两个行程完成一个循环,经过若干个循环就可将全部撞击动能逐步转化为热能而消散,最终使飞机平稳下来。

(2) 液体减振器

液体减振器又称为全油液式减振器,其优点在于减振效率高、尺寸小、行程短、质量轻,其组成如图 7 - 39 所示。

其工作原理是利用某些液体在高压下产生微小的压缩变形来吸收撞击能量,同时利用液体高速流过小孔产生剧烈的摩擦热来消耗能量。

从工作原理来看,液体减振器跟油气式减振器大体类似,但内部压力高,对密封性能要求更加严格。

1—外筒;2—活塞;3—通油小孔;
4—活塞杆;5—密封装置

图 7 - 39　液体减振器

6. 起落架的机轮和刹车

起落架机轮的功用是减小飞机在地面上运动的阻力,并吸收部分撞击动能,还可安装刹车机构。

为了便于拆装轮胎，轮毂上装有可拆卸的活动半轮缘，并有防转销以防止半轮缘转动。两个半轮缘在接耳处用螺栓固定，轮毂由铝合金或镁合金制造。机轮每边都装有刹车盘。机轮内装有锥形滚柱轴承，轴承外侧装有挡油装置。机轮置于轮轴上，并由螺帽固定。图 7-40 所示为起落架机轮示意图。

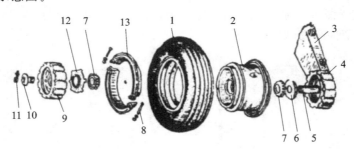

1—轮胎；2—轮毂主体；3—轮臂；4—外侧刹车盘；5—轮轴；6—外侧挡油盘；7—轴承；8—螺栓；
9—内侧刹车盘；10—机轮固定螺帽；11—刹车短管；12—内侧挡油盘；13—活动半轮缘

图 7-40　起落架机轮

（1）轮　胎

轮胎包括内胎（可有可无）和外胎，轮胎内部充气后可以压缩，具有减振功能。低压轮胎吸收的能量占起落架减振机构吸收总能量的 30%～40% 以上，而高压轮胎吸收的能量仅占 15%～20%。

按内部压力的高低，轮胎可分为：低压轮胎（$2\sim3\times10^5$ Pa）、中压轮胎（$3\sim5\times10^5$ Pa）、高压轮胎（$6\sim10\times10^5$ Pa）和超高压轮胎（>1 MPa）。一般来说，当直径相等时，低压轮胎最宽。

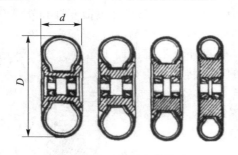

图 7-41　不同压力的轮胎

如图 7-41 所示的不同压力的轮胎，从左至右分别是低压轮胎、中压轮胎、高压轮胎和超高压轮胎。其中，低压轮胎受压时，压缩量较大，吸收能量多，对地面的压强小，在较软的土滑道不易深陷，但轮胎较宽，不便收入高速飞机的薄机翼，多用于高亚声速军用运输机和低速轻型飞机。高压轮胎与低压轮胎正好相反，多用于高速飞机。中压轮胎介于二者之间，常用于起落速度不太大的飞机。超高压轮胎宽度较小，适用于机翼很薄的超声速飞机，而且由于内部压力很大，只能在很硬的跑道（如航母甲板）上使用。

（2）刹车装置

刹车装置的功用主要是：缩短飞机着陆滑跑距离；在地面上利用两个机轮不同的刹车力矩使飞机在地面上转弯，提高地面机动性。

刹车的基本工作原理如图 7-42 所示，平时刹车片同刹车套之间留有间隙，刹车时通过刹车盘内流入冷气或高压油液，进而推动刹车片紧压在轮毂内的刹车套上。

刹车时，地面摩擦力的增大有一定的限度，当摩擦力增大到最大值时，再增加刹车力则会导致机轮在地面上出现打滑现象，容易使轮胎磨损加快和不匀，甚至爆胎，因此在实际刹车过

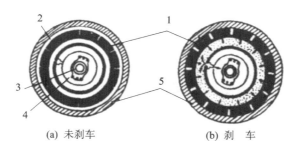

(a) 未刹车   (b) 刹车

1—刹车片；2—间隙；3—轮轴；4—刹车盘；5—刹车套

图 7-42 起落架的刹车装置

程中要避免此种情况的出现。

为防止机轮打滑和提高刹车效能，现代飞机上常装有一种自动器，使机轮自动进行刹车动作。可以由自动控制器来控制对冷气或油液施加的压力，防止机轮打滑，提高刹车效率。

7. 改善起落性能的装置

由于飞行速度不断提高，起飞和降落成为一个极为重要的问题；又因为飞行速度的提高使起飞和降落滑跑距离显著增加。这样将带来机场修建的高额费用及复杂性，不仅经济性低，严重的能使军用作战飞机的机动性受到很大的影响，同时，还增加了飞机起落时发生危险的可能性。因此，设法降低飞机对跑道的要求和依赖性成为飞机设计研究工作的一个重点。

（1）改善飞机起飞性能的装置

① 起飞加速器。

起飞加速器是使用固体或液体推进剂（包括燃油和氧化剂）的火箭发动机，也可称为起飞助推火箭，它通常挂在机翼或机身下面，如图 7-43 所示。其特点是重量轻、推力大，能大大提高起飞滑跑速度，缩短飞机的起飞滑跑距离，因此得到广泛应用。此外，它还具有工作时间短的优点，飞机起飞后即可抛掉。起飞加速器不但可用于起飞，还可用来提高飞机起飞后的爬升速度，因而有助于飞机迅速爬高，这对于战斗机在战斗中迅速占据有利高度来说是很有用的。

图 7-43 起飞加速器（起飞助推火箭）

② 起飞弹射装置。

起飞弹射装置就是一个独立的起飞跑道，由拖车、车架、钢索和动力装置等组成，如图 7-44 所示。起飞时，飞机安放在拖车上，点燃发动机，然后车架上的动力装置开始工作，通过传动轮和钢索牵引拖车，来加大飞机的起飞推力，使飞机很快加速到离地速度，脱离拖车而起飞,拖车靠车架上的减速装置而停止前进。

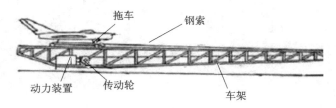

图 7 - 44　起飞弹射装置

起飞弹射装置不但可以用于机场,而且可以把它拆开转运,较易满足野战要求,特别适用于战斗机。有的弹射装置专门装在航空母舰上,用来使舰载飞机起飞。

③ 起飞加速车。

起飞加速车是装有一台或几台喷气发动机的平板车,当飞机起飞时,飞机就安放在车上,飞机本身和车上的发动机同时开动,以加大飞机的起飞推力,如图 7 - 45 所示。飞机可迅速达到离地速度而脱离加速车,起飞加速车则依靠自身的刹车装置停止前进。其优点在于重量和体积都比起飞弹射装置小,转移也方便,因此更符合野战的要求,还可用于重型飞机起飞。但是,在起飞滑跑过程中,加速车和飞机一道向前滑跑,一部分发动机推力要用来使加速车本身加速,传给飞机的推力减少,所以加速效果比弹射装置要差一些。

④ 斜台发射装置。

火箭加速器不但可用来在跑道上使飞机加速起飞,还可在起飞斜台上使用,斜台很短,其上有斜向发射器,如图 7 - 46 所示。

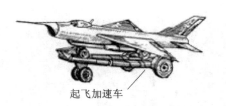

图 7 - 45　起飞加速车

图 7 - 46　斜台发射装置

起飞时,飞机上的喷气发动机和火箭加速器同时启动,二者相加构成飞机的总推力。加速器同机身不是平行的,而是向下偏转一个角度,这样,起飞时飞机上的总推力的垂直分力还可起到升力的作用。因此,飞机上的总升力较大,使得它不必加速到离地速度,只要滑出发射架,速度值能保证舵面有效工作,即可腾空,接着飞行速度不断加大,升力跟着加大,当升力达到能克服飞机总重的时候,飞机就转入正常飞行状态。斜台发射装置的优点在于构造简单、长度较小、便于转运,需要的场地也不大,所以机动性较好。其缺点是技术要求高,伪装困难。

（2）改善飞机降落性能的装置

① 阻力伞（减速伞）。

阻力伞是利用增大空气阻力的方法来使飞机减速的。阻力伞由主伞、引导伞、挂扣、钢索和伞袋等组成，如图 7－47 所示。主伞通过钢索、挂扣与机身尾部专用挂钩连接，并收入尾部伞舱内。飞机着陆后，飞行员打开伞舱门，引导伞弹出，在空气阻力作用下打开并拉出主伞，主伞打开产生很大的空气阻力，使飞机减速。飞机滑跑的后段，速度降低，阻力伞的作用变小后即可抛掉，这样还可避免在地面拖坏阻力伞。

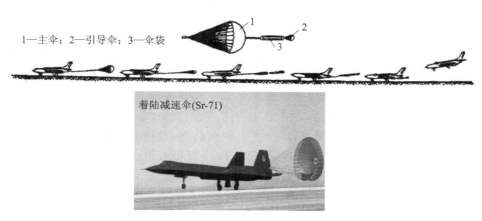

1—主伞；2—引导伞；3—伞袋

图 7－47　阻力伞（减速伞）

② 钢索减速装置。

这是在航空母舰上使用的着陆减速装置，如图 7－48 所示。舰载飞机在航空母舰的斜甲板上着陆，其长度仅 150～200 m，必须采用辅助装置有效地减速才行。通常在着陆区有几条拦截钢索，它的两端通过滑轮连接到阻尼作动筒上，飞机着陆时放下尾钩，只要挂住其中一根钢索，阻尼作动筒就能产生很大拉力，使飞机减速直至停下来。

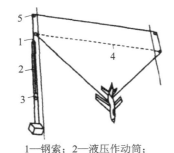

1—钢索；2—液压作动筒；
3—活塞；4—钢索的原始位置；5—滑轮

（a）钢索拦截示意图

（b）舰载机的拦截索钩

图 7－48　钢索减速装置

7.4　直升机的基本构造

7.4.1　直升机的种类和布局

直升机按照旋翼数量和布局方式的不同可以分为单旋翼直升机、双旋翼直升机和带翼式直升机三大类，下面分别对其进行介绍。

1. 单旋翼直升机

（1）单旋翼尾桨直升机

单旋翼尾桨直升机是最常见的直升机类型。它由一个水平旋翼负责提供升力，尾部一个小型垂直螺旋桨抵消旋翼的反作用力。为了实现方向操纵及改善稳定性，在机身尾部还安装有水平尾翼和垂直尾翼，如我国的直-8、俄罗斯的米-26 运输直升机（见图 7-49）和美国的 AH-64 武装直升机等。

有尾桨直升机的缺点是尾桨要消耗 7%～10% 的功率，允许重心变动范围较小。另外，尾桨暴露在外面，容易造成事故，据统计，尾桨造成的事故占直升机事故总数的 15% 左右。此时，有两种处理方法：一种是将尾桨包覆起来，称为涵道尾桨，比如我国的直-9（见图 7-50）、法国的"小羚羊"、"海豚"直升机、苏联的卡-62 等，缺点是悬停时消耗的功率比普通尾桨大；另一种是将尾桨取消，称为环量控制，相应的直升机称为单旋翼无尾桨直升机。

图 7-49　俄罗斯米-26 直升机　　　　　图 7-50　我国直-9 直升机

（2）单旋翼无尾桨直升机

单旋翼无尾桨直升机是利用机翼产生升力的原理设计的，具体方法是：在尾桨里面靠前的位置装一台风扇，可向后不断鼓气；再在尾梁后部的一侧开 1～2 条缝隙，风扇鼓气产生的压缩空气就会从缝隙中喷出，与旋翼下洗气流相结合，使气流速度增大，压力减小；尾梁的另一侧的气流速度小而压力大，从而产生推动尾梁的侧向力，去平衡旋翼产生的反作用力矩。尾梁末端左右两侧各开有几个喷口，其内装有可控气流从左或右侧喷出的装置，这样就可以对直升机进行方向操纵。这种单旋翼无尾桨直升机安全性好、振动小、噪声低、操纵效率高，原美国麦道公司生产的 MD-520N（见图 7-51）、MD-530 采用的就是该种方案。

2. 双旋翼直升机

（1）纵列式双旋翼直升机

这类直升机又称为串列式双旋翼直升机。两副旋翼前后纵向排列，旋转方向相反，使反作用力矩相互平衡。为了减少两旋翼之间的相互干扰,后旋翼安装位置较前旋翼稍高。机身较长,允许重心有较大范围的移动。前飞时由于前旋翼尾流的影响,后旋翼的气动效率降低。多见于大型运输直升机,代表型号有波音公司制造的 CH-47 支奴干运输直升机,如图 7-52 所示。

图 7-51 美国 MD-520N 直升机

图 7-52 CH-47 支奴干运输直升机

（2）横列式双旋翼直升机

这类直升机又称为并列式双旋翼直升机。两副旋翼左右对称地安装在机体两侧的支架上,旋转方向相反,反作用力矩相互平衡。由于左右旋翼在相同的气流条件下工作,相互干扰减少,飞行性能得到改善。为了综合利用两侧支架,一般将其设计成机翼形状,改善了前飞性能,但构造复杂,结构重量增加。代表型号有苏联设计的米-12 重型直升机,如图 7-53 所示。

（3）共轴式双旋翼直升机

这类直升机的两个旋翼上下排列在同一个轴上,反向旋转,反作用扭矩可以相互抵消,因此可以没有尾桨。这类直升机机体结构紧凑,外廓尺寸小,稳定性好,但技术复杂,升力系统较重,目前应用于中小型直升机。代表型号有苏联研制的卡-52 武装直升机,如图 7-54 所示。

图 7-53 苏联米-12 重型运输直升机

图 7-54 苏联卡-52 武装直升机

3. 带翼式直升机

带翼式直升机安装有辅助翼,可认为是固定翼飞机和直升机的结合,前飞时辅助翼提供部分升力使旋翼卸载,从而提高了飞行速度,增加了航程,使飞行性能得到了改善。代表机型是苏联的米-6,巡航飞行时旋翼卸载约为总升力的 20%,如图 7-55 所示。

此类直升机还有另外一种形式,即倾转旋翼机,也是同时具有旋翼和固定翼。起飞时采用水平并置的双旋翼,飞行中旋翼向前旋转 90°变成两个真正的螺旋桨,按照普通固定翼飞机的模式飞行。这样做的好处是可以减小飞行阻力,提高飞行速度,同时省油和提高航程,但缺点是结构复杂且故障率高,因而极为少见。代表机型有美国的 V-22"鱼鹰",如图 7-56 所示。

图 7-55　苏联米-6 直升机

图 7-56　美国 V-22 倾转旋翼机

7.4.2　直升机的基本组成

直升机通常由旋翼、尾桨、动力装置、传动系统、操纵系统、起落装置、机身及仪表特设等组成,如图 7-57 所示。

1. 旋　翼

旋翼是产生升力的部件,一般安装在机身上方的铅垂轴上,由动力装置驱动。当升力沿铅垂方向向上时,直升机做垂直升降运动;当旋翼倾斜时,升力产生某一方向的水平分量,使直升机前进、后退、左飞或右飞。

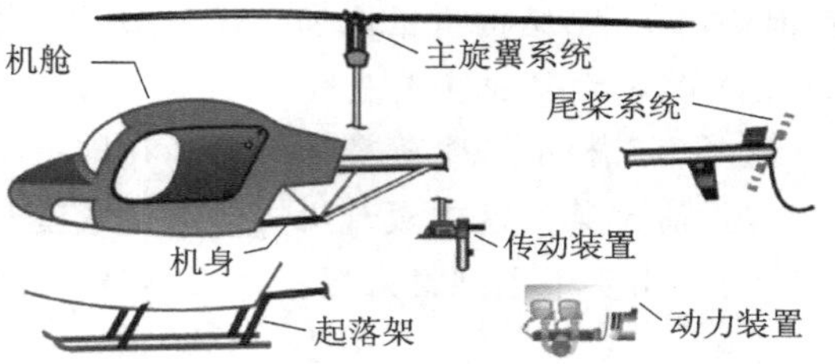

2. 尾　桨

尾桨是安装在直升机尾端的小螺旋桨,

图 7-57　直升机的基本组成

产生拉力,用于平衡旋翼旋转时给直升机的反作用扭矩,保持预定的飞行方向;改变尾桨桨叶安装角,可改变拉力,实现方向操纵;尾桨也可起飞机安定面的作用,保证直升机飞行过程中的航向稳定。

但尾桨并非直升机必要的组成,在某些类型的直升机上是可以没有尾桨的,如双旋翼直升机等就是无尾桨类型的。

3. 动力装置

动力装置包括发动机和有关的附件。现代直升机采用涡轮轴发动机;而轻型直升机则常采用活塞式发动机。发动机的功用是驱动旋翼并带动尾翼旋转。

4. 传动系统

传动系统的功用是将发动机产生的动力传给旋翼和尾桨,并保证它们具有适宜的转速。例如,活塞式发动机主轴的转速为 2 400 r/min,经过主减速器传到旋翼后降为约 200 r/min;尾桨离发动机很远,要通过尾传动轴、换向器和尾减速器传动,其转速约为 1 000 r/min。

5. 操纵系统

操纵系统的功用是将驾驶员对驾驶杆和脚蹬的操纵传到有关的操纵机构,以改变直升机的飞行姿态和方向。操纵系统主要由驾驶杆、脚蹬、油门变距杆、自动倾斜器、液压阻力器、加载机构、卸载机构、旋翼刹车、连杆、摇臂等组成。操纵系统可分为 3 个部分：油门变距系统，用来操纵直升机升降；脚操纵系统，用来操纵航向；驾驶杆操纵系统，可使直升机朝所希望的方向飞行。

6. 起落装置

起落装置主要用于地面滑行和停放，同时在着陆时起缓冲作用。常见的形式是轮式起落架；在水面上降落的直升机用浮筒式起落架；有的小型直升机采用滑撬式起落装置，可在泥泞的土地和松软的雪地上起降。另外，有的直升机还有尾撬，其功用是防止尾桨触地。由于直升机飞行速度不高，常用固定式起落架，在飞行中不收起。当然，为了减小阻力，提高飞行速度，也有采用可收放式起落架。

7. 机身和仪表、特种设备

机身的功用是装载人员、货物、设备和燃油等，同时将其他各个部分连接成为一个整体。

仪表特设包括各种指示仪表、电气系统、防水和加温系统、灭火系统以及与直升机用途相配合的特种设备，如武装直升机必须有火控系统等。

7.4.3　直升机的构造特点

1. 概　述

与飞机相比，直升机的机身、动力装置和起落架与之基本类似，但是飞机上没有旋翼，而且直升机操纵系统的工作原理与飞机完全不同。直升机的动力装置多采用涡轮轴发动机，有的轻型直升机也采用活塞式发动机。直升机的着陆装置一般采用轮式起落架，而轻型直升机多采用滑撬式起落架。在飞行中直升机的起落架一般不收起，少数先进直升机也有将起落架收起的。

一副旋翼的桨叶数量最少有 2 片，最多有 7 片。旋翼的回转直径最小约 5 m，最大约 35 m。桨叶的构造与大展弦比直机翼类似，早期常用钢管梁、木质骨架和蒙布制成；后来发展成为以铝合金压制梁为基础、蒙皮参与受力的金属结构；到了 20 世纪 70 年代，开始用玻璃钢结构、夹芯结构、整体结构、先进复合材料结构等。

直升机不仅仅在外形上与飞机大相径庭，飞行原理也大为不同，而关键部件就是直升机上的旋翼。

2. 旋翼的构造

旋翼由桨毂和桨叶组成，根据桨叶与桨毂的连接方式，旋翼主要有 4 种形式，即全铰式、无铰式、半铰式和无轴承式。

（1）全铰式旋翼

全铰式旋翼目前用得最多，图 7 - 58 给出的是全铰式三桨叶旋翼的构造原理。桨毂上有 3 个双耳片，分别通过铰接构件与 3 片桨叶相连接。当桨毂绕旋翼转轴转动时，带动桨叶一起旋转；同时桨叶还可以绕 3 个铰的轴线相对于桨毂在一定范围内做相对运动。这 3 个铰是轴向铰、垂直铰和水平铰。就桨叶本身而言，其平面形状和剖面形状都与大展弦比直机翼相近，产生升力的原理与机翼相同。桨毂旋转平面是垂直于桨毂旋转轴的一个平面，是定义安装角和迎角的基准面。

轴向铰的作用是根据飞行的需要改变桨叶安装角，俗称变距，以便提供所需的升力，因此

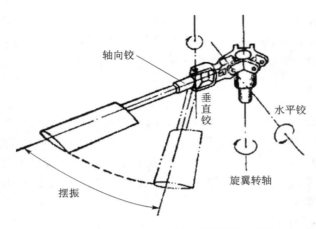

图 7 - 58　全铰式三桨叶旋翼的构造原理

轴向铰又称为变距铰。垂直铰的作用是消除因旋转中出现的前后摆动(或称摆振)而引起的桨叶根部的弯矩,从而减小必须的结构尺寸。为防止桨叶摆振引起的振动,通常在垂直铰上设置有减摆器,消耗摆动能量,起到阻尼的作用,因此垂直铰又称为阻尼铰。水平铰的作用是让桨叶上下挥舞,消除或减小飞行中在旋翼上出现的倾覆力矩,因此水平铰又称为挥舞铰。

(2) 其他类型的旋翼形式

全铰式旋翼桨叶根部弯曲载荷小,桨叶结构质量较小,其缺点是构造复杂,维护不便。随着结构材料的发展和应用,旋翼的形式也在发展。除了全铰式之外,还有无铰式、半铰式和无轴承式 3 种,如图 7 - 59 所示。

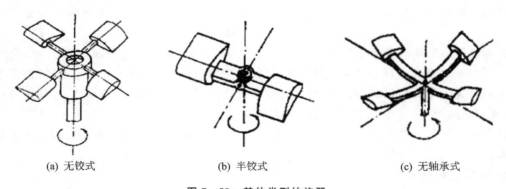

(a) 无铰式　　　　　　　　　(b) 半铰式　　　　　　　　　(c) 无轴承式

图 7 - 59　其他类型的旋翼

无铰式(固接式,见图 7 - 59(a))是取消水平铰和垂直铰,只保留轴向铰。桨叶在挥舞方向和摆振方向相对于桨毂是固支的,其挥舞和摆振将引起桨叶根部的弯曲变形,这是不利的一面,但这可使构造简化。从 20 世纪 70 年代以来,由于应用了复合材料和钛合金等疲劳强度高的材料,这种形式的旋翼逐渐增多。

半铰式(半固接式,见图 7 - 59(b))是两片桨叶彼此连为一体,共用一个中心水平铰,没有垂直铰,仍有轴向铰。其构造较简单,但操纵性较差。

无轴承式(见图 7 - 59(c))是取消 3 个铰,桨叶变距靠其根部的扭转变形实现,另两种运动则靠桨叶根部的弯曲变形实现。桨叶相对于桨毂成为完全的固支悬臂梁。其构造大为简化,但要求桨叶根部材料具有很高的抗弯强度和较低的扭转刚度。随着新材料的开发和应用,无轴承式旋翼会受到越来越多的青睐,进而成为最主要的旋翼形式。

7.5 无人机的基本构造

7.5.1 无人机的基本构成

无人机是利用无线电遥控设备和自备的程序控制装置操纵的不载人飞机。机上无驾驶舱,但安装有自动驾驶仪、程序控制装置等设备。地面、舰上或母机遥控站人员通过雷达等设备,对其进行跟踪、定位、遥控、遥测和数字传输。可在无线电遥控下像普通飞机一样起飞或用助推火箭发射升空,也可由母机带到空中投放飞行。回收时,可用与普通飞机着陆过程一样的方式自动着陆,也可通过遥控用降落伞或拦网回收。可反复使用多次,广泛用于空中侦察、监视、通信、反潜、电子干扰等。

一般来说,固定翼无人机的组成和飞机基本相同,此处不再赘述。而对于旋翼无人机,则是由飞行器机架、飞行控制系统、推进系统、遥控器、遥控信号接收器和云台相机(探测装置)6大部分构成。

(1)飞行器机架

飞行器机架的大小取决于桨翼的尺寸及电机(马达)的体积:桨翼越长,马达越大,机架大小便会随之而增大。机架一般采用轻物料制造为主,以减轻无人机的负载量。

(2)飞行控制系统

飞行控制系统简称飞控,一般内置控制器、陀螺仪、加速度计和气压计等传感器。无人机便是依靠这些传感器来稳定机体,再配合 GPS 及气压计数据,便可将无人机锁定在指定的位置及高度。

(3)推进系统

无人机的推动系统主要由桨翼和马达组成。当桨翼旋转时,便可以产生反作用力带动机体飞行。系统内设有电调控制器,用于调节马达的转速。

(4)遥控器

遥控器指的是遥控装置或地面站,可通过远程控制技术来操控无人机的飞行动作。

(5)遥控信号接收器

遥控信号接收器的主要作用是让飞行器接收由遥控器发出的遥控指令信号。

(6)云台相机(探测装置)

云台相机(探测装置)主要透过云台装设于飞行器之上。云台可以说是整个航拍系统中最重要的部件,航拍视频的画面是否稳定,全看云台的表现如何。云台一般内置有两组电机,分别负责云台的上下摆动和左右摇动,让架设在云台上的摄像机(探测装置)可维持旋转轴不变,令航拍画面不会因飞行器振动而晃动。

7.5.2 无人机的构造

1. 工业级无人机

工业级无人机是指需求直接来源于具体行业,并且作业环境特殊,对功能的精准定位、环境适应性和可靠性要求更高的无人机群体。可实现工业三防(防火、防雨、防尘),在雨雪天、高寒地区、高温火场、电磁干扰等多种复杂环境下正常工作。工业级无人机在续航时间、载重量、安全可靠性等方面要求更高，并且还应具有定制化的特点，可根据使用领域的不同更换不同的模块。

图7-60和图7-61所示分别是固定翼和旋翼无人机，从机体的构造角度出发，工业级无人机的构造与有人机，如飞机、直升机、滑翔机等航空器相比，基本上没有差异，前者延续了后者的构造特点，甚至许多无人机是在有人机的基础上改型而来的，并且更多的是保留有人机的机体结构，仅仅增设了功能性设备。从外观上看，无人机与有人机几乎没有任何差别。

图7-60　工业级固定翼无人机"鹞鹰"

图7-61　工业级旋翼无人机"AV500W战狼"

2. 消费级无人机

目前消费级无人机完成的大部分任务是拍照，不管是航拍还是超低空自拍，主要以娱乐为主。

从设备上来讲，工业级无人机一般会根据行业需求不同搭载各种专业探测设备，如热红外相机、高光谱相机、激光雷达、大气探测器等；而消费级无人机搭载的大部分都是相机。

从机体的构造角度出发，消费级无人机基本都是多旋翼类型，如图7-62所示，其结构构造特点与工业级无人机中的多旋翼大体类似。

图7-62　消费级多旋翼无人机"Mavic Air2"

思考题

1. 航空器的结构要求主要有哪些？
2. 常用的航空器结构材料主要有哪些？
3. 飞艇的结构可分为哪几种类型？
4. 飞机的结构组成主要有哪些部件？
5. 机翼上的外载荷有哪些？典型的受力构件有哪些？典型的受力形式有哪些？
6. 作用在机身上的外载荷有哪些？典型的受力构件有哪些？典型的受力形式有哪些？
7. 飞机上常用的起落架布置形式有哪些？
8. 常用的起落架构造形式有哪些？都适用于什么场合？
9. 油气式减振器的工作原理是什么？
10. 起落架的轮胎根据充气压力可分为哪几种类型？
11. 改善飞机起飞和降落性能的措施有哪些？
12. 直升机旋翼的构造形式主要有哪几种？
13. 直升机的基本组成有哪些部件？
14. 通常情况下,无人机的基本构成包括哪些部件？
15. 工业级无人机和消费级无人机之间有哪些区别？

第8章　机载设备

机载设备是为了完成飞行任务而安装的各种设备的总称,主要包括各种测量传感器、各类显示仪表和显示器、导航系统、雷达系统、通信系统、自动控制系统、电源电气系统等设备和系统。

机载设备相当于航空器的感知、神经网络、大脑和肌肉,可以实现对航空器的操控等功能。

测量传感器用于获取涉及航空器、航空器外部与内部环境、飞行员等的关键参数,这些参数中一些可以通过仪表、显示器等显示,以便于飞行员、地面导航人员等掌握航空器的飞行状态等信息;另一些则供航空器上控制系统等使用,实现自动控制,并确保航空器及其所属部件能够正常工作。

8.1　航空仪表

飞行员需要不断地了解航空器的飞行状态、发动机的工作状态和其他分系统如座舱环境系统、电源系统等的工作状态,以便按飞行计划操纵航空器完成飞行任务;各类自动控制系统需要检测控制信息以便实现自动控制。这些信息都是由航空仪表以及相应的传感器和显示系统提供的。航空器上的仪表系统是航空器感知内、外部情况和控制航空器飞行状态的核心,相当于航空器的感官和神经系统,对于保障飞行安全、改善航空器性能起着关键性作用。

需要测量的航空器状态参数可归纳为以下几类:

① 飞行参数,包括飞行高度、转速、加速度、姿态角和姿态角速度等;

② 动力系统参数,包括发动机转速、温度、燃油量、进气压力、燃油压力等;

③ 导航参数,包括航空器的位置、航向、高度、速度、距离等;

④ 生命保障系统参数,包括座舱温度、湿度、气压、氧气含量、氧气储备等;

⑤ 飞行员生理参数,包括飞行员脉搏、血压、睡眠状态等;

⑥ 武器瞄准系统参数,包括目标的距离、速度、高度、雷达警告、攻击警告等;

⑦ 其他系统参数,包括电源系统参数、设备完好程度、结构损坏程度等。

由于涉及参数很多,测量方式方法又不同,航空仪表种类繁多,下面仅对一些常见的航空仪表进行介绍。

8.1.1　航空仪表分类

航空仪表按照功用可以分为三类:驾驶领航仪表(或飞行仪表)、发动机仪表和辅助仪表(或其他设备仪表)。

驾驶领航仪表提供航空器的飞行状态和导航参数,如飞行姿态、航向、高度、速度、风速、风向等。此类仪表主要包括:高度表、空速表、地平仪、磁罗盘、陀螺半罗盘、罗盘系统、惯性导航系统、自动飞行系统等。发动机仪表用来指示发动机的工作状态,如温度、压力、功率、油量等。此类仪表主要包括:燃油(滑油)压力表、推力表、温度表、转速表、油量表、振动指示器等。辅助仪表用来检查液压、冷气、座舱增压系统、襟翼、起落架等其他设备工作状态。

　　航空器上的仪表主要安装在驾驶舱仪表板和操纵台上,其他一些需要安装仪表的地方也有少量仪表,如燃油加油口处可能有油量表。

　　航空仪表的发展大致经历了机械仪表、电器仪表、综合自动化仪表和电子显示仪表 4 个阶段。早期的航空仪表为机械仪表,随着电子技术和计算机技术的发展,航空仪表也逐渐进入到今天的“电子显示”阶段。现代航空器驾驶员已经从紧张、繁重的驾驶劳动中解放出来,成为座舱资源的管理者。图 8 - 1 和图 8 - 2 所示分别为波音 777 和 F - 35 的驾驶舱内部仪表的分布。

图 8 - 1　波音 777 驾驶舱　　　　　图 8 - 2　F - 35 驾驶舱

8.1.2　飞行状态参数测量

　　飞行中需要测量的参数很多,下面主要以飞行状态参数的测量为例介绍一些典型仪表的工作原理。飞行参数包括线运动参数和角运动参数。线运动参数包括飞行高度、速度和线加速度;角运动参数包括姿态角、姿态角速度和姿态角加速度。

1. 飞行高度及测量

　　飞行高度是指航空器重心到某一个指定基准面之间的垂直距离。根据所选基准面的不同,飞行高度可以分为 4 种:相对高度、真实高度、绝对高度和标准气压高度,如图 8 - 3 所示。可以通过表 8 - 1 对这 4 种飞行高度进行比较。

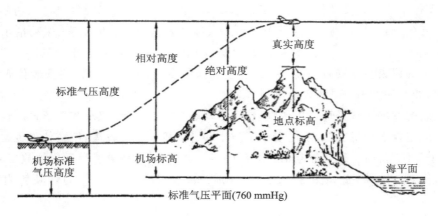

图 8 - 3　飞行高度的定义

表 8 - 1　四种飞行高度对比

类　型	基准面	主要使用场合
相对高度	选某个指定平面为基准面,如起飞或着陆机场的地平面	飞机在起飞、降落时
真实高度	选飞机正下方的地面目标的最高点且与地平面平行的平面为基准面	飞机在搜索、轰炸、照相或救援时
绝对高度	选实际海平面为基准面	飞行性能描述时
标准气压高度	选标准海平面为基准面(该面大气压力为 1 013 250 Pa)	空中交通管制分层飞行时

飞机飞行高度的测量大多通过测量与飞行高度相关且便于准确测量的其他物理量间接获得飞行高度。最常见的测高方法是气压测高和无线电测高。另外还有激光测高、同位素测高、垂直加速度积分测高等测量方法。下面介绍一下常用的气压测高和无线电测高。

(1) 气压式高度表

大气压力随着高度的升高而减小,且有着确定的函数关系。国际标准大气规定了标准大气压力与高度之间的函数关系。气压测高法就是通过测量大气压力,利用气压与高度之间的函数关系来间接获得飞行高度。

图 8 - 4 所示为气压式高度表的工作原理图。气压式高度表的主要元件是真空膜盒式压力传感器,连杆和扇形齿轮构成了放大传动机构。高度表外壳接大气静压,随着高度变化,大气静压发生变化,这种变化导致真空膜盒变形。放大传动机构将这种变形放大,并带动指针旋转,在刻度盘上显示出高度数值。

考虑到飞行高度基准的不同,实际使用的气压式高度表的刻度盘是可以调整的,这样,可以根据需要测量不同的相对高度。图 8 - 5 所示为气压式高度表盘,表盘上的小窗口用于显示基准面的气压值,通过调整旋钮可以对基准气压值进行调节。

另外,气压式高度表会受到天气变化或者机械磨损的影响,从而产生测量误差。同时,在高度低于 100 m 时,气压式高度表的灵敏度较差。由于气压式高度表的测量精度低于大气数据计算机和卫星导航系统,如今在新型飞机上它已经成为备用仪表。

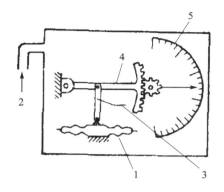

1—真空膜盒；2—大气静压；3—连杆；
4—扇形齿轮；5—指示器

图 8 - 4　气压式高度表工作原理

图 8 - 5　气压式高度表盘

（2）无线电高度表

无线电高度表依靠无线电波的反射进行工作，其工作原理如图 8 - 6 所示。飞机上装有无线电台发射机及发射接收天线。测量时，发射机经发射天线同时向地面和接收机发射同一无线电波，接收机将先后接收由发射机直接发来的电波和经地面反射后的回波，两束电波存在着时间差。如果电波在传送过程中没有受到干扰，时间差正比于被测的高度，测量出时间差，高度也就知道了。

在高度小于 1 000 m 的情况下，无线电高度表的准确度优于气压式高度表，因此，在飞机起飞、进场着陆阶段，大多采用无线电高度表测量飞机的离地高度。

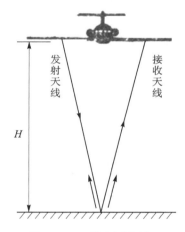

图 8 - 6　无线电测高原理

2. 飞行速度及测量

飞行速度表征航空器飞行的快慢，常用的速度概念有 5 个：空速、指示空速、地速、马赫数和升降速度。航空器相对于空气的运动速度称为空速，又称真实空速；归化到标准气压面条件下的真空速称为指示空速，它虽具有速度的量纲，但测量的不是速度而是气流总静压力差；航空器相对于地面的运动速度称为地速，地速一般等于空速和风速的矢量和；航空器的空速和当地声速之比称为马赫数；航空器在垂直方向上的上升或下降速度称为升降速度，其大小等于地速的垂直分量。

飞行速度的测量方法有压力测量法、加速度积分测量法和雷达测量法等。压力测量法最简单，但相对精度较低，多用于测量航空器的空速；加速度积分测量法先测量加速度，然后通过积分获得速度，因此存在累积误差；雷达测量法精度高，不受气候影响，多用于测量航空器的地速。下面介绍一下压力测量法。

（1）气压式空速表

空速表的原理如图 8 - 7 所示。根据伯努利定理，可以用气压式仪表来测定气流的速度。利用该定理可以推导出飞机的空速，即

$$v = \sqrt{\frac{2(p_0 - p)}{\rho}} \tag{8-1}$$

式中：p_0 为气流的总压；p 为气流的静压；ρ 为气流的密度；v 为飞机的空速。

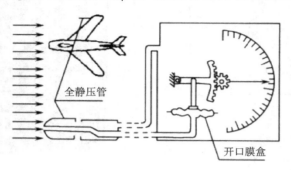

图 8 - 7   空速表原理

在飞机的前端一般有一根细杆，它就是空速管，其构造如图 8 - 8 所示。空速管的正前端开有总压孔，在稍后垂直侧壁方向上开有一圈静压孔。总压孔正对气流方向，气流进入总压室内，气体的动能转化为压力，因而这里的气压为总压，总压室内凝结的水可由排水孔排出。静压孔因其与气流方向垂直，感受到的压力与气流速度无关，为气体静压。电加温部分通过加热，避免气流中的水气因气温降低而在管内结冰。通过空速管得到气体的总压和静压，二者之差就是动压，从而利用式 8 - 1 便可以获得空速。

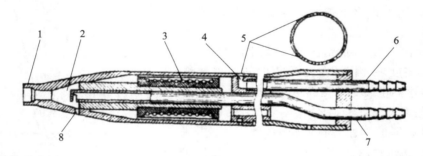

1—全压口；2—全压室；3—加温电阻；4—静压室；5—静压孔；6—静压管接头；7—全压管接头；8—排水孔

图 8 - 8   空速管构造

（2）升降速度表

飞机上还有一类和速度相关的仪表，如图 8 - 9 所示，称为升降速表，其基本原理如图 8 - 10 所示。升降速表主要用于测量飞机的升降速度，同时也可以辅助地平仪判断飞机是否在平飞。在单位时间内，飞机高度的变化量叫升降速度或垂直速度。

升降速表是一密封壳体，其内有一个开口膜盒，膜盒内腔经一根较粗的导管与外界大气联通，而膜盒的外部即表壳的内腔通过一根毛细管也与外界大气联通。这样，当飞机上升或下降时，膜盒内腔压力基本上随高度的变化而变化，但膜盒外部即表壳内的气压因受毛细管的阻滞作用，变化缓慢，从而产生压力差。高度变化越剧烈，膜盒所承受的压力差越大，膜盒变形越大。

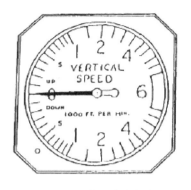

图 8-9　升降速表表盘

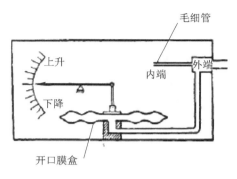

图 8-10　升降速表基本原理

3. 飞行姿态角及测量

航空器的姿态角是相对于地球参考系而言的,包括俯仰角、航向角、倾斜角。测量飞行姿态和航向的仪表主要有陀螺仪、陀螺地平仪以及磁罗盘等。

（1）陀螺仪

陀螺是用来测量航空器相对于惯性空间转角或角速度的装置。陀螺的种类很多,如刚体转子陀螺、激光陀螺、光纤陀螺、静电陀螺等。飞机上常用的是刚体转子陀螺和激光陀螺。

刚体转子陀螺一般由转子、内框、外框和基座组成,如图 8-11 所示。二自由度陀螺是陀螺转子相对于陀螺壳体有两个自由度,即陀螺转子可以相对壳体绕两个轴运动。

陀螺仪有定轴性和进动性两个重要特性。定轴性是指高速旋转的转子具有力图保持其转子轴在惯性空间内的方向稳定不变的特性。利用这一特性可以测量姿态角。

陀螺的进动性是指高速旋转的陀螺在外力矩的作用下,其旋转轴力图沿着最短路径趋向外力矩的方向。例如,当两自由度陀螺受外力矩作用时,若外力矩作用在内框轴上,陀螺绕外框轴转动,如图 8-12(a)所示;若外力矩作用在外框轴上,陀螺绕内框轴转动,如图 8-12(b)所示。可以看出,两自由度陀螺转动方向与外力矩作用方向不一致,即转动方向

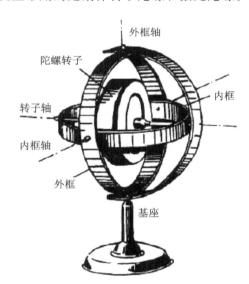

图 8-11　两自由度陀螺

（角速度矢量方向）与外力矩作用方向相互垂直,这就是两自由度陀螺的进动性。可以用右手螺旋法则来确定陀螺进动角速度的方向,如图 8-13 所示。飞机上常用的陀螺仪表如表 8-2 所列。

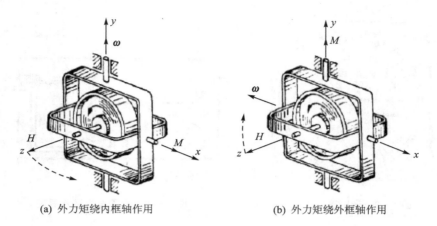

(a) 外力矩绕内框轴作用   (b) 外力矩绕外框轴作用

图 8-12　陀螺的进动

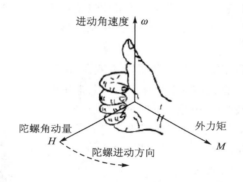

图 8-13　陀螺进动的方向

表 8-2　飞机上常用的陀螺仪表

航空陀螺仪表名称	在飞机上的用途
陀螺地平仪	测量飞机的姿态角,给出姿态指示
垂直陀螺仪	测量飞机的姿态角,输出姿态信号
陀螺半罗盘	测量飞机的航向角,给出航向指示
航向陀螺仪	测量飞机的航向角或偏航角,输出航向或偏航信号
陀螺磁罗盘	陀螺半罗盘与罗盘组合,用来测量飞机的航向角,并给出航向指示
陀螺转弯仪	测量飞机的转弯角速度,给出转弯指示
速率陀螺仪	测量飞机绕机体主轴转动角速度,给出转弯指示
全姿态组合陀螺仪	垂直陀螺仪与航向陀螺仪组合,用来测量飞机的姿态和航向角,并输出姿态和航向信号
双轴陀螺稳定平台	测量飞机的姿态角,输出姿态信号
三轴陀螺稳定平台	测量飞机的姿态和航向角,输出姿态和航向信号

（2）陀螺地平仪

利用陀螺仪的定轴性和进动性这两个重要特性,可以在飞机上建立一个相对于地球坐标系的固定的参考基准,从而测量飞机飞行过程中的姿态角。

图 8-14 所示为陀螺地平仪的结构原理图。陀螺地平仪是测量飞机俯仰角和滚转角的仪表,由双自由度陀螺仪、摆式敏感元件、力矩器和指针刻度盘等组成。为了在飞机上测量飞行姿态,必须在飞机上建立一个地垂线或地平面基准。利用陀螺仪的定轴性,使转子轴稳定在地垂线上就可以得到这一基准。但是陀螺仪不能自动找到地垂线使转子轴稳定在地垂线上,而且由于内、外环轴上的摩擦力矩使陀螺仪转子轴产生漂移,因此必须解决陀螺仪转子轴能自动找到地垂线而且始终稳定在地垂线上的方法。

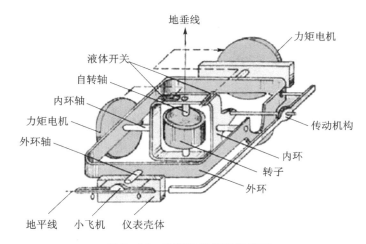

图 8-14　陀螺地平仪结构原理

摆具有敏感地垂线的特性,但受到加速度干扰时会产生很大的误差。如果将陀螺仪与摆式敏感元件结合在一起,就可以解决上面的问题。陀螺地平仪就是陀螺仪与摆结合在一起的仪表,它以陀螺仪为基础,用摆式敏感元件和力矩器组成的修正装置对陀螺仪进行修正,使陀螺仪的转子轴精确而稳定地重现地垂线。

陀螺地平仪的工作原理是:首先利用摆的方向选择性(始终指向铅垂方向)使陀螺的旋转轴指向铅垂方向;无论飞机如何运动,陀螺的旋转轴指向不变(定轴性),这样就建立起了一个垂直基准;与旋转轴垂直的平面也始终保持水平,这样就建立起了一个水平基准;利用这个水平基准可以读出飞机的俯仰角和倾斜角。飞行员凭借陀螺地平仪的指示,才能保持飞机的正确姿态,完成飞行和作战任务。特别是在云中飞行或进行夜航时,飞行员看不见大地的地平线和地标,如不借助仪表,驾驶飞机就十分困难。

传统陀螺仪主要采用刚体转子结构,这类陀螺需要动力才能使转子高速旋转,且不可避免存在机械摩擦与振动,继而导致陀螺仪存在漂移、体积大、重量大等缺点。现代陀螺已经发展到无刚体转子阶段,具有代表性的如激光陀螺、光纤陀螺、核磁共振陀螺等。这些陀螺克服了刚体转子陀螺的上述缺点,在飞机的姿态测量、导航等领域发挥着越来越重要的使用。

（3）磁罗盘

飞机的航向是指飞机纵轴和地球经线在水平面上的夹角。磁罗盘是利用地球磁场进行航向角测量的仪表。地球具有磁性,其磁场称为地磁场。但是地磁的南北极和地理的南北极不重合,而是有一个偏差,称为磁偏角(简称磁差),如图 8-15 所示。地球上不同位置处的磁偏角一般不同,在专用地图上会标注各地的磁偏角。飞机上的磁罗盘用地磁场作为测量依据,得到的航向角称为磁航向角。飞机的实际航向角称为真航向角，它等于磁航向角和磁偏角的和，如图 8 - 16 所示。

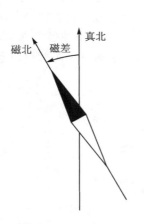

图 8 - 15　磁偏角

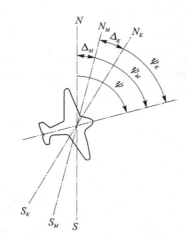

图 8 - 16　真航向、磁航向和磁偏角

磁罗盘主要由罗盘、罗盘油、外壳、航向标线、罗差修整器等组成，如图 8 - 17 所示。磁罗盘的工作原理和指南针相同，磁棒在地球磁场内总是指向磁北极。把磁棒用支架水平支持起来，在其上固定一个 0°～360°的刻度环，并用航向标线代表飞机的纵轴。由于磁棒的磁场和地球磁场水平分量的相互作用，使得刻度环上的 0°与航向标线之间的夹角（即标线对着的刻度）代表飞机以地磁极为基准的方向。

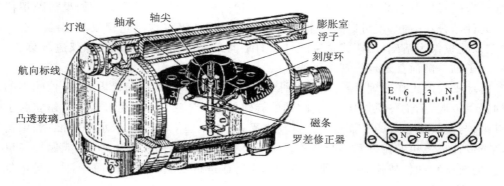

图 8 - 17　磁罗盘

磁罗盘受航空器的飞行状态及外界磁场影响较大，只有当航空器平直飞行且外界磁场干扰较小的情况下才能进行准确可靠的测量。人们设计的陀螺半罗盘克服了这个缺点，在飞机上得到了广泛应用。陀螺半罗盘的结构如图 8 - 18 所示，其原理是：首先利用磁罗盘指向南北磁极的特性来寻找地球的子午线方向（地球的经线方向）；然后使陀螺的旋转轴指向子午线方向，从而建立起地球子午线基准；最后利用这个基准测量偏航角。

4. 大气数据系统及测量

现代航空器的飞行控制系统、发动机控制系统、导航系统和仪表显示系统等需要准确的静压、动压、温度、密度、高度、高度变化率、指示空速、真实空速等信息，而这些参数只是空气总

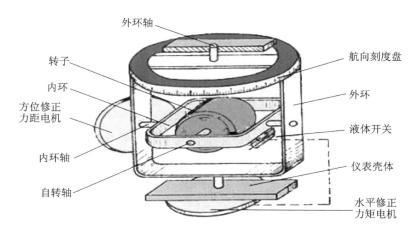

图 8 - 18 陀螺半罗盘

压、静压、总温的函数。如果仅采用气压式空速表等单个的传感器和仪表系统各自提供这些信息,不仅增加体积、重量和成本,而且不便于维护,同时也影响这些信息的测量精度。

大气数据系统是一种速度和高度的综合测量仪器,也称大气数据中心仪、大气数据计算机系统。它可以根据相关传感器测得的静压、总压、总温、迎角等参数计算出更多的大气参数和飞行参数,然后将这些参数传送给座舱显示器、飞行控制系统、火力控制系统等。大气数据系统有数字式和模拟式两类,现代飞机上多为数字式系统,其原理如图 8 - 19 所示。它由核心部件大气数据计算机、压力和温度传感器、迎角和侧滑角传感器以及输入输出接口和显示器等部分组成。

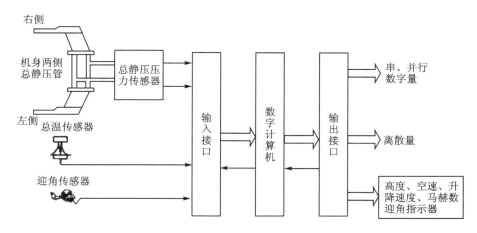

图 8 - 19　数字式大气数据系统

大气数据系统的主要优点是:避免了分立式仪表和传感器的重复性,大大减轻了机载设备的重量;便于采用更合理的计算方案和误差补偿措施,提高了大气参数和飞行参数的测量精度。

8.1.3　发动机工作状态参数测量

各类航空发动机需要测量的参数很多,如压力、温度、功率、转速、燃油油量和流量等,这里仅介绍温度和发动机转速的测量。

1. 温度及测量

温度的测量只能用间接的方法,一般通过某些物体与温度有关的一些性能参数或状态参数来测量。比如,物体的体积、密度、导电率、导磁率等与温度有确定的函数关系,可以通过测量这些参数间接测得被测对象的温度。飞机上常用的温度表有两类,电阻式温度表和热电耦式温度表。

电阻式温度表是利用导体或半导体的电阻随温度变化的特性研制成,如热敏电阻的电阻值随温度上升而下降。图 8-20 为使用不易氧化的镍丝制成的棒状感温器,可插入液体中测量温度。电阻式温度表由传感器和指示器组成,多用于测量较低的温度,如发动机进气温度、滑油温度、座舱温度、大气温度等。

两种不同导体的两端焊接在一起组成环路,当两端温度不同时会产生电动势,这种现象称为热电效应,其原理如图 8-21 所示。热电耦式温度表则是利用材料的热电效应将被测温度转换成相应的电势,由连接导线送入指示器,直接指示出被测温度值。该温度表主要用于测量较高的温度,如喷气发动机的排气温度等。测量发动机排气温度的探头和发动机排气温度表如图 8-22 所示。

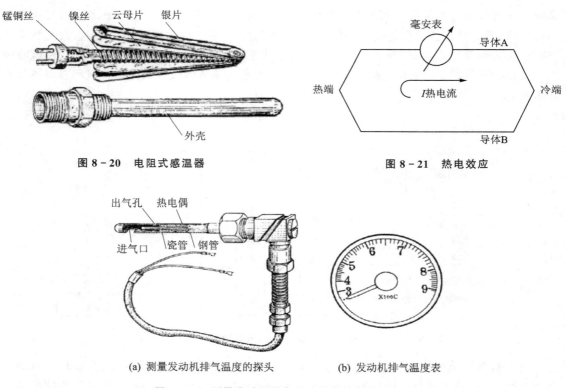

图 8-20　电阻式感温器　　　　　　　　图 8-21　热电效应

(a) 测量发动机排气温度的探头　　　　　(b) 发动机排气温度表

图 8-22　测量发动机排气温度的热电偶传感器

2. 发动机转速及测量

发动机转速是一个非常重要的参数,主轴转速反映发动机所产生的功率(或推力)大小,同时也是检查发动机动力载荷的依据。转速表用于测量发动机涡轮轴转速或活塞发动机的曲轴转速。

　　转速表根据测量原理的不同,可以分为机械式转速表和电磁式转速表两大类。目前使用较多的磁转速表和脉冲数字式转速表均属于电磁式转速表。

　　磁转速表的传感器是一个永磁式三相交流发电机,如图 8 - 23 所示。发动机主轴转速首先由传送元件传送到感受元件,感受元件产生正比于转速大小的涡流电磁力矩,转换元件将电磁力矩转换为转动角度,并由指示器显示。磁转速表的表盘有两种:一种如图 8 - 24(a)所示,用于活塞式发动机,单位是 r/min;一种如图 8 - 24(b)所示,用于喷气式发动机,读数用百分比表示。

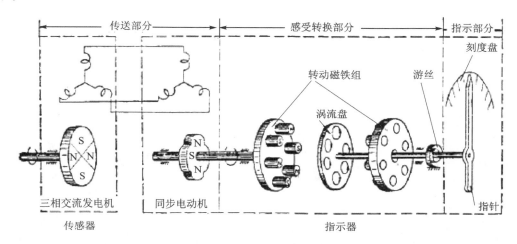

图 8 - 23　磁转速表原理

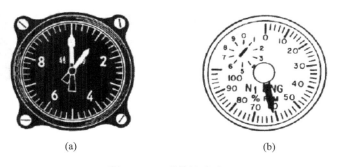

(a)　　　　　　　　　　　　　(b)

图 8 - 24　磁转速表盘

8.1.4　航空仪表显示系统

　　航空器上的显示系统分为机械式和电子式两类。机械式显示方式是利用显示部件间的相对运动来显示被测参数值,如指针-刻度盘、机械式计数器、指标-刻度带、标记等。其优点是显示清晰,有些可以反映被测参数的变化过程;缺点是摩擦影响精度、寿命短、易受冲击振动等影响,需要照明,功能单一。20 世纪 70 年代以前的飞机仪表大多采用机械式显示系统,图 8 - 25 所示为米格-25 飞机的驾驶舱仪表盘。

　　20 世纪 70 年代后期,出现了电子式综合显示器,它把被测信息转换成电子式显示器的光电信号。显示的信息可以是数字、符号、图形及组合形式。这种方式显示灵活,易于实现综合显示,减少了仪表盘数量,提高了显示精度,寿命长且可靠性高,重量轻。根据安装位置和观察方式,座舱显示器可以分为下视显示器、平视显示器和头盔显示器。图8-26所示为某型飞机电子式综合显示台。可以看出,驾驶舱内下视显示器按照"T"型布局,整个座舱中仪表盘数量很少,显得很简洁。平视显示器通过准直光学系统把要显示的主要操纵和武器瞄准信号等信息以字符和图形的方式投射到驾驶员正前方的视域内,成像在无穷远处,与外景叠合在一起,这样就使驾驶员在观察外景实况的同时能清晰地看到仪表显示的信息,避免频繁地交替观察外景与判读仪表所产生的视觉困难。平视显示器包括阴极射线管、反射镜、透镜系统和成像光镜,如图8-27所示。

图8-25　米格-25飞机驾驶舱前仪表盘

图8-26　某型飞机电子式综合显示台

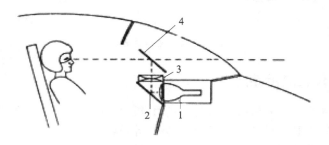

1—阴极射线管;2—反射镜;3—透镜系统;4—成像光镜

图8-27　平视显示器工作原理

　　头盔显示器是以准直光学字符和图像的形式,通过准直光学系统,把飞行操纵和武器瞄准信息投影到头盔上的透射显示屏,如半反光镜或护目镜,供空勤人员单眼或双眼观察的显示器。

随着电子技术、计算机技术的飞速发展,飞机显示系统也在不断更新。一方面,彩色液晶显示系统在现代飞机上得到了广泛应用;另一方面,使用语言控制和触摸操作的大屏幕全景显示器也逐步出现。飞行员的视觉负担进一步降低。

8.2　飞机导航系统

导航是把飞机从一个地方引导至目的地的过程。导航系统分为自主式和被动式两大类。自主式导航系统不依靠飞机外部设备和信息进行工作,包括惯性导航系统、图像匹配导航系统、天文导航系统等;被动式导航系统需要外部设备和信息的支持才能工作,包括无线电导航系统、卫星导航系统等。自主式导航系统的抗干扰能力强,被动式导航系统易受干扰,生存性差。

8.2.1　无线电导航系统

无线电导航系统借助于无线电波的发射和接收,利用地面上设置的无线电导航台和飞机上相应的设备对飞机进行定位,测定飞机相对于导航台的方位、距离等参数,以便确定飞行器的位置、速度和航迹等导航参数。

无线电导航系统简单方便,不受气象条件限制,导航的精度高、作用距离远,是飞机导航的主要手段之一。不过,由于工作时需要发射电波,其抗干扰能力和隐蔽性较差。

无线电导航系统根据所测定的导航参数可以分为测向系统、测距系统、测距差系统、测角距系统和测速系统。

1. 测向无线电导航系统

（1）自动测向器

自动测向器利用方向性天线接受来自地面中波导航台发射的无方向性中长波（150 kHz～2 MHz）,确定无线电波来向（导航台与飞行器的连线方向）与飞行器机体轴线之间的夹角。自动测向器发射的无线电波主要靠地波传播,作用距离约 300 km。利用自动测向器只能确定飞行器相对于无线电导航台的方位。如果同时测出飞行器相对于两个导航台的方位角,在知道这两个导航台距离的情况下,可以确定飞行器的位置。

（2）甚高频全向信标系统

甚高频全向信标系统由地面导航台向飞行器提供以导航台北向子午线为基准的方位信息,或为飞行器提供一条"空中道路",以引导飞行器沿着预定航道飞行。甚高频全向信标系统是目前世界上应用最广的近程导航系统,工作频段为 108～117.95 MHz。其作用距离受到视线距离限制,并和飞行器飞行高度有关。飞行高度越高,作用距离越远。

甚高频全向信标系统导航台也经常作为机场自动着陆系统的归航导航台,引导飞行器接近机场。

2. 测距无线电导航系统

测距无线电导航系统的原理是:频率较高的无线电波在大气或宇宙空间中以光速 c 直线传播,通过测量飞机发射的无线电波往返于地面导航台所需的时间 Δt,则可以确定出飞行器到导航台之间的距离 r,即 $r = \frac{1}{2}c \cdot \Delta t$,其作用距离约为 590 km。

美国空军和民航业广泛使用的塔康系统,是一种同时测向和测距的导航系统,可以以极坐标的形式给出飞机的位置,如图 8-28 所示。

3. 测距差系统

当飞机做远距离飞行时,难以设置足够多的导航台。这时往往要使用测距差系统,如图 8-29 所示。A、B 两地面导航台发射脉冲信号的时间间隔始终保持不变,或者所发射电波的相位保持一致。飞机 C 接收 A、B 两导航台的信号,比较两导航台信号到达的时间差或相位差,就可以换算出飞机到 A、B 的距离差,则飞机必定位于以 A、B 为焦点的一条双曲线上(称为位置线)。如果再测定飞机到另外两个导航台的距离差,就可以通过两条双曲线的焦点确定飞机所在位置。

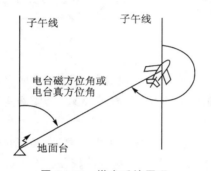

图 8-28　塔康系统原理

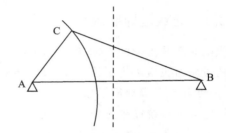

图 8-29　测距差系统位置线

4. 测速系统

测速无线电导航系统大多利用多普勒效应工作,故又称多普勒系统。在日常生活中,当一辆鸣笛卡车向我们驶来时,鸣笛声音越来越尖锐(频率高);当远离我们时,鸣笛声音越来越缓(频率低),这种现象就是多普勒效应。根据多普勒效应,跟随飞机运动的机载发射机所发射的无线电波当遇到地面物体而反射时,其反射波频率将出现差值,而且该频率差与飞机速度成正比。所以,根据测得反射波与发射波的频率差,就可以计算出飞机相对地面的速度。

这种系统受反射面影响较大,如在水面、沙漠等上空飞行时,该方法的测量精度会受影响,甚至会失效。

8.2.2　卫星导航系统

卫星导航系统是指利用导航卫星对用户进行导航定位的系统。由人造天体导航的设想在 19 世纪后半叶就有人提出,到了 20 世纪 60 年代,美国"子午仪"卫星导航系统才实现了这一设想。

借助飞机上的无线电设备来测出飞机相对卫星的位置,再根据由地面站测出的卫星相对地球的位置,经过计算之后则可确定出飞机的位置。卫星导航系统主要由导航卫星、地面站、机载设备等组成,如图 8-30 所示。

在卫星导航系统中,卫星作为导航基准,地面站接收机用来观测卫星运动情况,计算机根据观测数据计算出卫星的轨道参数,发射机将该轨道参数发送给卫星。机载接收机则接收由

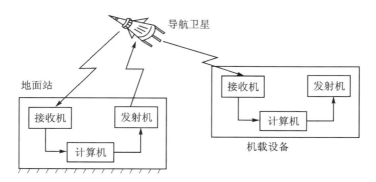

图 8 - 30　卫星导航系统

卫星转送来的轨道参数,计算机根据卫星的轨道参数和飞机相对卫星的位置参数,计算出飞机相对地球的位置,显示器把这个结果显示出来。

　　卫星导航具有全天候和全球导航能力,且导航定位精度很高。但它需要有专门的机载设备和专用的地面站,还必须精确预计卫星轨道,当卫星轨道下降或其中设备失效时要更换卫星。

　　目前世界上性能完善、能够保证全球实时定位且功能完备的卫星导航系统包括:美国的卫星全球定位系统(GPS),俄罗斯的全球导航卫星网(Glonass),欧洲空间局(ESA)的"伽利略"导航卫星系统和中国的"北斗"卫星导航系统等。下面重点对我国的"北斗"卫星导航系统(见图 8 - 31)进行介绍。

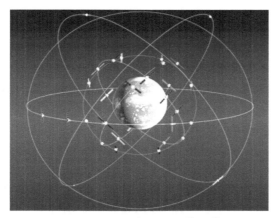

图 8 - 31　"北斗"卫星导航系统

　　(1)发展定位

　　"北斗"卫星导航系统(以下简称北斗系统)是我国着眼于国家安全和经济社会发展需要,自主建设运行的全球卫星导航系统,是为全球用户提供全天候、全天时、高精度的定位、导航和授时服务的国家重要时空基础设施。旨在建设世界一流的卫星导航系统,满足国家安全与经济社会发展需求,为全球用户提供连续、稳定、可靠的服务;发展北斗产业,服务经济社会发展和民生改善;深化国际合作,共享卫星导航发展成果,提高全球卫星导航系统的综合应用效益。

　　(2)发展历程

　　我国坚持"自主、开放、兼容、渐进"的原则建设和发展北斗系统。20 世纪后期,我国开始探索适合国情的卫星导航系统发展道路,逐步形成了"三步走"发展战略:2000 年底,建成北斗一号系统,向我国提供服务;2012 年底,建成北斗二号系统,向亚太地区提供服务;2020 年,建成北斗三号系统,向全球提供服务。2035 年前还将建设完善更加泛在、更加融合、更加智能的综合时空体系。

（3）基本组成

北斗系统由空间段、地面段和用户段 3 部分组成。

① 空间段。由若干地球静止轨道卫星、倾斜地球同步轨道卫星和中圆地球轨道卫星等组成；

② 地面段。包括主控站、时间同步/注入站和监测站等若干地面站,以及星间链路运行管理设施；

③ 用户段。包括北斗兼容其他卫星导航系统的芯片、模块、天线等基础产品,以及终端产品、应用系统与应用服务等。

（4）基本特点

北斗系统具有以下特点：北斗系统空间段采用 3 种轨道卫星组成的混合星座,与其他卫星导航系统相比,高轨卫星更多,抗遮挡能力强,尤其低纬度地区性能优势更为明显；北斗系统提供多个频点的导航信号,能够通过多频信号组合使用等方式提高服务精度；北斗系统创新融合了导航与通信能力,具备定位导航授时、星基增强、地基增强、精密单点定位、短报文通信和国际搜救等多种服务能力。

8.2.3　惯性导航系统

惯性导航利用加速度计测出飞机的加速度,经过数学运算,从而确定出飞机的速度和位置。它的主要功能是：自动测量飞机各种导航参数即飞行控制参数,供飞行员使用或与其他控制系统配合,完成对飞行器的自动控制或自动驾驶。

惯性导航系统一般由惯性测量装置、计算机、显示器组成。惯性测量装置包括加速度计、陀螺仪,分别测量飞行器的线加速度和角加速度。计算机完成积分运算工作,获得飞行器的速度和位置信息,并把这些信息通过显示器显示出来。

惯性导航是一种完全自主式的导航方法,它不依赖外界任何信息,也不向外发射任何能量,隐磁性好。它具有全天候和全球导航能力,可以提供包括位置、速度、姿态和航向等导航所需的全部信息,而且还可获得相当高的导航定位精度。但是,当惯性导航系统中的陀螺仪和加速度计存在误差时,其导航定位精度将随时间的增长而逐渐降低。为了得到高的导航定位精度,对陀螺仪和加速度计这两个关键元件的精度要求很高,需极其精密的制造工艺才能保证,这就使得整个导航系统的成本比较昂贵。

按照惯性测量装置在飞行器上的安装方式,惯性导航系统可以分为平台式和捷联式。平台式惯性导航系统的惯性测量装置安装在惯性平台上。惯性平台是利用陀螺的定轴性保持台体的方位不变的装置,又称陀螺稳定平台。捷联式惯性导航系统的惯性测量装置则直接安装在飞行器上,其优点在于结构简单、体积小、可靠性高、易于实现余度配置等；缺点是由于测量元件安装在飞行器上,易受飞行器影响,测量精度有一定限制。

8.2.4　图像匹配导航系统

地球表面的山川、平原、河流、森林、建筑等构成了地表形状特征,这些信息一般不随时间和气候的变化而改变,也难以伪装和隐藏。利用地表形状特征进行导航称为图像匹配导航。

1. 导航原理

图像匹配导航系统工作原理是:先利用大地测量、航拍等手段将飞行器经过的区域的地形数据数字化,形成数字地图,也称为原图;飞行器在飞行时,其上的探测设备再次对飞过的地表特征进行识别,形成实时图;将实时图和原图比对,确定飞行器实际飞行轨迹和预定轨迹之间的偏差,然后修正航线。

图像匹配导航可分为地形匹配导航和景象匹配导航两种。

地形匹配导航是以地形高度轮廓为匹配特征,通常用无线电高度表测量沿航迹的高度数据,与预先获得的航道上的区域地形数据比较,若不一致,则表明偏离了预定的飞行航迹。这种方式是一维匹配导航,适用于山丘地形的飞行。

景象匹配导航是根据一定区域的地表特征,采用摄像等图像成像装置录取飞行轨迹周围或目标附近地区地貌,与存储在飞行器上的原图比较,进行匹配导航。景象匹配属于二维匹配导航,可以确定飞行器两个坐标的偏差,适合于平坦地区导航。

2. 地形匹配导航

单纯的地形数据不能提供地理坐标位置,匹配导航必须与其他导航方式进行组合,如地形/惯性组合导航,就是由惯性导航系统提供地理位置信息,利用地形匹配修正惯性导航的误差,以提高定位精度。

地形匹配导航辅助导航系统主要由以下硬件设备组成:

① 惯性导航系统,提供全部导航信息;

② 无线电高度表,提供真实高度;

③ 气压式高度表或大气数据系统,提供绝对高度;

④ 导航计算机和大容量存储器,进行匹配计算和存放数字地图。

其中高度表、大气数据系统等仪表系统为导航系统提供所需的数据,而并非在导航系统中另采用一套。

在一维的地形匹配导航中,地形跟踪是主要的飞行方式,它由大气数据系统提供绝对高度,由无线电高度表探测航路上的真实高度,绝对高度减去真实高度得到地形高度,沿飞行航迹的地形高度序列数据组成了高度实时图。将实时图与存储的数字地图按一定的算法进行数据处理,找出原图中与实时图最为接近的区域,则这个区域就是飞行器估计的地理位置,地形/惯性组合导航系统根据这个估计值去修正惯性导航系统的指示误差。匹配算法是相当复杂的,它对计算机有很高的要求。一般来说,实时图与原图几乎找不到完全一致的区域,通常是以一定的误差范围来判断匹配的接近程度,满足所要求的误差精度,就认为达到了匹配,原图中的相应位置即飞行器当时的地理位置。

利用地形匹配导航可以使飞行器进行地形跟踪,保持一定的真实高度。也可利用数字地图中相同地形高度进行地形回避飞行,绕过高山,在山谷中穿行。地形跟踪和地形回避是军用飞机低空突防的隐蔽飞行方式,并可保证低空飞行的安全高度。

3. 景象匹配导航

景象匹配原理与地形匹配是类似的,不过,景象匹配是在一定范围内,将实时图与网格化的数字地图逐格进行匹配,找出原图与实时图相似度最大的部分区域,从而估计飞行器的地理位置。景象匹配通常用在导弹的制导中,巡航导弹和弹道导弹在经过远距离飞行到达目标区后,采用景象匹配技术进行末制导,修正飞行轨迹的偏差。

8.2.5 组合导航技术

上述各种导航方法各有优缺点。可以根据不同的使用要求,把各种导航组合在一起,取长补短以达到更好解决导航问题的目的。不同导航的组合就可以得到不同的组合导航方案,但目前采用的组合导航大多是把惯性导航与其他导航组合在一起。这是因为惯性导航相对其他任何导航来说都具有许多无可比拟的优点,所以把它作为组合导航的基础;另一方面,利用其他导航所提供的精确的速度或位置信息来修正它随时间增长而积累的误差,这就弥补了惯性导航所固有的不足。

常见的组合导航方案可分为 3 类:一类是测速导航与惯性导航组合,如多普勒-惯性组合导航,这是目前飞机上用得最多的一种组合导航;另一类是定位导航与惯性导航组合,如天文-惯性组合导航、罗兰-惯性组合导航、奥米加-惯性组合导航、卫星-惯性组合导航;第三类是测速导航、定位导航与惯性导航相组合,如多普勒-惯性-罗兰组合导航、多普勒-惯性-奥米加组合导航。

8.3 飞机飞行操控系统

8.3.1 飞机飞行操纵系统

驾驶飞机飞行的方式可以分 3 种:人工驾驶、半自动驾驶和自动驾驶。人工驾驶是指飞行员通过操纵装置操纵气动舵面、发动机油门杆或阀门开关等控制飞机的飞行;自动驾驶则是由自动控制系统自动完成对气动舵面和发动机油门杆的操纵,驾驶员只能进行监控。半自动驾驶方式中,随动系统的任务是由驾驶员来完成的,飞行员通过监视仪表并操纵驾驶杆来修正由半自动装置形成的失配信号。

人工驾驶时,飞行员要亲自对周围的飞行环境进行观察,并从领航员、调度员和指示仪表中获得飞行信息,同时还要独立地决策并操纵驾驶杆来完成控制动作。在飞行过程中,驾驶员要观察各种飞行指示仪表,然后经过大脑思考做出决断,并通过手脚来适时准确地操纵飞机。人工驾驶飞机的具体过程如图 8-32 所示。自动控制过程与此类似,只是判断、操纵等过程由自动控制系统自主完成。

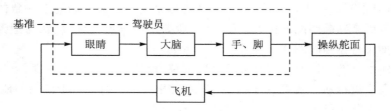

图 8-32 人工驾驶飞机的过程

人工操纵系统分为主操纵系统和辅助操纵系统。主操纵系统操纵升降舵、方向舵和副翼;辅助操纵系统操纵襟翼、整流片等。主操纵系统经历了机械式操纵、电传式操纵和主动控制技术 3 个阶段。机械式操纵系统诞生最早,由连杆、摇臂、支座、钢索、滑轮等零部件组成,属于飞机结构部分。

电传操纵系统是将飞行员的操纵动作通过微型操纵杆转变为电信号,由电缆传输到信号处理系统处理后,再控制执行机构输出力和位移,操纵气动舵面来驾驶飞机,如图 8 - 33 所示。电传操纵系统主要包括微型驾驶杆、杆力或位移传感器、信号放大器、信号综合处理和余度管理计算机、飞行参数传感器、执行机构、助力器等,属于机载设备范畴。电传操纵系统具有重量轻、通用性好、易于维护等优点。但是,由于传输电信号,也易于受电磁干扰及雷击等的影响,因此美国等国家开始研究光传操纵系统,用光来传输信号,从而避免上述问题。

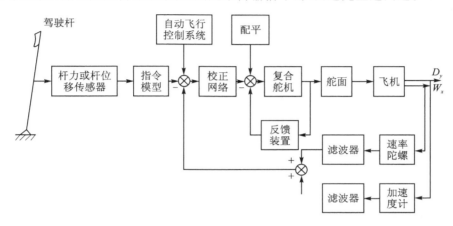

图 8 - 33　电传操纵

8.3.2　飞机自动控制系统

1. 自动驾驶仪

飞机自动控制系统的主要部件是自动驾驶仪。自动驾驶仪是一种不需要飞行员干预就能够保证飞机飞行姿态的自动控制设备,主要用于稳定飞机的飞行姿态、飞行高度和飞行速度,操纵飞机的升降和协调转弯等。自动驾驶仪主要由敏感元件、变换放大元件和执行元件 3 大部分组成,其控制飞机的原理如图 8 - 34 所示。

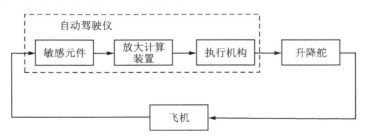

图 8 - 34　自动驾驶仪工作原理

当采用自动驾驶仪代替飞行员时,自动驾驶仪模仿飞行员的驾驶过程,用测量姿态角的敏感元件代替飞行员的眼睛,判断飞机偏离给定姿态角的情况;然后传输给综合放大装置(代替飞行员的大脑)进行运算处理,并结合飞机此时的其他飞行参数(如速度、高度等)给出合理的操纵指令;再将操纵指令传达给执行装置(代替飞行员的手和脚)直接操纵升降舵,使飞机回到给定的飞行姿态。

自动驾驶仪正朝着综合化、多功能化方向发展。比如,与地面无线电设备一起可组成自动着陆系统,来完成飞机的自动着陆等任务。波音 747 等飞机上就装有自动着陆系统;而在轰炸机上还可同其他电子设备、军械设备一起构成自动瞄准投弹系统。

2. 着陆控制系统

飞机着陆过程是整个飞行过程的关键之一,据统计,在飞机着陆过程中最容易发生飞行事故,尤其在不佳天气(如雨、雾或低云)时。在机场区域能见度不良的情况下,如云层低、雾、雨及夜间等目视识别困难或完全不能识别时,必须由着陆控制系统提供正确的着陆航道信息以及偏差情况,以保证飞机安全着陆。

目前民航机场主要采用的着陆控制系统有仪表着陆系统和微波着陆系统。前者可引导飞机在Ⅰ类或Ⅱ类气象条件下着陆,称为仪表着陆或盲目着陆,后者可引导飞机在Ⅲ类气象条件下着陆,称为自动着陆。

飞机的自动飞行控制系统和仪表着陆系统耦合,借助自动着陆系统的方位引导和垂直引导使飞机自动完成进场和着陆的过程称为自动着陆。自动着陆的实现,需要飞机上的自动飞行控制系统不仅控制飞机的三轴运动,还要控制飞机的推力。一般在机场跑道的两端都安装有自动着陆系统的地面设备,供飞机在不同风向时着陆使用。

(1)仪表着陆系统

仪表着陆系统由飞机上的航向、下滑、指点信标接收机和指示器以及地面航向台、下滑台和指点信标台等组成,如图 8-35 所示,它为飞机提供航向道、下滑道和距跑道着陆端的距离信息,用于在复杂气象条件下引导飞机进场着陆。飞机仪表着陆设备利用机场上的无线电台和飞机上的着陆指示器配合工作来指导驾驶员做必要的操作使飞机安全着陆。驾驶员在这些波束指引下对准跑道并做必要的着陆动作。

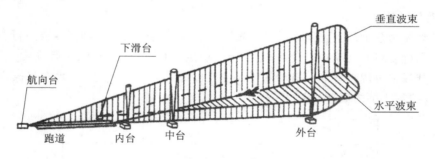

图 8-35 机场上的仪表着陆设备

航向台的天线通常设置在跑道中心线的延长线上,距离跑道端头 250～400 m;航向台的机房一般位于天线侧面 75 m 左右的地方。航向台的任务是提供与跑道中心线相垂直的无线电航道信号。航向台沿着跑道发出 90 Hz 和 150 Hz 两种频率不同的无线电信号。在跑道中心线上,这两种电波强度相等,形成一条"等信号区",恰好与跑道的中心线一致。航向台的覆盖区要求在航向道左右 10°的扇形范围内,有效导航距离达到 45 km,在航向道左右 35°的扇形范围内达到 30 km。在航向台前有一个航向监视器,用来检查等信号区是否偏离跑道中心线。

下滑台通常设置在跑道着陆端内的一侧,距离跑道中心线 120 m 左右,距跑道入口的纵向距离 300 m 左右,功用是为飞机提供一个倾斜度在 2°～4°范围内的适当的着陆下滑道。下滑台的覆盖区为下滑道左右 8°以内、迎角 1°～7°范围内的有效导航距离不小于 18 km 的区域。

下滑台也发出两种频率不同,但带有方向性的无线电波束,形成下滑等信号区,飞机沿此下滑道下滑。当飞机偏离下滑道时,飞机上的接收机收到两个低频信号不同的调制系数,并在指示器上给出相应的指示,飞行员根据下滑指示操纵飞机调整下滑角。下滑台前也有下滑监视器,其作用也是检查信号是否有偏离。

下滑台等信号区形成的是一个倾斜平面,而航向台的等信号区形成的是一个垂直平面。这两个平面的交线就是飞机下滑时应遵循的正确航线。不管外面是大雾还是黑夜,飞机只要沿着这条航线飞行就能正确地完成仪表着陆动作。

指点信标分内、中、外三个信标台,均架设在跑道中心线的延长线上。内指点信标台在距跑道端头 75～450 m 的范围内架设;中指点信标台架设位置距跑道端头 1 050 m 左右;外指点信标台则在距跑道端 6 500～11 100 m 的范围内架设,最佳位置在 7 200 m 处。信标台的作用是垂直向上发送无线电波束,但其发射功率小,只有当飞机在信标台上空一定范围内飞行时才能接收到信号。三个信标台的发射频率均为 75 MHz,但不同信标台发射的载波受到不同频率的信号调幅,这样飞机上的接收机收到信号后就可以分辨出是哪个信标台发出的。由于它们与跑道的距离是已知的,所以当飞机飞到它上空接收到它发出的信号时,就可以知道飞机与着陆点的距离还有多远。

仪表着陆系统工作于长波波段,受场地影响较大,所提供的下滑角又不能改变,因此近代飞机开始使用微波着陆系统。它工作于 C 波段(500～5 250 MHz)和 Ku 波段(15 400～15 700 MHz),通过测量方位角、迎角和斜距确定飞机坐标并引导飞机着陆。

(2) 自动着陆系统

用仪表着陆虽然可以在气象不好或夜间时着陆,但是仍然有很多困难。一是在着陆过程中,驾驶员要全神贯注地看着好几个仪表,又要观察驾驶舱外的情况,以防发生意外,同时还要手脚并用操纵三个操纵面和油门杆,偶尔不小心就会造成事故。二是地面建筑物和车辆等对无线电波的反射,可能使无线电波等信号区发生变化,越靠近地面,其变化越大。

而采用飞机的自动着陆系统可解决这些困难。自动着陆系统是一种为飞机在进近(进场)和着陆阶段提供位置信息的微波引导系统。与仪表着陆系统对应,自动着陆系统在地面设置了方位台、反方位台和迎角台。这些导航台都发射同一频率的信号,频率在 C 波段的 5 031～5 090 MHz 范围内共有 200 个频道,可选范围远大于仪表着陆系统。为了区分同一频率上发射的不同信息,自动着陆系统采用时分多路体制,即每个导航台在规定的不同时间发射信号。为了保证飞机拉平阶段的飞行和使飞机实现软着陆,自动着陆系统还设置了拉平台,提供飞机在跑道上空的高度信息。

自动着陆系统还可装备数据分析系统,实现地面和空中的数据传输,传送当地气象条件、跑道长度等信息。

方位台及其天线安装在跑道端头外的中心线延长线上,沿跑道中心线向飞机进近的扇区内发射左右扫描的窄波束,为飞机提供航向引导。迎角台及其天线装在跑道侧面飞机接地点附近,在进近扇区发射上下扫面的窄波束,为飞机提供下滑引导。

飞机上的电子设备从接收信号中分解并计算出飞机的方位角和迎角信息以及其他数据,实现对飞机的复杂气象着陆引导。

自动着陆一般在飞机进场、进入下滑阶段就可开始,这时自动驾驶仪开始起作用。飞机上的航向接收机和下滑接收机分别接收到机场上航向台和下滑台发送出来的波束信号,然后送入自动下滑控制盒,经计算后,再分别送入自动驾驶仪的侧向通道和纵向通道。如果侧向通道接收到飞机航向已经偏离的信号,就可操纵方向舵和副翼,使飞机回到航向等信号区中来。

至于纵向通道,则不断接收下滑控制信号,控制升降舵,使飞机在下滑等信号区内飞行。此外,还有发动机推力控制盒,可接收空速表的信号和陀螺地平仪的信号,再经运算后输送到发动机操纵系统,对发动机推力进行自动调节,即所谓自动油门,使飞机按预定的下滑速度飞行。依靠这些系统的协调工作,就可引导飞机准确地沿着等信号区的下滑线下滑和着陆。

当飞机下滑到离地 30 m 高时,便转入自动拉平阶段,自动拉平控制盒开始工作。它接收从灵敏无线电高度表送来的测量数据,经过计算后将结果再送到自动驾驶仪来控制升降舵。同时飞机上无线电设备不断接收到航向台发来的信号,送入航向控制盒计算,计算结果再送入自动驾驶仪,用来操纵方向舵和副翼。这时飞机速度不断减小,并沿着规定的等信号区航线在跑道上着陆,先是机轮触地,然后再在跑道上滑跑,刹车减速,直至停止。

自动着陆系统的好处主要有两个:一是提高飞机进场和着陆时的安全性,因为这时是最容易发生事故的;另一个是排除不良气象条件的干扰,使民航机的定期飞行更经常化、正规化,避免了遇到不良气候时飞机的换场着陆。

8.4 　其他机载设备

8.4.1 　雷达设备

雷达是无线电检测与定位的简称,是指利用无线电发现目标并测定其位置。机载雷达一般由天线、发射机、接收机、数字信号处理机和计算机等组成。机载雷达种类繁多,如机载预警雷达、机载火控雷达、机载气象雷达、机载多普勒导航雷达、机载自动着陆雷达、机载测高雷达等。

1. 雷达的基本原理

雷达的基本原理是通过无线电设备向空间发射无线电波,无线电波在不同介质表面会向各个方向散射一定的电波能量,其中一部分由目标反射回天线方向,称为目标回波。雷达接收目标回波后,即可检测出目标的空间位置。按照接收回波的方式可以分为一次雷达(或称无源回答雷达)和二次雷达(或称有源回答雷达)。一次雷达由发射机发射一束信号,然后再接收其中由目标反射回来的一小部分信号,并利用这部分反射信号测定目标的高度、速度和航向等信息,如无线电高度表。二次雷达首先向航空器发射无线电信号,然后由航空器的应答机在约定的精确时间间隔内向二次雷达反射返回信号,利用返回信号可以得到航空器相关信息,如DME 测距仪。

2. 雷达的结构及类型

简单脉冲雷达由定时器、发射机、接收机、天线及馈电设备、显示器等基本设备组成。其收发可以使用同一天线,由收发开关进行转换。雷达测量距离是通过测量天线至目标间无线电波往返的时间来确定的。当两个目标距离很近时,电波返回的信号有可能出现重叠而难以区分,这种情况下的距离称为雷达的距离分辨力。分辨力的大小在简单脉冲雷达中取决于脉冲宽度。设脉冲宽度为 1 μs,当两个目标相距 150 m 时可能出现上述情况,此时距离分辨力为150 m。要提高距离分辨力可以减小脉冲宽度或增加发射信号的频谱宽度(信号所包含的各频率分量在频率域中所占的范围),即利用脉冲压缩技术制成高距离分辨力的雷达。

雷达的角度分辨力是在一定距离内分辨物体大小的能力。角度分辨力取决于雷达发射波束的尖锐程度。雷达波束的尖锐程度主要由天线直径与波长的比值决定。为了提高角度分辨力,可以加大天线口径或减小波长。飞行器受到空间限制,加大天线口径比较困难。如果减小波长,大气对电波的吸收和散射所引起的能量损失随波长的减小而增大。另外,波长越小天线加工精度要求越高,会给生产加工带来困难。要提高角度分辨力,除了加大天线或减小波长外,如果考虑到天线与被测物体间的相对运动,可以通过合成孔径雷达技术来实现。

早期的需达扫描是利用天线的旋转进行的,天线的旋转是依靠机械系统控制的。这种雷达天线扫描速度慢、精度低。现代高速飞行器要求雷达缩短反应时间,提高扫描和跟踪速度,这些要求由机械操纵的天线转动是很难完成的。随着电子技术的发展,出现了相控阵雷达。相控阵雷达的天线是平板形的,其上分布有许多个小天线,小天线按一定规则排列,组成天线阵列,如图 8 - 36 所示。通过计算机控制,每个小天线发射的无线电波的相位可以各不相同,所有小天线发射的雷达波束在空间合成一个或多个波束。合成波束的形状可以任意控制,并能够按照一定规律在空间进行扫描。相控阵雷达避免了机械扫描的慢速、滞后、精度低的缺点,并且它所形成的多个波束可以同时搜索和

图 8 - 36 飞机上的相控阵雷达

跟踪多个目标。水轰-5 水上反潜轰炸机是我国第一种配备机载相控阵雷达的飞机,空警-2000、歼-10B/C、歼-16、歼-20、歼-31 等现代战机也均配备了更先进的相控阵雷达。

8.4.2 通信设备

通信设备主要用于飞行器在飞行过程中空对空或空对地的联络,在大型飞机上还包括机内通话、广播和驾驶舱内话音记录等。飞机通信设备可分为无线电通信设备、机内通话设备和飞机事故调查设备 3 大类。

1. 无线电通信设备

航空无线电通信设备可以分为民航通信设备和军航通信设备两大类。

按照国际民航组织的统一规定,民用飞机的通信主要使用甚高频(VHF)波段的调幅制电台。其无线电频率限制在 118.000~135.975 MHz 范围内,每隔 25 kHz 为一个频道,共设置 720 个频道,供不同情况下选用。空中和海上遇难时的求援频道,全世界统一规定为 121.500 MHz。

按照国际无线电频率管理委员会的规定,军航通信设备的无线电频率主要安排在特高频(UHF)波段的 225~400 MHz 之内,级道间隔为 25 kHz,共 7 000 个频道。我国的军事航空通信电台以前承袭苏联的设备,其工作频带在民航通信范围的附近,受民航业务和电视业务干扰较大,如今,正逐步向国际通用标准转化和更新。军航通信电台的工作模式是双工的,双方可同时收/发。

卫星通信也属于无线电通信系统，可以进行全球通信，也可以用于机上乘客的付费电话服务。

2. 机内通话设备和飞机事故调查设备

机内通话设备用于飞机内部通话，包括内话系统和旅客广播系统，内话系统可以使驾驶舱与飞机其他部位建立通信联络，例如在飞机维修期间，维护人员可以通过勤务内话完成机舱内部与外部的通话。旅客广播系统用于驾驶员或乘务员向旅客播报通告。

事故调查设备包括驾驶舱话音记录器和紧急定位发射器。驾驶员话音记录器能够记录所有机组成员的通话信号，在意外事故发生后，可以通过语音记录器记录的信息进行事故原因分析，人们常说的飞机上的"黑匣子"就属于事故调查设备。

8.4.3　电气设备

飞机电气设备是供电设备和各种用电设备的总称。

1. 供电系统

供电系统包括飞机电源系统和飞机配电系统，前者用于产生和调节电能，后者用于传输和分配管理电能。飞机供电系统的作用在于保证可靠地向用电设备，尤其是与安全飞行直接有关的重要用电设备提供符合要求的电能。飞机供电系统的可靠性要求比一般地面供电系统高得多，因此常采用多种措施来满足这些要求，如采用余度技术、故障状态下的负载管理和应急电源等。

电源系统一般由主电源、二次电源和应急电源组成。主电源系统是飞机上全部电负载总的能源。主电源系统的发电机由主发动机传动；二次电源是变换主电源的电压、电流或频率的电源设备，如变压器、升压器、变流机（器）等；应急电源是一个独立的电源系统（如蓄电池），当主电源系统不能提供足够的功率（或主电源系统安全失效）时，应急电源向机上的重要用电设备供电。少数中大型飞机上还有辅助电源系统，它是由辅助发动机带动的一台发电机，其功用是在航空发动机不运转时给机上用电设备供电。

配电设备主要是各种开关、电磁阀和插座等。

2. 用电设备

随着飞机性能和自动化程度的不断提高，各种用电设备相应地发展起来。在现代飞机上，用电设备包括飞机飞行操纵、发动机控制、航空电子、电动机械、生命保障、照明与信号、防冰加温和旅客生活服务等系统。

（1）电动机构

电动机构主要用于飞机的操纵机构，如襟翼、舵面、力臂调节、起落架收放装置等，以及驱动油泵、阀门等的电动机，其功率约占总负载的 30%，包括直流电动机构和交流异步电动机构。

（2）加热和防冰负载

加热和防冰负载占大型运输机总负载的 40% 左右。这类负载对电能类型和质量无特殊要求，可以采用直流电、恒频交流电或变频交流电供电。

（3）电子设备

电子设备采用恒频交流电供电，因为关系到飞行安全，所以对电源质量要求比较高。

（4）照明设备

直流电或变频交流电均可供电，客舱里的一切灯光照明设备都由此提供保障，所以要求电压较为稳定。

8.4.4　生命保障设备

通常来讲，航空器载人的居多，此时航空器就需要具备保证驾乘人员安全的生命保障系统和设备，如飞机环境控制系统、飞机救生设备等。下面仅简单介绍以下 3 个常见的相关设备。

1. 气密座舱

高空飞行会带来缺氧、减压症及气温过高、过低等问题，解决的办法就是采用气密座舱。气密座舱是采用气密性良好的座舱结构，使舱内与外界大气隔开，它有增压空气源以保证高空飞行时座舱内的空气压力较舱外大气压力高，这样即可使吸入空气的氧分压提高，又可避免减压病。此外，用改变流入气密座舱空气温度的办法控制座舱温度处于适宜的范围内。

气密座舱有通风式和再生式两种，目前飞机上最常用的是通风式的。通风式气密座舱是利用发动机压气机（或专用增压器）供给的增压空气来增压和通风的座舱。

2. 个体防护设备

个体防护设备是指在各种有害的环境条件下提高飞行员生存能力的装备，包括飞行服、抗过载服、氧气面罩、头盔等设备。座舱环境温度调节能力不足时，飞行员可穿着调温服来获得较舒适的温度环境。在海上地区应急跳伞落水后体热散失很快，浸泡在 5～10 ℃的海水中，仅有 50％的人可存活 1 h。空勤人员的保暖和防水的抗浸服可保证人员在 4 ℃水中浸泡 1.5～2 h。

抗荷设备用来提高飞行员承受过载的能力，一般由气源、气滤、抗荷调压器、抗荷服和信号装置组成。战斗机在做大机动飞行时产生的正过载（惯性力方向从头到脚）可达 8～9，在这样的过载情况下，人体的血液向脚部流动，造成脑部失血，从而引发失明和意识丧失（一般飞行员可承受过载为 4.5～5）。现代高性能的战斗机采用抗荷服（飞行员腹部以下穿着可以加压的抗荷裤，阻止血液向下身流动）、代偿加压呼吸系统（增加肺部压力）和后倾座椅（座椅倾斜可使过载在人体从头到脚方向上的分量减小）等综合措施来解决抗过载问题。

3. 弹射救生设备

飞机在飞行过程中有可能会出现故障，军用飞机在作战时还可能被武器击中，甚至无法继续飞行，因此必须有一套保证飞行员在起飞、飞行和着陆过程中出现紧急情况时能迅速离开飞机并安全降落到地面或水面的设备。

目前普遍采用的离机救生装置是弹射救生系统。弹射救生系统是由抛座舱盖装置、座椅解锁装置、座椅弹射装置、自动开伞装置、程序控制器和瞬时供电系统等组成。在高速飞行时飞行员从舱口上部离开飞机，首先要抛掉座舱盖，然后启动弹射火箭把座椅连同飞行员一起发射出去，这样可避免与飞机其他部件（如尾翼）相撞。座椅弹出后打开减速伞减速，然后解开飞行员与座椅的连接（安全带、脚扣等），人椅分离，打开降落伞，飞行员靠降落伞返回地面。为避免被超声速气流吹伤，飞行员必须佩戴头盔面具。有些飞机采用分离式座舱，在紧急情况下分离装置使座舱与飞机其他部分脱离，并用减速伞减速，待座舱减速到一定程度后，飞行员再弹射出座舱。现代战斗机的弹射系统要求做到在飞机所有的飞行范围内均可以弹射救生，并且要具备零高度、零速度弹射后安全降落的性能。

思 考 题

1. 航空机载设备主要由哪几部分组成?
2. 飞行高度有哪几种测量方法? 原理分别是什么?
3. 大气参数是如何测量的?
4. 飞机空速管的原理是什么?
5. 飞机的姿态角包括哪些? 如何测量?
6. 常见的飞机导航方式有哪些?
7. 无线电导航的原理是什么?
8. 飞行员操纵飞机的原理是什么?
9. 自动驾驶仪的功能有哪些?

参考文献

[1] 《新航空概论》编写组.新航空概论[M].北京：航空工业出版社,2010.

[2] 贾玉红.航空航天技术概论[M].4版.北京：北京航空航天大学出版社,2017.

[3] 王细洋.航空概论[M].北京：航空工业出版社,2004.

[4] 史超礼.航空概论[M].北京：国防工业出版社,1978.

[5] 廖家璞,毛明久.航空概论[M].北京：航空工业出版社,1999.

[6] 何庆芝.航空航天概论[M].北京：北京航空航天大学出版社,1997.

[7] 宋笔锋.航空航天技术概论[M].北京：国防工业出版社,2006.

[8] 王云.航空航天概论[M].北京：北京航空航天大学出版社,2009.

[9] 过崇伟.航空航天技术概论[M].北京：北京航空航天大学出版社,1992.

[10] 昂海松,童明波,余雄庆.航空航天概论[M].北京：科学技术出版社,2008.

[11] 杨莉,沈海军.航空航天概论[M].北京：航空工业出版社,2011.

[12] 顾诵芬,史超礼.世界航空发展史[M].郑州：河南科学技术出版社,1998.

[13] 沈海军.中国航空简史[M].北京：航空工业出版社,2020.

[14] 耿建华等.通用航空概论[M].北京：航空工业出版社,2007.

[15] 刘得一,张兆宁,杨新湜.民航概论[M].3版.北京：中国民航出版社,2010.

[16] 陈裕芹.无人机概论[M].北京：航空工业出版社,2019.

[17] (英)韦斯特维尔.一战战史[M].鸿雁,译.长春：吉林文史出版社,2017.

[18] (英)萨默维尔.二战战史[M].文娟,译.长春：吉林文史出版社,2017.

[19] 王新月.气体动力学基础[M].西安：西北工业大学出版社,2006.

[20] 陆志良.空气动力学[M].北京：北京航空航天大学出版社,2009.

[21] 刘大响,陈光.航空发动机——飞机的心脏[M].北京：航空工业出版社,2003.

[22] 陈光.航空燃气涡轮发动机结构[M].北京：北京航空航天大学出版社,2010.

[23] 罗尔斯·罗伊斯公司.喷气发动机[M].刘树声,等译.北京：国防工业出版社,1975.

[24] 吕鸿雁.航空动力装置[M].北京：清华大学出版社,2017.

[25] 杨华保.飞机原理与构造[M].2版.西安：西北工业大学出版社,2011.

[26] 王有隆.航空仪表[M].成都：西南交通大学出版社,2001.

[27] 邓正隆.惯性技术[M].哈尔滨：哈尔滨工业大学出版社,2006.

[28] 吴森堂,费玉华.飞行控制系统[M].北京：北京航空航天大学出版社,2005.

[29] 郑荣跃.航天工程学[M].长沙：国防科技大学出版社,1999.